国家级一流本科专业精品教材

新工科建设之路·计算机类专业系列教材

算法与程序设计

杨建英　王金勇　耿海军　编著

電子工業出版社
Publishing House of Electronics Industry
北京·BEIJING

内容简介

本书遵循“精选案例，面向设计，深入浅出，注重能力培养”的要求，以案例形式实现算法与程序设计教学，精选了穷举法、递推法、回溯法、分支限界法、递归法、分治法、贪心算法、动态规划法和随机算法等常用算法进行讲解，并给出了使用各算法求解的典型案例。对于每一个案例的求解，从问题提出到算法设计、从程序实现到算法复杂度分析，环环相扣，融为一体，力求理论与实际相结合、算法与程序相统一，突出算法在解决实际问题中的核心地位与引导作用。

本书中的所有案例均给出算法设计要点与完整的C语言或者C++语言程序代码（均在VC++ 6.0上编译通过）。为方便教学，每章都附有习题，同时提供教学课件、习题答案、源代码等配套资源，读者可登录华信教育资源网（www.hxedu.com.cn）免费下载使用。

本书既可作为高等院校计算机专业相关课程的教材，也可供IT从业人员和计算机编程爱好者参考使用。

图书在版编目（CIP）数据

算法与程序设计 / 杨建英，王金勇，耿海军编著. 一北京：电子工业出版社，2022.8
ISBN 978-7-121-43895-0

Ⅰ. ①算… Ⅱ. ①杨… ②王… ③耿… Ⅲ. ①电子计算机－算法理论－高等学校－教材②程序设计－高等学校－教材 Ⅳ. ①TP301.6②TP311.1

中国版本图书馆CIP数据核字（2022）第118239号

责任编辑：牛晓丽
印　　刷：北京天宇星印刷厂
装　　订：北京天宇星印刷厂
出版发行：电子工业出版社
　　　　　北京市海淀区万寿路173信箱　　邮编：100036
开　　本：787×1092　1/16　印张：14.5　字数：459千字
版　　次：2022年8月第1版
印　　次：2023年9月第4次印刷
定　　价：59.80元

凡所购买电子工业出版社图书有缺损问题，请向购买书店调换。若书店售缺，请与本社发行部联系，联系及邮购电话：（010）88254888，88258888。

质量投诉请发邮件至zlts@phei.com.cn，盗版侵权举报请发邮件至dbqq@phei.com.cn。

本书咨询联系方式：QQ 9616328。

前言

算法与程序设计是计算机科学的核心，也是大学计算机相关专业的一门重要的专业基础课。算法是程序的灵魂，程序设计是算法的具体实现。本书以解决问题和程序设计为主线，深入浅出地讲解了计算机程序设计的常用算法——穷举法、递推法、回溯法、分支限界法、递归法、分治法、贪心算法、动态规划法和随机算法等，囊括了国内外的经典算法问题，用 C 语言和 C++语言揭示利用计算机解决问题的全过程。

本书遵循“精选案例，面向设计，深入浅出，注重能力培养”的宗旨编写，在常用算法应用案例的选取与深度的把握上、在算法理论与案例求解的结合上进行精心设计，力图适应高校计算机本科教学目标与知识结构的要求，体现以下 5 个特色。

（1）采用“案例式”教学实现算法与程序设计的完美结合。

算法与程序设计课程的目标是培养学生由“数学思维”向“计算思维”转变，提高学生应用算法与程序设计解决实际问题的能力。本书通过典型案例引导算法设计的逐步深入，展开程序设计的求解实施，形成以典型案例支撑算法、以算法设计指导案例求解的良性循环。从案例的提出、算法设计与描述、程序设计与实现，到案例结果的讨论与优化，充分培养学生从算法（理论）到程序设计（实践）的应用能力。

（2）注重常用算法的选取与组织。

本书在介绍算法的基本理论与设计思路基础上，从解决实际案例入手，讲述算法中要求本科学生掌握的基本思路、设计内容与实施步骤，避免学生出现眼高手低、纸上谈兵的现象。

（3）注重典型案例的精选与提炼。

本书针对选取的每一种常用算法，精选了初等难度基础型、中等难度应用型、较高难度综合型 3 种梯度的案例，包括典型的数值求解、常见的数据处理、有趣的智力测试、巧妙的模拟探索，既有新创趣题，也有经典名题，难度适宜，深入浅出。这些案例的精选与提炼，有利于提高学生学习算法与程序设计的兴趣和热情，有利于学生在计算机实际案例求解方面开阔视野，在算法思路的开拓与设计技巧的应用上有一个深层次的锻炼与提高。

（4）注重算法设计与程序实现的紧密结合。

算法与程序实际上是一个统一体，不可能也不应该将它们对立与分割。本书在材料的组织上克服了罗列算法多、应用算法设计解决实际问题少、算法与程序设计脱节、算法理论与实际应用脱节的问题，在讲述每一种常用算法的基本思路与设计步骤的基础上，落实到每一个案例求解，从问题提出到算法设计、从程序实现到算法复杂度分析，环环相扣，融为一体，力求理论与实际相结合、算法与程序相统一，突出算法在解决实际问题中的核心地位与引导作用，切实增强学生对所学算法的理解和掌握。

本书采用功能丰富、应用面广、高校学生使用率最高的 C 语言或者 C++语言描述算法、编写程序，所有程序均在 VC++ 6.0 上编译通过。

（5）注重算法改进与程序优化。

本书对一些经典案例（如八皇后问题、旅行商问题）应用了多种不同的算法设计，编写了不同表现形式与不同设计风格的程序，体现了算法与程序设计的灵活性和多样性。

算法改进与程序优化的过程，既是提高解决问题效率的过程，也是提高算法设计能力的过程，更是增强优化意识与创新能力的过程。

本书既可作为高等院校计算机专业相关课程的教材，也可供 IT 从业人员和计算机编程爱好者参考使用。

在本书的编写过程中，山西大学的李雪梅教授、武俊生教授、武湖成老师等给予了多方面的支持与协助，在此一并深表感谢。

因为水平有限、时间紧迫、涉及内容较广，再加上课程改革压力大，尽管每个案例都经反复核实检查、每个程序都经多次运行调试，依然难免有不足和错误的地方，欢迎使用本书的教师、学生和相关爱好者批评指正。编者的电子邮箱是：yangjianying@sxu.edu.cn。

本书提供丰富的配套资源，可以登录华信教育资源网（www.hxedu.com.cn）或中国高校计算机课程网下载，也可以直接向编者索取。

编著者

2022 年 5 月

目录

第1章　算法与程序设计简介 1

1.1　初识算法 1

1.1.1　算法的基本概念 2

1.1.2　算法的描述 4

1.1.3　算法设计的步骤 7

1.1.4　算法的分类 8

1.2　算法复杂度分析 9

1.2.1　时间复杂度 9

1.2.2　空间复杂度 14

1.2.3　算法设计实例 15

1.3　程序设计简介 17

1.3.1　算法与程序 18

1.3.2　结构化程序设计 19

1.3.3　结构化程序设计实例 20

习题 21

第2章　穷举法 23

2.1　穷举法概述 23

2.1.1　穷举法的基本思想 23

2.1.2　穷举法的实施步骤与算法描述 23

2.2　整数搜索 25

2.2.1　算24点游戏 25

2.2.2　韩信点兵 27

2.2.3　素数问题 28

2.2.4　约瑟夫环问题 29

2.2.5　火柴棒等式 30

2.2.6　三色旗问题 31

2.2.7　勾股数问题 32

2.2.8 猜价格游戏 33
2.3 分解与重组 35
2.3.1 水仙花数 35
2.3.2 回文数 35
2.3.3 完数 36
2.4 趣味数学 37
2.4.1 百钱买百鸡问题 37
2.4.2 搬砖问题 38
2.4.3 鸡兔同笼问题 38
2.4.4 数学灯谜 39
2.5 解方程与不等式 40
2.5.1 解二元一次方程 40
2.5.2 解完美立方式 40
2.5.3 解一元二次不等式 41
2.6 数阵与图形 42
2.6.1 杨辉三角形 42
2.6.2 输出各种图形 43
2.7 穷举设计的优化 45
习题 47

第 3 章 递推法 48

3.1 递推法概述 48
3.1.1 递推法的基本思想 48
3.1.2 递推法的实施步骤与算法描述 49
3.2 递推数列 51
3.2.1 斐波那契数列和卢卡斯数列 51
3.2.2 分数数列 53
3.2.3 幂序列 53
3.2.4 双关系递推数列 54
3.2.5 储油点问题 56
3.3 递推数阵 57
3.3.1 累加和 57
3.3.2 阶乘问题 58
3.3.3 九九乘法表 58
3.4 递推的其他应用 59
3.4.1 猴子爬山问题 59
3.4.2 整币兑零问题 60
3.4.3 整数划分问题 61
3.4.4 汉诺塔问题 61
3.4.5 体重指数 BMI 62
3.4.6 求 π 的近似值 63

3.4.7 求一元二次方程的根 63
3.4.8 求三角形的面积 64
3.4.9 存钱问题 65
3.4.10 求最大公约数和最小公倍数 66
习题 67

第4章 回溯法 68

4.1 回溯法概述 68
4.1.1 回溯法的基本思想 68
4.1.2 回溯法的实施步骤和算法描述 69
4.2 回溯法的应用 70
4.2.1 八皇后问题 70
4.2.2 图的着色问题 71
4.2.3 装载问题 73
4.2.4 批处理作业调度 75
4.2.5 符号三角形问题 77
4.2.6 最大团问题 78
4.2.7 旅行售货员问题 80
4.2.8 电路板排列问题 82
4.2.9 连续邮资问题 84
4.2.10 圆排列问题 86
4.2.11 桥本分数式 88
4.2.12 素数环 89
4.2.13 神奇古尺 91
4.3 回溯设计的优化 92
习题 93

第5章 分支限界法 94

5.1 分支限界法概述 94
5.1.1 分支限界法的基本思想 94
5.1.2 分支限界法的实施步骤和算法描述 94
5.2 分支限界法的应用 95
5.2.1 迷宫问题 95
5.2.2 六数码问题 98
5.2.3 旅行商问题 101
5.2.4 背包问题 104
5.3 回溯法与分支限界法的比较 108
习题 109

第6章 递归法 110

6.1 递归法概述 110

6.1.1 递归法的基本思想 110
6.1.2 递归法的实施步骤和算法描述 110
6.2 递归法的应用 111
6.2.1 整数划分问题 111
6.2.2 汉诺塔问题 112
6.2.3 枚举排列问题 113
6.2.4 用递归法求斐波那契数列 114
6.2.5 排队买票问题 115
6.2.6 猴子吃桃子问题 116
6.2.7 RPG 涂色问题 117
6.2.8 二叉树的遍历 118
6.3 回溯法与递归法的比较 120
习题 120

第 7 章 分治法 121

7.1 分治法概述 121
7.1.1 分治法的基本思想 121
7.1.2 分治法的实施步骤和算法描述 122
7.2 分治法的应用 123
7.2.1 二分查找法 123
7.2.2 大整数乘法 125
7.2.3 斯特拉森矩阵乘法 127
7.2.4 棋盘覆盖问题 128
7.2.5 合并排序 129
7.2.6 快速排序 132
7.2.7 线性时间选择 133
7.2.8 最近点对问题 136
7.2.9 循环赛日程表 137
7.3 递归转化 139
7.3.1 一般的递归转非递归 139
7.3.2 分治法中的递归转化 141
习题 143

第 8 章 贪心算法 145

8.1 贪心算法概述 145
8.1.1 贪心算法的基本思想 145
8.1.2 贪心算法的实施步骤与算法描述 145
8.2 活动安排问题 146
8.3 田忌赛马 148
8.4 背包问题 149
8.5 覆盖问题 151

8.5.1 区间覆盖问题 151
8.5.2 最大不相交覆盖 151
8.5.3 点覆盖 151
8.6 教室调度问题 153
8.7 最小生成树——Kruskal 算法 155
8.8 最小生成树——Prim 算法 157
8.9 哈夫曼编码 160
8.10 教室分配问题 164
8.11 最短路径——弗洛伊德算法 166
8.12 最短路径——迪杰斯德拉算法 169
8.13 均分纸牌 172
8.14 最佳浏览路线问题 173
8.15 机器调度问题 175
8.16 钱币找零问题 176
习题 177

第 9 章 动态规划法 178

9.1 动态规划法概述 178
9.1.1 动态规划法的基本思想 178
9.1.2 动态规划法的实施步骤与算法描述 179
9.2 装载问题 180
9.3 投资分配问题 181
9.4 背包问题 185
9.4.1 0-1 背包问题 185
9.4.2 二维 0-1 背包问题 187
9.5 最长子序列探索 188
9.5.1 最长非降子序列 188
9.5.2 最长公共子序列（Longest Common Subsequence，LCS） 190
9.6 最优路径搜索 192
9.6.1 数字三角形最大路径和 192
9.6.2 多源最短路径问题 194
9.6.3 走方格问题 197
9.6.4 邮资问题 198
9.7 动态规划与其他算法的比较 199
习题 200

第 10 章 随机算法 201

10.1 随机算法概述 201
10.2 随机数 201
10.2.1 随机生成数组元素 202
10.2.2 随机生成数字 204

10.2.3 随机生成计算题 206
10.3 同余算法 208
10.4 舍伍德算法 209
10.5 蒙特卡罗算法 211
10.5.1 用蒙特卡罗算法求π的值 211
10.5.2 用蒙特卡罗算法求特殊图形的面积 212
10.5.3 蒙特卡罗算法的优缺点及改进措施 213
10.6 拉斯维加斯算法 214
10.7 蒙特卡罗算法和拉斯维加斯算法的比较 217
10.8 随机算法的优缺点 217
习题 217

附录 A 不同算法的比较 219

参考文献 221

第 1 章 算法与程序设计简介

1.1 初识算法

算法（Algorithm）是指解题方案的准确而完整的描述，是一系列解决问题的清晰指令。算法代表着用系统的方法描述解决问题的策略机制，也就是说，能够对一定规范的输入，在有限时间内获得所要求的输出。如果一个算法有缺陷或不适合于某个问题，执行这个算法将不会解决该问题。不同的算法可能用不同的时间、空间或效率来完成同样的任务。一个算法的优劣可以用空间复杂度与时间复杂度来衡量。

算法中的指令描述的是一个计算，当其运行时，能从一个初始状态和（可能为空的）初始输入开始，经过一系列有限而清晰定义的状态，最终产生输出并停止于一个终态。一个状态到另一个状态的转移不一定是确定的。

在生活中，算法就是解决问题的步骤。例如，制作麻辣香锅的菜谱，会把制作麻辣香锅所必需的材料及用量都标注清楚，并且把烹制的过程、每一步需要的时间等都详细记录下来。只要完全按照菜谱的方法和步骤去做，就一定能烹制出美味的麻辣香锅。而算法就是能让程序员编写出可靠、高效的计算机程序的“菜谱”（如图 1-1 所示）。

编程的目的是让计算机解决特定的问题，编程之前首先需要明确计算机解决该问题的具体步骤，这个处理步骤就是编写该程序所需要的算法。解决一个问题可以用不同的方法和步骤，因而针对同一问题的算法也有多种多样的。例如，求 1+2+3+…+100 的和，有如图 1-2 所示的两种算法。

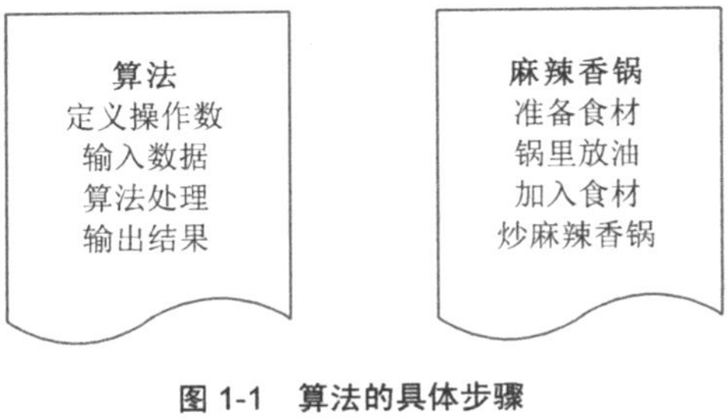

图 1-1　算法的具体步骤

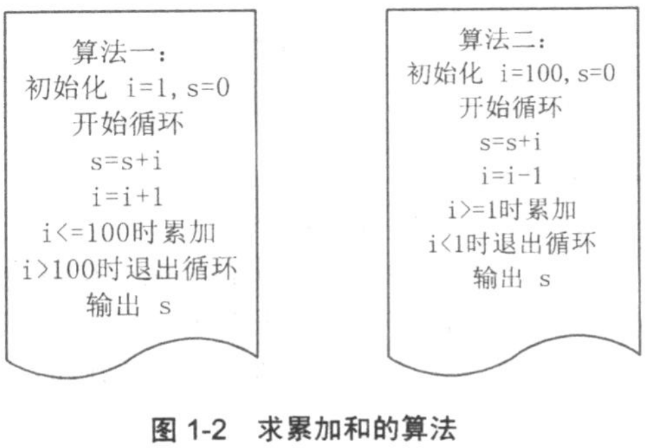

图 1-2　求累加和的算法

而编写程序就是通过某一种程序设计语言（比如 C 语言、Java 语言）对算法的具体实现。算法独立于任何程序设计语言，同一算法可以用不同的程序设计语言来实现（如图 1-3 所示）。

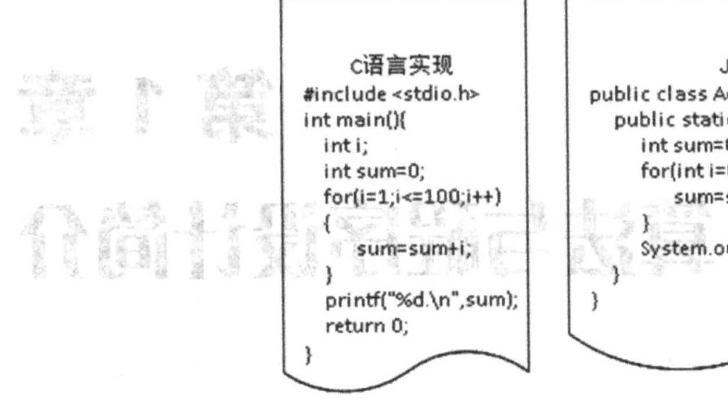

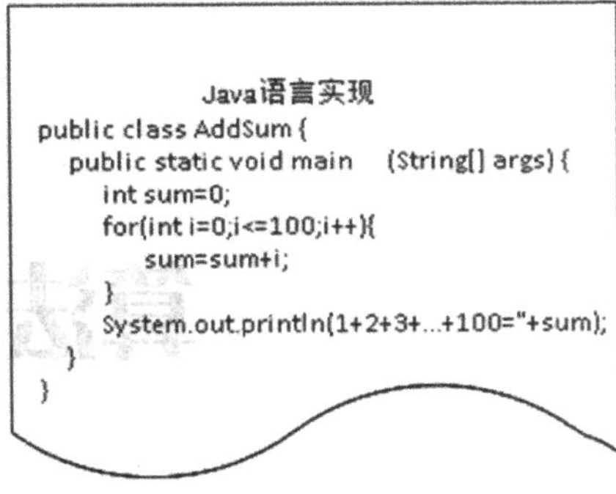

图 1-3 用不同的程序设计语言来实现同一算法

1.1.1 算法的基本概念

算法是解决问题的步骤，可以把算法定义成解决确定类问题的任意一种特殊的方法。在计算机科学中，算法要用计算机算法语言描述，算法代表用计算机解决同一类问题的精确、有效的方法。算法+数据结构=程序，求解一个给定的可计算或可解的问题，不同的人可以编写出不同的程序。解决同一个问题，我们会从两方面来考虑：一是与计算方法密切相关的算法问题（逻辑实现）；二是程序设计问题（物理实现）。算法和程序之间存在密切的关系。

1. 算法的基本特征

（1）可行性（Effectiveness）

可行性是指算法中执行的任何计算步骤都可以被分解为基本的可执行的操作步，即每个计算步都可以在有限时间内完成（也称为有效性），简单地说就是：按着这个算法，是可以得出结果的，这种方法是可行的。

例如，若某计算工具具有 7 位有效数字，设 $A=10^{12}$，B=1，$C=-10^{12}$，则 A+B+C=0，A+C+B=1。所以，在设计一个算法的时候必须考虑可行性。

（2）确定性（Definiteness）

算法的每一步都应确切地、无歧义地定义。对于每一种情况，需要执行的动作都应严格地、清晰地规定。

例如：

```
void fun(){
    int x=5,y=10;
    z=x+++y;
    printf("%d,%d,%d",x,y,z);}
```

其中的 z=x+++y;怎么解释？解释为 x+(++y)还是(x++)+y？这个语句存在明显的二义性，也就是执行结果不唯一。

（3）有穷性（Finiteness）

算法的有穷性是指算法必须能在有限的时间内完成。算法的有穷性还应包括合理的执行时间的含义。若一个算法需要执行千万年，则显然失去了使用的价值。

一个算法无论在什么情况下都应在执行有穷步后结束。

例如：

```
void fun2(){
    int i=0,s=0;
    while(i<10)//死循环
```

```
        s++;//不满足有穷性
    i++;
    printf("s=%d,i=%d\n",s,i);}
```

这个程序错误在什么地方？循环体中没有使循环趋于结束的迭代语句，循环是死循环。我们把 s++;和 i++;用花括号括起来，这个循环就是正确的循环了。

（4）拥有足够的情报（输入和输出）

一个算法执行的结果总是与输入的初始数据有关，不同的输入将会有不同的输出结果。输入不够或输入错误时，算法本身就无法执行或导致执行有错。

综上所述，所谓算法，是一组严谨地定义运算顺序的规则，并且每一个规则都是有效且明确的，将在执行有限的次数后终止，而不是无休止地执行下去。

2. 算法的基本要素

一个算法通常由两种基本要素组成：一是对数据对象的运算和操作，二是算法的控制结构。

（1）算法中对数据的运算和操作

通常，计算机可执行的基本操作是以指令的形式描述的。在一般的计算机系统中，基本的运算和操作有以下 4 类。

1）算术运算：主要包括加、减、乘、除、取余等运算。

2）逻辑运算：主要包括“与”“或”“非”等运算。

3）关系运算：主要包括“大于”“小于”“大于等于”“小于等于”“等于”“不等于”等运算。

4）数据传输：主要包括赋值、输入、输出等操作。

（2）算法的控制结构

算法中各操作之间的执行顺序称为算法的控制结构，也叫控制流。结构化程序设计中的基本控制结构有顺序结构、选择结构和循环结构。算法一般都可以用顺序结构、选择结构、循环结构三种基本控制结构组合而成。

1）顺序结构

顺序结构就是按照书写顺序一条一条地从上到下执行语句，所有的语句都会被执行到，执行过的语句不会再次执行。

例如，转换两个数的值：

```
t=a;a=b;b=t;
```

2）选择结构

选择结构就是根据条件来判断执行哪些语句，如果给定的条件成立，就执行相应的语句；如果不成立，就执行另外一些语句。

例如，求两个数中的大数：

```
if(a>b)
    max=a;
else
    max=b;
```

3）循环结构

循环结构就是在达到指定条件前，重复执行某些语句，简单来说，就是对不同的操作对象执行相同的操作。

例如，输出九九乘法表：

```
int i,j;
for(i=1;i<10;i++){
```

```
    for(j=1;j<=i;j++)
        printf("%d*%d=%-3d",j,i,i*j);
    printf("\n");}
```

1.1.2 算法的描述

所谓算法的描述，就是指对问题的解决方案的准确而完整的描述。对于一个问题，如果可以通过一个计算机程序在有限的存储空间内运行有限的时间而得到正确的结果，则称这个问题是算法可解的。但算法不等于程序，也不等于计算方法。当然，程序也可以作为算法的一种描述，但程序通常还需要考虑很多与方法和分析无关的细节问题，这是因为在编写程序时要受到计算机系统运行环境的限制。通常，程序的编写不可能优于算法的设计。

描述算法的工具通常有自然语言、传统流程图、N-S 结构化流程图、算法描述语言（如 C 语言）、伪代码和 PAD 图等。

1．用自然语言描述算法

自然语言就是我们日常生活中使用的各种语言，可以是汉语、英语、日语等。

用自然语言描述算法的优点是通俗易懂，当算法中的操作步骤都是顺序执行时，比较直观、容易理解；缺点是如果算法中包含了选择结构和循环结构并且操作步骤较多，就显得不那么直观清晰了。

例如，求阶乘问题 1×2×3×4×5 的值。

S1：使 t=1。

S2：使 i=2。

S3：使 t×i，乘积仍然放在变量 t 中，可表示为 t×i → t。

S4：使 i 的值+1，即 i+1 → i。

S5：如果 i≤5，返回重新执行步骤 S3 以及其后的 S4 和 S5；否则，算法结束。

如果计算 100!，只需将 S5 中的“如果 i≤5”改成“如果 i≤100”即可。

2．用传统流程图描述算法

用传统流程图描述算法可以弥补自然语言的缺点。用传统流程图（Flow Chart）描述算法，即用规定的图形符号来描述算法。常用的流程图符号如表 1-1 所示。

表 1-1 常用的流程图符号

图形符号	名称	含义
▭	起止框	程序的开始或结束
□	处理框	数据的各种处理和运算操作
▱	输入/输出框	数据的输入和输出
◇	判断框	根据条件的不同，选择不同的操作
○	连接点	转向流程图他处或从他处转入
↓ →	流程线	程序的执行方向

结构化程序设计方法中规定的三种基本控制结构（顺序结构、选择结构和循环结构）都可以用流程图明晰地表达出来（如图 1-4 所示）。

3．用自然流程图（N-S 图）描述算法

虽然用传统流程图描述的算法条理清晰、通俗易懂，但是在描述大型复杂算法时，流程线比较多，会影响对算法的阅读和理解。因此，有两位美国学者提出了一种完全去掉流程方向线的图形描述方法，称为 N-S 图（两位学者姓名的首字母组合）。

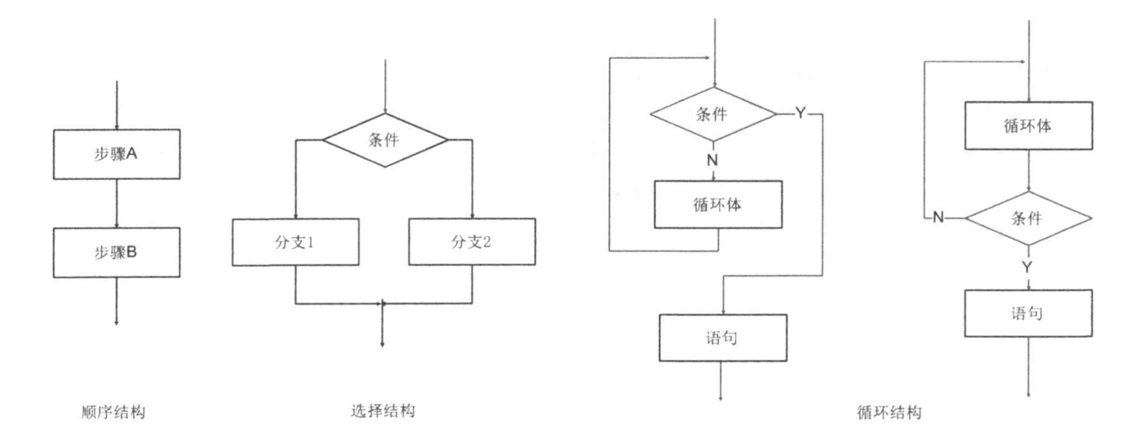

图 1-4　三种控制结构

N-S 图，也叫作方框图，使用矩形框来表达各种处理步骤和三种基本结构（如图 1-5 所示），全部算法都写在一个矩形框中。

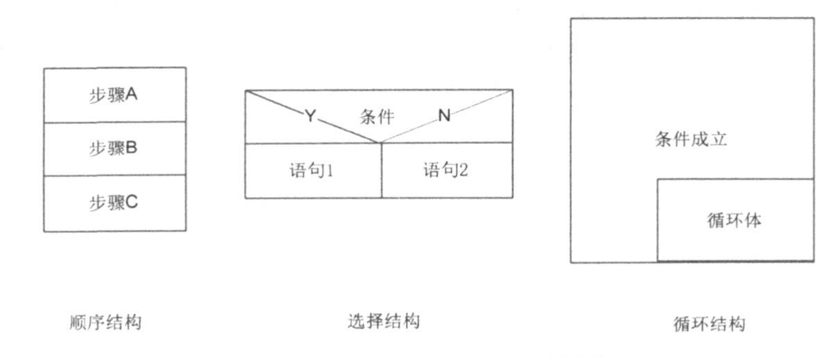

图 1-5　用 N-S 图表示三种控制结构

图 1-6 展示了分别用自然语言、传统流程图和 N-S 图对同一问题的算法描述。

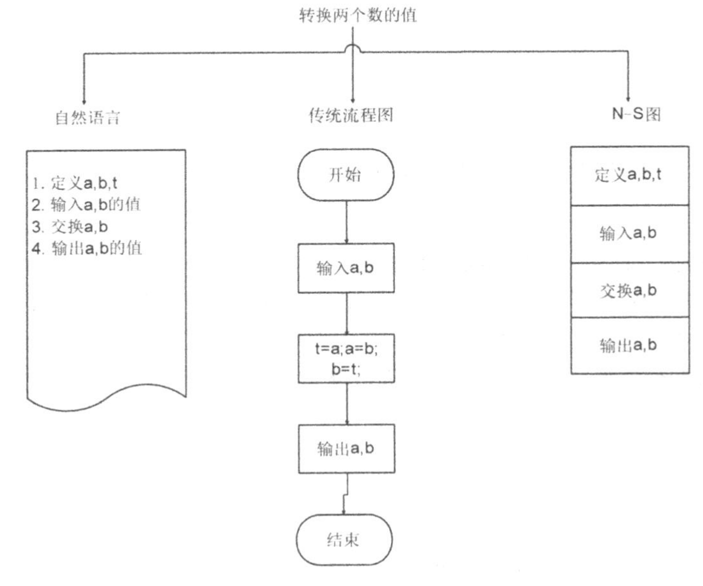

图 1-6　分别用自然语言、传统流程图和 N-S 图描述算法

4．用伪代码描述算法

伪代码用程序设计语言的控制结构来表示处理步骤的执行流程和方式，用自然语言和各种符号来表示所进行的各种处理及所涉及的数据（如图 1-7 所示）。它是介于程序代码和自然语言之间的一种算法描述方法。这样描述的算法书写比较紧凑、自由，也比较好理解（尤其在表达选择结构和循环结构时），同时也更有利于算法的编程实现（转化为程序）。

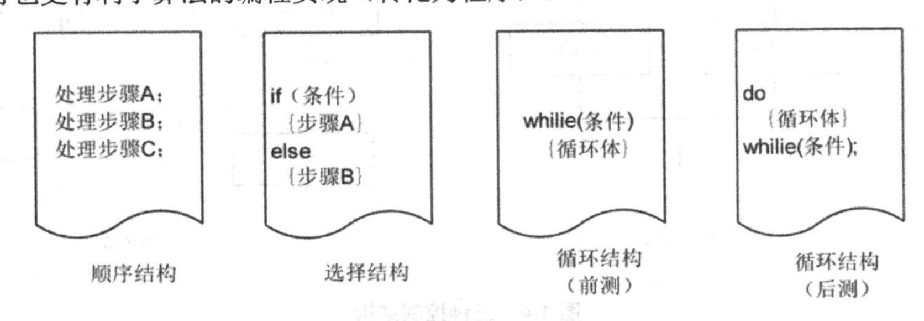

图 1-7 常见的三种控制结构的伪代码

5．用程序设计语言描述算法

算法最终都要通过程序设计语言描述出来（编程实现），并在计算机上执行。程序设计语言也是算法的最终描述形式。无论用何种方法描述算法，都是为了将其更方便地转化为计算机程序。图 1-8 显示了分别用伪代码和程序设计语言对同一问题的算法描述。

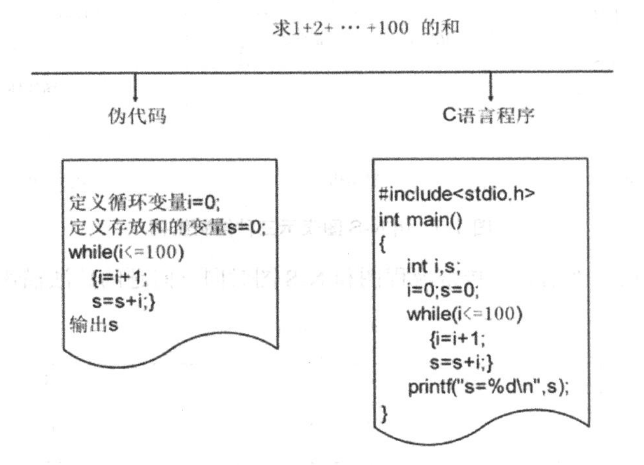

图 1-8 分别用伪代码和程序设计语言（C 语言）描述算法

6．PAD 图

PAD 是问题分析图（Problem Analysis Diagram）的英文缩写，是 1974 年由日本二村良彦等人提出的又一种主要用于描述软件详细设计的图形表示工具。与方框图一样，PAD 图也只能描述结构化程序允许使用的几种基本结构（如图 1-9 所示），自发明以来，已经得到一定程度的推广。它用二维树形结构的图表示程序的控制流。以 PAD 图为基础，遵循机械的走树规则就能方便地编写出程序，转换为程序代码比较容易。

PAD 图的特征如下：

（1）结构清晰，结构化程度高。

（2）易于阅读。

（3）最左端的纵线是程序主干线，对应程序的第一层结构；每增加一层，PAD 图向右扩展一条纵线，程序的纵线数等于程序层数。

（4）程序从 PAD 图最左边的主干线上端节点开始，自上而下、自左向右依次执行，终止于最左边的主干线。

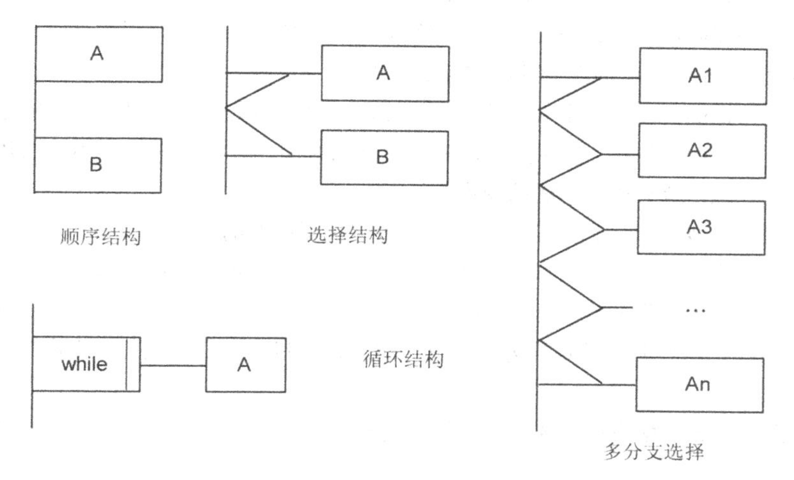

图 1-9　PAD 图

1.1.3　算法设计的步骤

由于解决实际问题的方法千变万化，因此算法设计充满了灵活性和结果的多样性，但是人们在长期的实践中还是总结出了解决常用问题的算法设计步骤。按照自顶往下的设计原则，处理实际问题的算法设计是从理解问题入手、自顶向下展开的，这是对问题的理解和分析逐层深入、逐步细化的一个过程，它符合人们对问题的认识规律。设计算法首先要做的是准确理解问题的要求，即整理出算法的输入和输出，明确算法的要求，在此基础上逐步展开算法的设计工作。

算法设计除了要考虑实现正常的功能，还必须恰当地处理可能发生的特殊情况，其中对各种可能的输入进行分析是一项重要工作。由于运行环境和使用者的不确定性，很可能会遇见一些不正常的输入，例如年龄输入了负数，学生编号用了数值型数据，等等。此时，算法应该能够妥善处理，从而保证程序能够正常运行。为此，需要对所有可能遇到的输入进行预测。例如，一个要求输入正整数的算法，同时还要合理地处理输入小数和负数的情况；一个要求输入字符的算法，应当能妥善处理输入数字的情况；等等。对可能发生的各种情况分析得越充分，所设计的算法就越完善，算法的效率也越高。

由于实际问题的复杂性，有些问题无法求得精确解，有些问题求得精确解需要花费的时间太长。因此，在设计算法时需要根据问题要求、时间代价、计算机系统的条件等因素确定问题解的形式和精度，使得算法更具合理性。

因为数据结构与算法之间存在紧密联系，要使所设计的算法效率更高，必须先确定数据结构，包括抽象问题的数学模型和确定它在计算机中的表现形式，即确定数据的逻辑结构和物理存储结构。当然，也要确定问题处理过程中所用的辅助数据结构。算法设计要针对确定的数据结构来展开。

刚开始设计的算法难免有或大或小的逻辑错误，而这些逻辑错误是无法由计算机检查出来的。为了检查出算法中可能出现的逻辑错误，设计者要设计一组输入值，通过这组输入值“执行”算法，尽可能地发现算法中的逻辑错误，这就是跟踪算法。

判断所设计的算法是否达到目标，除了检查算法执行的结果是否和预计的一致，还要检查算法的效率是否满足问题的需求，也就是要分析算法的时间效率和空间效率，算法设计过程可能在这一步和确定解的要求之间重复，直到算法效率满足要求为止。分析算法的时间效率和空间效率时，分别以算法的时间复杂度和空间复杂度来衡量。

评价算法有以下几个标准：

（1）正确性（Correctness）：算法应满足具体问题的需求。

（2）可读性（Readability）：算法应容易供人阅读和交流，方便理解和修改。

（3）健壮性（Robustness）：算法应具有容错处理。当输入非法或错误数据时，算法应能适当地做出反应或进行处理，而不会产生莫名其妙的输出结果。

（4）通用性（Generality）：算法应具有一般性，即算法的处理结果对于一般的数据集合都成立。

（5）效率与存储空间需求：效率指的是算法执行的时间，存储空间需求指算法执行过程中所需要的最大存储空间。这两者一般与问题的规模有关。

算法是一组有穷的规则，它们规定了解决某一特定类型问题的一系列运算，是对解题方案的准确、完整的描述。制定一个算法，一般要经过设计、表示、确认、分析、验证等阶段：

（1）设计算法：算法设计工作是不可能完全自动化的，应学习了解已经被实践证明有用的一些基本的算法设计方法，这些基本的设计方法不仅适用于计算机科学，而且适用于电气工程、运筹学等领域。

（2）表示算法：描述算法有多种形式，例如自然语言和程序设计语言等，各自有适用的环境和特点。

（3）确认算法：确认算法的目的是使人们确信这一算法能够正确无误地工作，即该算法具有可计算性。正确的算法用计算机程序设计语言描述，构成计算机程序。计算机程序在计算机上运行，得到算法运算的结果。

（4）分析算法：分析算法是对一个算法需要多少计算时间和存储空间进行定量的分析。分析算法可以预测这一算法适合在什么样的环境中有效地运行，对解决同一问题的不同算法的有效性进行比较。

（5）验证算法：用计算机程序设计语言描述的算法是否可计算、有效合理，须对程序进行测试，测试程序的工作由调试和做时空分布图组成。

计算机算法是以一步接一步的方式来详细描述计算机如何将输入转化为所要求的输出的过程，或者说，算法是对计算机上执行的计算过程的具体描述。

1.1.4 算法的分类

随着计算机的发展，算法在计算机方面已有广泛的发展及应用，如用随机森林算法来进行头部姿势的估计，用遗传算法来解决弹药装载问题，信息加密算法在网络传输中的应用，并行算法在数据挖掘中的应用等。

算法可以大致分为三类。

1. 有限的确定性算法

这类算法在有限的一段时间内终止。它们可能要花很长时间来执行指定的任务，但仍将在一定的时间内终止。这类算法得出的结果是确定的，常取决于输入值。

2. 有限的非确定算法

这类算法在有限的时间内终止，然而，对于一个（或一些）给定的数值，算法的结果并不是唯一或确定的。

3. 无限的算法

指那些由于没有定义终止条件或定义的条件无法由输入的数据满足而不终止运行的算法。

计算机中常用的算法有穷举法、递推法、递归法、回溯法、分治法、贪心算法、动态规划法等。

1.2　算法复杂度分析

通常，对于一个给定的算法，我们都要做两项性能指标分析：一是从数学上证明算法的正确性，主要用到形式化证明的方法及相关推理模式，如循环不变式、数学归纳法等；二是分析算法的时间复杂度和空间复杂度。算法的时间复杂度反映了程序执行时间随输入规模增长而增长的量级，在很大程度上能很好地反映出算法的优劣。因此，作为程序员，掌握基本的算法时间复杂度分析方法是很有必要的。

算法执行时间需通过依据该算法编制的程序在计算机上运行时所消耗的时间来度量。度量程序的执行时间通常有两种方法。

1. 事后统计

这种方法可行，但不是一个好的方法。这种方法有两个缺陷：一是要想对设计的算法的运行性能进行评测，必须先依据算法编制相应的程序并实际运行；二是所得时间的统计量依赖于计算机的硬件、软件等环境因素，有时容易掩盖算法本身的优劣。

2. 事前分析估算

因为事后统计方法更多地依赖于计算机的硬件、软件等环境因素，有时容易掩盖算法本身的优劣，所以人们常常采用事前分析估算的方法。

在编写程序前，依据统计方法对算法进行估算。一个用高级语言编写的程序在计算机上运行时所消耗的时间取决于下列因素：

（1）算法采用的策略、方法。

（2）编译产生的代码质量。

（3）问题的输入规模。

（4）机器执行指令的速度。

一个算法是由程序的控制结构（顺序结构、选择结构和循环结构）和原操作（指固有数据类型的操作）构成的，算法时间取决于两者的综合效果。为了便于比较同一个问题的不同算法，通常的做法是，从算法中选取一种对于所研究的问题（或算法类型）来说是基本操作的原操作，以该基本操作重复执行的次数作为算法的时间量度。

1.2.1　时间复杂度

执行一个算法所耗费的时间，从理论上是不能算出来的，必须上机运行测试才能知道。但我们不可能也没有必要对每个算法都上机测试，只需知道哪个算法花费的时间多、哪个算法花费的时间少就可以了。执行一个算法耗费的时间与算法中语句的执行次数成正比，哪个算法中的语句执行次数多，它耗费的时间就多。一个算法中的语句执行次数称为语句频度或时间频度，记为 T(n)。

在刚才提到的时间频度中，n 称为问题的规模，当 n 不断变化时，时间频度 T(n)也会不断变化。有时我们想知道它变化时呈现什么规律。为此，我们引入时间复杂度概念。一般情况下，算法中的基本操作重复执行的次数是问题规模 n 的某个函数，用 T(n)表示，若有某个辅助函数 f(n)，使得当 n 趋近于无穷大时，T(n)/f(n)的极限值为不等于零的常数，则称 f(n)是 T(n)的同数量级函数，记作 T(n)=O(f(n))，O(f(n))称为算法的渐进时间复杂度，简称时间复杂度。

T(n)=O(f(n))表示存在一个常数 C，使得当 n 趋于正无穷时总有 T(n)≤C×f(n)。简单来说，就是 T(n)在 n 趋于正无穷时，最大也就跟 f(n)差不多大。也就是说，当 n 趋于正无穷时，T(n)的上界是 C×f(n)。虽然对 f(n)没有规定，但是一般都取尽可能简单的函数。例如，$O(2n^2+n+1)=O(3n^2+n+3)=O(7n^2+n)=O(n^2)$，一般只用 $O(n^2)$表示就可以了。注意，O 符号里隐藏着一个常数 C，所以 f(n)一般不加系数。如果把 T(n)当作一棵树，那么 O(f(n))所表达的就是树干，我们只关心树干，不考虑其他的细枝。

在各种不同算法中，若算法中语句的执行次数为一个常数，则时间复杂度为 O(1)。另外，在时间频度不相同时，时间复杂度有可能相同，如 $T(n)=n^2+3n+4$ 与 $T(n)=4n^2+2n+1$，它们的频度不同，但时间复杂度相同，都为 $O(n^2)$。按数量级递增排列，常见的时间复杂度有：常数阶 O(1)、对数阶 O(logn)、线性阶 O(n)、线性对数阶 O(nlogn)、平方阶 $O(n^2)$、立方阶 $O(n^3)$……k 次方阶 $O(n^k)$、指数阶 $O(2^n)$。随着问题规模 n 的不断增大，上述时间复杂度不断增大，算法的执行效率不断降低。

为什么要进行算法分析？因为我们需要预测算法所需的资源：计算时间（CPU 消耗）、内存空间（RAM 消耗）、通信时间（带宽消耗）等。

除了需要预测算法所需的资源，我们还需要预测算法的运行时间：在给定输入规模时，所执行的基本操作数量，或者称为算法复杂度（Algorithm Complexity）。

如何衡量算法复杂度？从以下几方面考虑：内存（Memory）、时间（Time）、指令的数量（Number of Steps）、特定操作的数量、磁盘访问数量、网络包数量和渐进复杂度（Asymptotic Complexity）。

那么算法的运行时间与什么相关？它取决于输入的数据（如果数据已经是排好序的，时间消耗可能会减少）、输入数据的规模（例如 6 和 6×109）、运行时间的上限（因为运行时间的上限是对使用者的承诺。）

算法分析主要有以下几种。

（1）最坏情况（Worst Case）：任意输入规模的最大运行时间。

（2）平均情况（Average Case）：任意输入规模的期待运行时间。

（3）最好情况（Best Case）：最好情况通常不会出现。

例如，在一个长度为 n 的列表中顺序搜索指定的值，三种情况分别如下。

（1）最坏情况：n 次比较。

（2）平均情况：n/2 次比较。

（3）最好情况：1 次比较。

而实际中，我们一般仅考量算法在最坏情况下的运行时间，也就是对于规模为 n 的任何输入算法的最长运行时间。这样做的理由是：

（1）一个算法最坏情况下的运行时间是任何输入运行时间的一个上界（Upper Bound）。

（2）对于某些算法，最坏情况出现得较为频繁。

大体上看，平均情况通常与最坏情况一样差。算法分析要保持大局观（Big Idea），其基本思路是：

（1）忽略掉那些依赖于机器的常量。

（2）关注运行时间的增长趋势。

例如，$T(n)=73n^3+29n^3+8888$ 的趋势就相当于 $T(n)=\Theta(n^3)$，时间复杂度曲线如图 1-10 所示。

再如，

$T(n)=O(n^3)$，等同于 $T(n)\in O(n^3)$。

$T(n)=\Theta(n^3)$，等同于 $T(n)\in\Theta(n^3)$。

相当于：

T(n)的渐近增长不快于 n^3。

T(n)的渐近增长与 n^3 一样快。

分析图 1-10 的曲线后可知，我们应该尽可能选用多项式阶的算法，而不希望选用指数阶的算法。常见的算法时间复杂度如表 1-2 所示，由小到大依次为：

$O(1)<O(\log n)<O(n)<O(n\log n)<O(n^2)<O(n^3)<\cdots<O(2^n)<O(n!)$

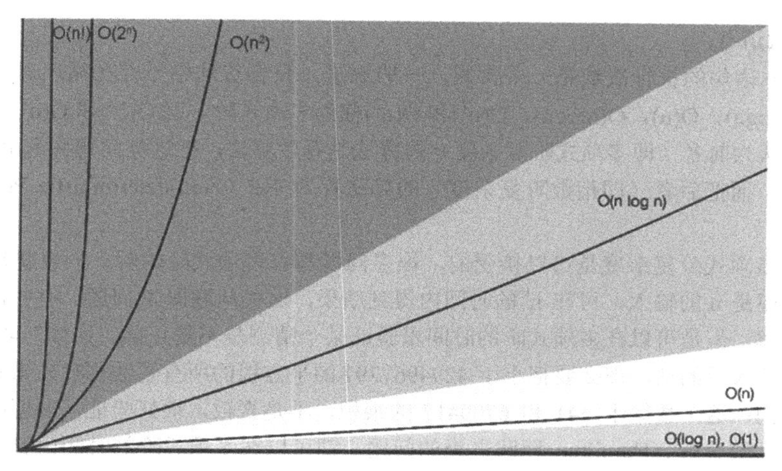

图 1-10　时间复杂度曲线

表 1-2　时间复杂度

复杂度	标记符号	描述
常数阶（Constant）	O(1)	操作的数量为常数，与输入数据的规模无关
对数阶（Logarithmic）	O(logn)	操作的数量与输入数据的规模 n 的比例是 logn
线性阶（Linear）	O(n)	操作的数量与输入数据的规模 n 成正比
平方阶（Quadratic）	$O(n^2)$	操作的数量与输入数据的规模 n 的比例为二次平方
立方阶（Cubic）	$O(n^3)$	操作的数量与输入数据的规模 n 的比例为三次方
指数阶（Exponential）	$O(2^n)$ $O(k^n)$ O(n!)	指数级的操作，快速地增长

一般情况下，对一个问题（或一类算法）选择一种基本操作来讨论算法的时间复杂度即可，有时，也需要同时考虑几种基本操作，甚至可以对不同的操作赋予不同的权值，以反映执行不同操作所需的相对时间，这种做法便于综合比较解决同一问题的两种完全不同的算法。

求解算法的时间复杂度的具体步骤是：

（1）首先找出算法中的基本语句。算法中执行次数最多的那条语句就是基本语句，通常是最内层循环的循环体。

（2）计算基本语句的执行次数的数量级。只需计算基本语句执行次数的数量级，这就意味着只要保证基本语句执行次数的函数中的最高次幂正确即可，可以忽略所有低次幂和最高次幂的系数。这样能够简化算法分析，并且使注意力集中在最重要的一点上，那就是增长率。

（3）用 O（大写字母 O）记号表示算法的时间性能。将基本语句执行次数的数量级放入 O（大写字母 O）记号中。

如果算法中包含嵌套的循环，则基本语句通常是最内层的循环体；如果算法中包含并列的循环，则将并列循环的时间复杂度相加。

例如，有以下程序段

```
for (i=1; i<=n; i++)
    x++;
for (i=1; i<=n; i++)
    for (j=1; j<=n; j++)
        x++;
```

第一个 for 循环的时间复杂度为 O(n)，第二个 for 循环的时间复杂度为 $O(n^2)$，整个算法的时间复

杂度为 $O(n+n^2)=O(n^2)$。

O(1)表示基本语句的执行次数是一个常数，一般来说，只要算法中不存在循环语句，其时间复杂度就是O(1)。O(logn)，O(n)，O(nlogn)，$O(n^2)$和$O(n^3)$称为多项式阶，而$O(2^n)$和O(n!)称为指数阶。计算机科学家普遍认为前者（即多项式阶复杂度）的算法是有效算法，把这类问题称为P（Polynomial，多项式）类问题，而把后者（即指数阶复杂度）的算法称为NP（Non-deterministic Polynomial，非确定多项式）问题。

一般来说，多项式阶复杂度是可以接受的，很多问题都有多项式阶的解——也就是说，这样的问题，对于一个规模是n的输入，可在n^k的时间内得到结果，这类问题即P问题。有些问题要复杂些，没有多项式阶的解，但是可以在多项式阶的时间里验证某个猜测是不是正确。比如，4294967297是不是质数？如果直接入手的话，那么要把小于4294967297的平方根的所有素数都拿出来看能不能整除。还好欧拉告诉我们：这个数等于641和6700417的乘积，不是素数，很好验证，顺便麻烦转告费马他的猜想不成立。大数分解、Hamilton回路之类的问题，都可以在多项式阶的时间内验证一个“解”是否正确，这类问题即NP问题。

在计算算法时间复杂度时，有以下几个简单的程序分析法则。

（1）对于一些简单的输入输出语句或赋值语句，近似认为需要O(1)时间。

（2）对于顺序结构，依次执行一系列语句所用的时间可采用大O下的“求和法则”。

求和法则是指若算法的两个部分的时间复杂度分别为 T1(n)=O(f(n))和 T2(n)=O(g(n))，则 T1(n)+T2(n)=O(max(f(n),g(n)))；特别地,若 T1(m)=O(f(m))，T2(n)=O(g(n))，则 T1(m)+T2(n)=O(f(m) + g(n))。

（3）对于选择结构，如if语句，它的主要时间耗费在执行then或else语句上，检验条件需要O(1)时间。

（4）对于循环结构，运行时间主要体现在多次迭代中执行循环体以及检验循环条件上，一般可用大O下的“乘法法则”。

乘法法则是指若算法的两个部分的时间复杂度分别为 T1(n)=O(f(n))和 T2(n)=O(g(n))，则 T1(n)×T2(n)=O(f(n)×g(n))。

（5）对于复杂的算法，可以将它分成几个容易估算的部分，然后利用求和法则和乘法法则求整个算法的时间复杂度。

（6）还有以下两个运算法则：

1）若 Og(n)=O(f(n))，则 O(f(n))+ O(g(n))=O(f(n))。

2）O(Cf(n))=O(f(n))，其中C是一个正常数。

下面分别对几个常见的时间复杂度进行示例说明。

（1）常数阶O(1)

例如，以下程序段用来实现两个数的值的转换，即交换i和j的值：

```
temp=i;i=j;j=temp;
```

以上三条单个语句的频度均为1，该程序段的执行时间是一个与问题规模n无关的常数。算法的时间复杂度为常数阶，记作T(n)=O(1)。注意：如果算法的执行时间不随着问题规模n的增加而增加，即使算法中有上千条语句，其执行时间也不过是一个较大的常数。此类算法的时间复杂度是O(1)。

程序段的时间复杂度是O(n)。

（2）平方阶 $O(n^2)$

例如，有以下程序段：

```
sum=0; (1 次)
for(i=1;i<=n;i++)        (n+1 次)
```

```
    for(j=1;j<=n;j++)  (n² 次)
        sum++; (n² 次)
```

因为 $\Theta(2n^2+n+1)=n^2$（Θ 即去掉低阶项、常数项、高阶项的常参得到），所以程序段的时间复杂度是 $T(n)=O(n^2)$；

再如，有以下程序段：

```
for (i=1;i<n;i++){
    y=y+1;            ①
    for (j=0;j<=(2*n);j++)
        x++;}           ②
```

语句①的频度是 n−1，语句②的频度是 $(n-1)\times(2n+1)=2n^2-n-1$，$f(n)=2n^2-n-1+(n-1)=2n^2-2$，又 $\Theta(2n^2-2)=n^2$，所以程序段的时间复杂度 $T(n)=O(n^2)$。

一般情况下，对于步进循环语句，只需考虑循环体中语句的执行次数，忽略该语句中步长加 1、终值判别、控制转移等成分；当有若干个循环语句时，算法的时间复杂度是由嵌套层数最多的循环语句中最内层语句的频度 f(n)决定的。

（3）线性阶 O(n)

例如，以下程序段用于求 1+2+3+4+…n 的和：

```
for(i=1;i<=n;i++)
    s=s+i;
```

再如，有以下程序段：

```
a=0;
b=1;                    ①
for (i=1;i<=n;i++){②
    s=a+b;              ③
    b=a;                ④
    a=s; }              ⑤
```

语句①的频度是 2，语句②的频度是 n，语句③的频度是 n−1，语句④的频度是 n−1，语句⑤的频度是 n−1，所以程序段的时间复杂度 $T(n)=2+n+3(n-1)=4n-1=O(n)$。

（4）对数阶 O(logn)

例如，有以下程序段：

```
i=1;  ①
while (i<=n)
    i=i*2;      ②
```

语句①的频度是 1；假设语句②的频度是 f(n)，则 $2^{f(n)}\leqslant n$，$f(n)\leqslant \log n$；取最大值 $f(n)=\log n$，因此程序段的时间复杂度是 $T(n)=O(\log n)$。

（5）立方阶 $O(n^3)$

例如，有以下程序段：

```
for(i=0;i<n;i++){
    for(j=0;j<i;j++){
        for(k=0;k<j;k++)
            x=x+2;  }}
```

当 i=m，j=k 的时候，内层循环的次数为 k；当 i=m 时，j 可以取 0,1,…,m−1，所以这里最内层循环共进行了 $0+1+\cdots+m-1=(m-1)m/2$ 次，i 从 0 取到 n，则循环共进行了 $0+(1-1)\times1/2+\cdots+(n-1)n/2=n(n+1)(n-1)/6$，所以时间复杂度为 $T(n)=O(n^3)$。

一个经验是：如果一个算法的时间复杂度为 O(1)，O(logn)，O(n)，O(nlogn)，那么这个算法的效率比较高；如果是 $O(2^n)$、$O(k^n)$（其中 k 为一个常量）、O(n!)，那么稍微大一些的 n 就会令这个算法不能动了；居于中间的几个则差强人意。

算法时间复杂度分析是一个很重要的问题，任何一个程序员都应该熟练掌握其概念和基本方法，而且要善于从数学层面上探寻其本质，只有这样才能准确理解其内涵。

1.2.2 空间复杂度

类似于时间复杂度，一个算法的空间复杂度（Space Complexity）定义为该算法所占用的存储空间，它也是问题规模 n 的函数，记为 S(n)。

空间复杂度是对一个算法在运行过程中临时占用存储空间大小的量度。一个算法在计算机存储器上所占用的空间，包括算法本身所占用的存储空间、算法的输入输出数据所占用的存储空间和算法在运行过程中临时占用的存储空间三个方面。算法的输入输出数据所占用的存储空间是由要解决的问题决定的，是通过参数表由调用函数传递而来的，它不随算法的不同而改变。算法本身所占用的存储空间与算法书写的长短成正比，要压缩这方面的存储空间，就必须编写出较短的算法。算法在运行过程中临时占用的存储空间随算法的不同而异，有的算法只需要占用少量的临时工作单元，而且不随问题规模的大小而改变，我们称这种算法是“就地”进行的，是节省存储空间的算法；有的算法需要占用的临时工作单元数与解决问题的规模 n 有关，它随着 n 的增大而增大，当 n 较大时，将占用较多的存储单元。

如果一个算法的空间复杂度为一个常量，即不随被处理数据量 n 的大小而改变，可表示为 O(1)；当一个算法的空间复杂度与以 2 为底的 n 的对数成正比时，可表示为 $O(\log_2 n)$ 或者 O(logn)；当一个算法的空间复杂度与 n 成线性比例关系时，可表示为 O(n)。若形参为数组，则只需要为它分配存储由实参传送来的一个地址指针的空间，即一个机器字长空间；若形参为引用方式，则也只需要为其分配存储一个地址的空间，用它来存储对应实参变量的地址，以便由系统自动引用实参变量。

既然时间复杂度不是用来计算程序具体耗时的，那么我们也应该明白，空间复杂度也不是用来计算程序实际占用空间的。

空间复杂度是对一个算法在运行过程中临时占用存储空间大小的量度，同样反映的是一个趋势，我们用 S(n)来定义。

比较常用的空间复杂度有 O(1)和 O(n)。

（1）空间复杂度 O(1)

如果执行算法所需要的临时空间不随着某个变量 n 的大小而变化，即此算法空间复杂度为一个常量，可表示为 O(1)。

例如：

```
int i=1;int j=i;int m=i*j;
```

代码中 i，j，m 所占用的空间都不随着数据量变化，因此它的空间复杂度 S(n) = O(1)。

（2）O(n)

我们先看一段代码：

```
int fun(n);k=10;
if(n==k)
    return n;
else
    return fun(++n);
```

递归实现调用 fun 函数，每次都创建 1 个变量 k。调用 n 次，空间复杂度 S(n) = O(n×1)=O(n)。

再看下面的代码：

```
Temp=0;
for(i=0;i<n;i++)
    Temp=i;
```

变量的内存分配发生在定义的时候，因为 Temp 的定义在循环里，所以空间复杂度是 n×O(1)。

如果将 Temp 定义在循环外，那么空间复杂度就是 1×O(1)。

对于一个算法，其时间复杂度和空间复杂度往往是相互影响的。当追求较低的时间复杂度时，可能会使空间复杂度增加，即占用较多的存储空间；反之，当追求较低的空间复杂度时，可能会使时间复杂度增加，即耗费较长的运行时间。另外，算法的所有性能之间都存在着或多或少的相互影响。因此，当设计一个算法（特别是大型算法）时，要综合考虑算法的各项性能，包括算法的使用频率，算法处理的数据量的大小，算法描述语言的特性，算法运行的机器系统环境等，才能够设计出比较好的算法。算法的时间复杂度和空间复杂度合称为算法的复杂度。

1.2.3 算法设计实例

例 1-1 装箱问题（贪心算法）。

装箱问题可简述如下：设有编号为 0，1，…，n–1 的 n 个物品，体积分别为 v_0，v_1，…，v_{n-1}。将这 n 个物品装到容量都为 V 的若干箱子里。约定这 n 个物品的体积均不超过 V，即对于 $0\leqslant i<n$，有 $0<v_i\leqslant V$。不同的装箱方案所需要的箱子数目可能不同。要求使装完这 n 个物品的箱子数尽可能少。

算法分析：

将 n 个物品的集合划分成 n 个或小于 n 个物品的所有子集，就可以找到最优解。但所有可能划分的总数太大。对于适当大的 n，找出所有可能的划分要花费的时间是无法承受的。为此，对装箱问题采用非常简单的近似算法，即贪心算法。该算法依次将物品放到它第一个能放进去的箱子中，该算法虽不能保证找到最优解，但还是能找到非常好的解。不失一般性，设 n 个物品的体积是按从大到小排好序的，即有 $v_0\geqslant v_1\geqslant\cdots\geqslant v_{n-1}$。如不满足上述要求，只要先对这 n 个物品按体积从大到小进行排序，然后按排序结果对物品重新编号即可。装箱算法简单描述如下：

```
{   输入箱子的容积;
    输入物品个数 n;
    按体积从大到小的顺序，输入各物品的体积;
    预置已用箱子链为空;
    预置已用箱子计数器 box_count 为 0;
    for (i=0;i<n;i++)
    {
        从已用的第一只箱子开始顺序寻找能放入物品 i 的箱子 j;
        if (已用箱子都不能再放物品 i)
        {
            另用一个箱子，并将物品 i 放入该箱子;
            box_count++;  }
        else
            将物品 i 放入箱子 j;
    }
}
```

上述算法能求出需要的箱子数 box_count 和各箱子所装物品。下面的例子说明该算法不一定能找到最优解。设有 6 种物品，它们的体积分别为 60，45，35，20，20 和 20 单位体积，箱子的容积为 100 单位体积。按上述算法计算，需 3 只箱子，各箱子所装物品分别为：第 1 只箱子装物品 1，3；第 2 只箱子装物品 2，4，5；第 3 只箱子装物品 6。而最优解为两只箱子，分别装物品 1，4，5 和 2，3，6。

例 1-2 在一个未排序的数组中找到第 k 大元素，即排序后的第 k 大的数（分治法）。

算法分析：

总是取要划界的数组末尾的元素为划界元，将比其小的数交换至前，比其大的数交换至后，最后将划界元放在“中间位置”（左边小，右边大）。划界元将数组分解成两个子数组（可能为空）。

设数组下标从 low 开始，至 high 结束。总是取要划界的数组末尾的元素为划界元 x，开始划界：

（1）用 j 从 low 遍历到 high-1（最后一个暂不处理），i=low-1，如果 nums[j]比 x 小就将 nums[++i]与 nums[j]交换位置。

（2）遍历完后再次将 nums[i+1]与 nums[high]交换位置（处理最后一个元素）。

（3）返回划界元的位置 i+1，下文称其为 mid。

这时 mid 位置的元素就是整个数组中第 n-mid 大的元素，我们所要做的就是像二分法一样找到 k=n-mid 的“中间位置”，即 mid=n-k。

如果 mid=n-k，那么返回该值，这就是第 k 大的数；如果 mid>n-k，那么第 k 大的数在左半数组；如果 mid<n-k，那么第 k 大的数在右半数组。

例 1-3 八皇后问题（回溯法）。

八皇后问题是一个以国际象棋为背景的问题：如何能够在 8×8 格的国际象棋棋盘（如图 1-11 所示）上放置 8 个皇后，使得任何一个皇后都无法直接吃掉其他的皇后？为了达到此目的，任意两个皇后都不能处于同一行、列或斜线上。

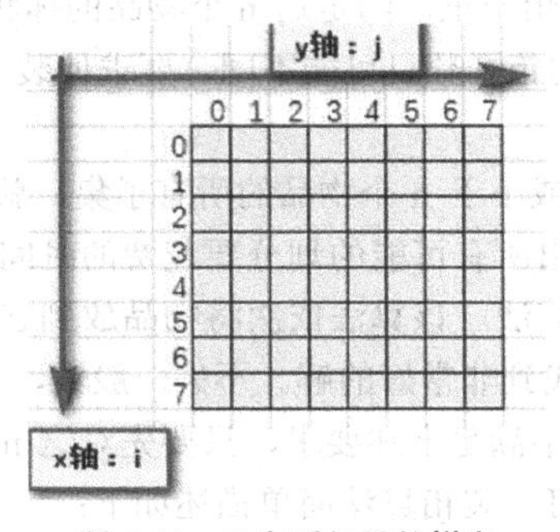

图 1-11 八皇后问题的棋盘

算法分析：

（1）想把 8 个皇后放进去，每行、每列最终肯定都只有一个皇后。

（2）设用一个二维数组 chess[i][j]模拟棋盘（如图 1-11 所示），存放摆法。chess[i][j]表示 i 行 j 列。写一个用于递归的函数，思路如下。

1）从上往下一行一行地放皇后，放下一行时从最左边（第 0 列）放起，如果不能放就往右挪一格再试。注意判断右边有没有越界出棋盘。

2）写一个函数专门判断当前位置能不能放。只需要判断该位置的横、竖及对角线 4 条线上有没有其他皇后即可。将该函数命名为 check()。

3）如果把最后一行放完了，那么就统计上这个摆法，cas++。摆完最后一行，就不能继续判断下一行了。

4）放完一种情况，还要探究其他情况。可以把现在放好的皇后“拿走”，然后再试探之前没试探过的棋盘格。

5）拿走皇后操作可以和不能放皇后的操作用同样的代码实现。

如果这个位置不能放，则要把它置 0，表示没有皇后。如果这个位置能放，那么就放皇后（置 1）。等一种情况讨论完，还得把它拿开，“拿开”也是置 0 的操作。

所以应该想办法排列上述代码，保证已经把摆出的情况记录下来，之后执行“拿开”皇后代码。

然后开始写判断函数 check()。需要判断的是 8 个方向（如图 1-12 所示），把它看成 4 条直线考虑。

对于所在的行、列，直接用 for 循环判断。

接下来考虑对角线。

可以看出，要判断的对角线是每个象限的平分线（如图 1-13 所示），每次 i 和 j 的变化量是相等的，只是符号有差异。横纵坐标变化量的范围是-8~8，当对角线走到边框时停止判断。

为什么是-8～8 呢？因为没必要确定对角线的精确范围，图 1-13 是最理想的对角线，但是因为目标位置不同，对角线范围也不同，每次计算两端点是不可取的。

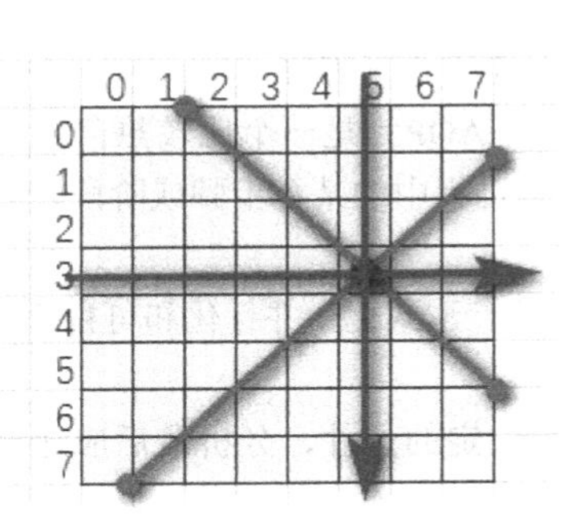

图 1-12　八皇后问题方向分析

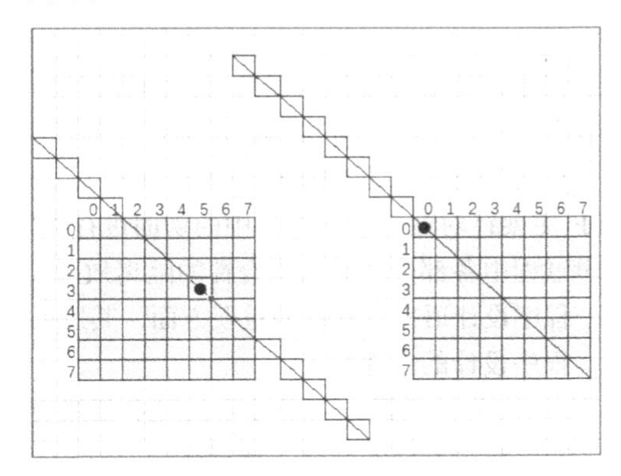

图 1-13　八皇后问题划分

1.3　程序设计简介

程序是为实现预期目的、指示计算机按解决问题的步骤进行操作的一系列语句和指令的集合，一般分为系统程序和应用程序两大类。程序也是管理方式的一种，是能够发挥出协调高效作用的工具。

源程序是一种计算机代码。它符合一定的语法，经过编译器编译或解释后生成具有一定功能的可执行文件或组件。源程序是用程序设计语言编写的程序。

对于计算机操作而言，必须将源程序编译成目标程序。

目标程序（Object Program）又称“目的程序”，是由语言处理程序（汇编程序、编译程序、解释程序）将源程序处理（汇编、编译、解释）成与之等价的、由机器码构成的、计算机能够直接运行的程序。

可执行程序是一种可在操作系统存储空间中浮动定位的程序。在 MS-DOS 和 MS-Windows 下，可执行程序的文件扩展名为.exe 和.com 等。

程序设计是给出解决特定问题程序的过程，是软件构造活动中的重要组成部分。程序设计往往以某种程序设计语言为工具，给出这种语言下的程序。程序设计过程应当包括分析、设计、编码、测试、排错等不同阶段。专业的程序设计人员常被称为程序员。

程序设计语言按照语言级别（贴近人类自然语言的程度）可以分为低级语言、中级语言和高级语言。

低级语言就是机器语言。低级语言与特定的机器有关、效率高，但使用复杂、烦琐、费时、易出差错。机器语言是表示成数码形式的机器基本指令集，或者是操作码经过符号化的基本指令集。

高级语言比低级语言更接近于待解问题的表示方法，其特点是在一定程度上与具体机器无关，易学、易用、易维护，如 C++语言、Java 语言等。

中级语言介于高级语言和低级语言之间，既有高级语言的特征，又有低级语言的特征，如 C 语言、汇编语言等。

程序设计语言按照用户的要求有过程式语言和非过程式语言之分。过程式语言的主要特征是：用户可以指明一系列可顺序执行的运算，以表示相应的计算过程，如 FORTRAN，COBOL，PASCAL 等。

程序设计语言按照应用范围有通用语言与专用语言之分。如 FORTRAN，PASCAL，C 语言等都是通用语言。目标单一的语言称为专用语言，如 APT 等。

程序设计语言按照使用方式有交互式语言和非交互式语言之分。反映人机交互作用的语言称为交互式语言，如 BASIC 等。不反映人机交互作用的语言称为非交互式语言，如 FORTRAN，COBOL，ALGOL69，PASCAL，C 语言等。

程序设计语言按照成分性质有顺序语言、并发语言和分布语言之分。只含顺序成分的语言称为顺序语言，如 FORTRAN、C 语言等。含有并发成分的语言称为并发语言，如 PASCAL、Modula 和 Ada 等。

程序设计语言还分为面向对象的程序设计语言和面向过程的程序设计语言。面向对象的程序设计语言有 C++，C#，Delphi 等；面向过程的程序设计语言有 Free Pascal 和 C 语言等。

目前流行的面向切面程序设计（Aspect Oriented Programming，AOP）是一个比较热门的话题。AOP 主要针对业务处理过程中的切面进行提取，它所面对的是处理过程中的某个步骤或阶段，以获得逻辑过程中各部分之间低耦合性的隔离效果。

程序设计语言是软件的重要方面，其发展趋势是模块化、简明化、形式化、并行化和可视化。

程序设计的步骤如下：

（1）分析问题。对于接受的任务要进行认真的分析，研究所给定的条件，分析最后应达到的目标，找出解决问题的规律，选择解题的方法。

（2）设计算法。即设计出解题的方法和具体步骤。

（3）编写程序。将算法翻译成计算机程序设计语言，对源程序进行编辑、编译和链接。

（4）运行程序，分析结果。运行可执行程序，得到运行结果。

得到运行结果并不意味着程序正确，还要对结果进行分析，看它是否合理。若不合理，则要对程序进行调试，即通过上机发现和排除程序中的故障。

（5）编写程序文档。许多程序是提供给别人使用的，如同正式的产品应当提供产品说明书一样，正式提供给用户使用的程序，必须向用户提供程序文档。程序文档的内容应包括程序名称、程序功能、运行环境、程序的装入和启动说明、需要输入的数据以及使用注意事项等。

1.3.1 算法与程序

算法是程序的核心内容。对于一个需要实现特定功能的程序，实现它的算法可以有很多种，算法的优劣决定着程序的好坏。

程序员熟练地掌握了程序设计语言的语法，进行程序设计、软件开发的时候，将设计好的算法加上软件工程的理论才能做出较好的系统。

算法是指对解题方案的准确而完整的描述，是一系列解决问题的清晰指令。算法是用系统的方法描述解决问题的策略机制。

程序以某些程序设计语言编写，运行于某种目标结构体系上。

1. 算法和程序的区别

（1）两者定义不同。算法是对特定问题求解步骤的描述，它是有限序列指令。而程序是为实现预期目的而进行操作的一系列语句和指令。

说通俗一些，算法是解决一个问题的思路，而程序是为解决该问题编写的代码。为实现相同的算法，用不同语言编写的程序会不一样。

（2）两者的书写规定不同。程序必须用规定的程序设计语言来写，而算法则很随意。程序是一系列解决问题的清晰指令，也就是说，能够对一定规范的输入在有限时间内获得所要求的输出。算法常常含有重复的步骤和一些逻辑判断。

例如，求 5!，即 1×2×3×4×5。

算法实现：

步骤 1：先求 1 乘以 2 ，得到结果 2 。

步骤 2：将步骤 1 得到的乘积 2 再乘以 3 ，得到结果 6 。

步骤 3：将步骤 2 得到的乘积 6 再乘以 4 ，得到结果 24 。

步骤 4：将步骤 3 得到的乘积 24 再乘以 5 ，得到最后的结果 120 。

程序实现：

```
#include<stdio.h>
int main(){
    int i;
    int f=1;
    for(i=1;i<=5;i++)
        f=f*i;
    printf("5!=%d\n",f);
    return 0;}
```

运行结果如图 1-14 所示。

图 1-14　求 5!的运行结果

2. 算法与程序的联系

算法和程序都是指令的有限序列，但是程序是算法，而算法不一定是程序。

程序=数据结构+算法

算法的主要目的在于让人们了解所执行的工作流程与步骤。数据结构与算法要通过程序的实现，才能由计算机系统执行。可以这样理解，数据结构和算法一起形成了可执行的程序。

1.3.2　结构化程序设计

结构化程序设计（Structured Programming）是进行以模块功能和处理过程设计为主的详细设计的基本原则。结构化程序设计是过程式程序设计的一个子集，它对写入的程序使用逻辑结构，使得理解和修改更有效、更容易。

1. 结构化程序设计的三种基本结构

（1）顺序结构

顺序结构表示程序中的各操作是按照它们出现的先后顺序执行的。顺序结构的程序又称简单程序，这种结构的程序是顺序执行的，无分支、无转移、无循环，程序本身的逻辑很简单，只依赖于计算机能够顺序执行语句（指令）的特点，只要语句安排的顺序正确即可。

（2）选择结构

选择结构表示程序的处理步骤中出现了分支，它需要根据某一特定的条件选择其中的一个分支执行。选择结构有单分支、二分支和多分支三种形式。

（3）循环结构

循环结构表示程序反复执行某个或某些操作，直到某条件为假（或为真）时才可终止循环。循环结构中最主要的问题是：什么情况下执行循环？哪些操作需要循环执行？循环结构有两种：“当”型

（while）循环和“直到”型（until）循环。

1）“当”型循环：先判断条件，当满足给定的条件时执行循环体，在循环终端流程自动返回循环入口；如果条件不满足，则退出循环体，直接到达流程出口处。因为是“当条件满足时执行循环”，即先判断后执行，所以称为“当”型循环。

2）“直到”型循环：从结构入口处直接执行循环体，在循环终端判断条件，如果条件不满足，返回入口处继续执行循环体，直到条件满足再退出循环，到达流程出口处，是先执行后判断。因为是“直到条件为真时为止”，所以称为“直到”型循环。

2．结构化程序设计方法的思想

（1）自顶而下。程序设计时，应先考虑总体，后考虑细节；先考虑全局目标，后考虑局部目标。不要一开始就过多追求众多的细节，先从最上层总目标开始设计，逐步使问题具体化。

（2）逐步细化。对于复杂问题，应设计一些子目标作为过渡，逐步细化。

（3）模块化设计。一个复杂问题，肯定是由若干稍简单的问题构成的。模块化是把程序要解决的总目标分解为子目标，再进一步分解为具体的小目标。每一个小目标称为一个模块。

（4）结构化编码。

3．结构化程序设计方法的特点

结构化程序中的任意基本结构都具有唯一入口和唯一出口，并且程序不会出现死循环。程序的静态形式与动态执行流程之间具有良好的对应关系。

4．结构化程序设计方法的优缺点

由于模块相互独立，因此在设计其中一个模块时，不会受到其他模块的影响，因而可将原来较为复杂的问题化简为一系列简单模块的设计。模块的独立性还为扩充已有的系统、建立新系统带来了不少的方便，因为我们可以充分利用现有的模块进行积木式的扩展。

按照结构化程序设计的观点，任何算法的功能都可以通过由程序模块组成的三种基本结构的组合来实现。

结构化程序设计方法的优点如下：

（1）整体思路清楚，目标明确。

（2）阶段性非常强，有利于系统开发的总体管理和控制。

（3）在进行系统分析时，可以诊断出原系统中存在的问题和结构上的缺陷。

结构化程序设计方法的缺点如下：

（1）用户要求难以在系统分析阶段准确定义，致使系统在交付使用时产生许多问题。

（2）用系统开发每个阶段的成果来进行控制，不能适应事物变化的要求。

（3）系统的开发周期长。

1.3.3 结构化程序设计实例

例 1-4 数字 1，2，3，4 能组成多少个互不相同且无重复数字的三位数？都是多少？

算法分析：

可填在百位、十位、个位的数字都是 1，2，3，4。组成所有的排列后再去掉不满足条件的排列。我们采用穷举法来解决这个问题。

代码如下：

```
#include <stdio.h>
int main(){
```

```
    int i,j,k;
    printf("组合如下：\n");
    for(i=1;i<5;i++) /*以下为三重循环*/
        for(j=1;j<5;j++)
            for (k=1;k<5;k++){
                if (i!=k&&i!=j&&j!=k) /*确保 i、j、k 三位互不相同*/
                    printf("%d,%d,%d\n",i,j,k);}
    return 0;}
```

部分运行结果如图 1-15 所示。

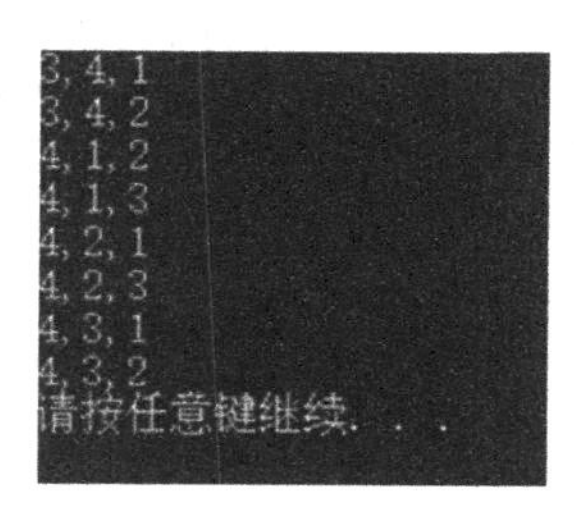

图 1-15　部分运行结果

例 1-5　输入三个整数 x，y，z，请把这三个整数由小到大输出。

算法分析：

先将 x 与 y 进行比较，如果 x>y，则将 x 与 y 的值进行交换；然后再将 x 与 z 进行比较，如果 x>z，则将 x 与 z 的值进行交换。这样能使 x 最小，以此类推，直到完成排序。

代码如下：

```
#include <stdio.h>
int main(){
    int x,y,z,t;
    printf("输入三个数，用空格分开：\n");
    scanf("%d%d%d",&x,&y,&z);
    if (x>y)
        {t=x;x=y;y=t;} /*交换 x,y 的值*/
    if(x>z)
        {t=z;z=x;x=t;} /*交换 x,z 的值*/
    if(y>z)
        {t=y;y=z;z=t;} /*交换 z,y 的值*/
    printf("三个数的递增顺序为: %d %d %d\n",x,y,z);
    return 0;}
```

运行结果如图 1-16 所示。

```
输入三个数，用空格分开：
23 4 12
三个数的递增顺序为: 4 12 23
请按任意键继续. . .
```

图 1-16　运行结果

习题

1. 输入两个整数 a 和 b，转换两个数的值（分两种情况编写：引入中间变量和不引入中间变量）。
2. 解释以下概念：

   算法　　程序　　时间复杂度　　空间复杂度　　源程序　　目标程序

   面向过程的程序设计　　面向对象的程序设计

3. 输入百分制成绩，输出与其对应的等级成绩。
百分制成绩与等级成绩的对应情况如表 1-3 所示。

表 1-3 百分制成绩与等级成绩的对应情况

百分制成绩	等级成绩
[90,100)	A（优秀）
[80,90)	B（良好）
[70,80)	C（中等）
[60,70)	D（及格）
<60	E（不及格）

4. 求 100～200 内的素数。
5. 求一元二次方程 $ax^2+bx+c=0$ 的解。

第 2 章 穷举法

2.1 穷举法概述

2.1.1 穷举法的基本思想

穷举法也叫“枚举法”，是用计算机求解问题最常用的方法之一，常用来解决那些通过公式推导、规则演绎的方法不能解决的问题。采用穷举法求解一个问题时，通常先建立一个数学模型，包括一组变量以及这些变量需要满足的条件。问题求解的目标就是确定这些变量的值。根据问题的描述和相关的知识，能为这些变量分别确定一个大概的取值范围。在这个范围内对变量依次取值，判断所取的值是否满足数学模型中的条件，直到找到全部符合条件的值为止。

穷举法的基本思想是：列举出所有可能的情况，逐一判断哪些符合问题所要求的条件，从而得到问题的全部解答。它利用计算机运算速度快、精确度高的特点，对要解决问题的所有可能情况一个不漏地进行检查，从中找出符合要求的答案。

用穷举法解决问题，通常可以从两个方面进行分析。

（1）问题所涉及的情况：问题所涉及的情况有哪些？情况的种数可不可以确定？把它描述出来。应用穷举法时，对问题所涉及的有限种情形必须一一列举，既不能重复，也不能遗漏。需要注意的是：重复列举会直接引发增解，影响解的准确性；而列举遗漏可能导致问题解的遗漏。

（2）答案需要满足的条件：分析出来的这些情况，需要满足什么条件才成为问题的答案？把这些条件描述出来。

只要把这两个方面分析好了，问题自然会迎刃而解。

2.1.2 穷举法的实施步骤与算法描述

穷举法通常使用循环结构来实现。在循环体中，根据所求解的具体条件，使用选择结构实施判断筛选，求得所要求的解。

穷举法的程序框架一般为：

```
cnt=0;                                      // 解的个数初值为 0
for(k=<区间下限>;k<=<区间上限>;k++){         // 根据指定范围实施穷举
    if (<约束条件>){                         // 根据约束条件实施筛选
        printf(<满足要求的解>);              // 输出满足要求的解
        cnt++;}                             // 统计解的个数
}
```

例如，输出 1～100 以内能被 3 整除的数：

```
int i;
for(i=1;i<=100;i++){   //解的范围是1～100
    if(i%3==0){
    i++;}printf("%d",i); // 根据约束条件实施筛选并输出 i
```

那么，什么样的问题适合使用穷举法来解决呢？归纳起来说，如果遇到如下 3 种情况，则可以优先考虑使用穷举法。

（1）答案的范围是已知的，虽然事先并不知道确切的结果，但能预计到结果会落在哪个取值范围内。譬如：

1）求 200～300 之间所有的素数，无论结果如何，都在 200～300 的范围内。

2）求 2000～2500 年之间所有的闰年，求得的闰年都在 2000～2500 年的范围内。

3）验证 10000 以内的哥德巴赫猜想，即找出 10000 以内所有的合数，看是否能够分解为两个质数之和。

如果仔细观察，将会发现许多题目的结果范围都是已知的，都可以使用穷举法来实现。

（2）答案的结果是离散的，不是连续的。如果要求出 1～2 之间所有的小数，就无法用穷举法来实现，因为其结果是无限连续的。

（3）对时间的要求不严格。在竞赛中许多题目对于算法的设计是有时间要求的，有时会非常苛刻。如果用穷举法则耗时过长，不可取。例如，要求出 15 位的水仙花数，使用穷举法可能会花费 20 分钟的时间，而试题通常要求在 1 分钟之内完成，少数会延长至 3 分钟。在这种情况下，必须使用新的算法来解决问题。

下面举个经典的例子：100 块砖 100 人来搬，男人一人搬 4 块，女人一人搬 3 块，小孩 3 人抬一块，问男人、女人、小孩各几人？

若设男人、女人、小孩的人数分别为 x，y，z，则只能够列出两个等式：

```
x+y+y=100
4*x+3*y+z/3=100
```

3 个未知数两个等式，无法求解，只能使用穷举法来实现，具体做法如下：

先确定每种类型人员的数量的取值范围，由题意可知，男人的人数 x 的取值范围是 0~25，女人的人数 y 的取值范围是 0~33，小孩的人数 z 的取值范围是 0~99（必须不大于 100 且为 3 的倍数）。使用穷举法遍历所有可能的取值结果，逐一判断筛选出正确的结果。算法如下：

```
for(int x=0; x<=25; x++)
    for(int y=0; y<=33; y++)
        for(int z=0; z<=99; z+=3)
            if((x+y+z==100)&&(4*x+3*y+z/3==100))
                输出 x,y,z
```

如果仔细分析一下，就会发现由于 x+y+z==100，因此只需要考虑 x 和 y 的遍历取值；z 值可以通过 100-x-y 来实现，当然，z 值是 3 的倍数。上述算法可修改如下：

```
for(int x=0; x<=25; x++)
    for(int y=0; y<=33; y++){
        int z = 100 - x - y;
        if((z%3==0)&&(4*x+3*y+z/3==100))
                输出 x,y,z}
```

从这道题的解决过程中，我们可以发现使用穷举法的一般过程：

（1）确定需要哪几个变量、变量采用什么类型。此题需要表示男人、女人和孩子人数的 3 个变量 x，y，z，因为求的是人数，所以必须为整数。如果是其他题目，所需变量的个数与类型可能不尽相同，这个要由具体情况而定。

（2）确定每个变量的取值范围，如上例之中 x 的范围是 0~25，y 的取值范围是 0~33，z 的取值范围是 0~99。

（3）设置多层嵌套循环，对于事先知道循环次数的问题通常使用 for 循环，也可以使用其他循环控制语句，最内层循环中设置条件判断，满足条件时，输出相关的提示信息。

根据平时做题的经验，至少有三分之一的问题都可以通过穷举法来实现。因此，熟练应用穷举法编写程序，意义非常重大。

2.2　整数搜索

2.2.1　算 24 点游戏

例 2-1　算 24 点游戏。游戏内容如下，一副牌中抽去大小王剩下 52 张，J，Q，K 可以当成 11，12，13，也可以都当成 1。任意抽取 4 张牌（可以两个人玩，也可以 4 个人玩），用加、减、乘、除（可以加括号）把牌面上的数算成 24。每张牌必须用一次且只能用一次。谁先算出来，四张牌就归谁；如果无解就各自收回自己的牌；哪一方把所有的牌都赢到手中，就获胜了。

例如，输入 4 个整数 4，5，6，7，可得到表达式：4*((5-6)+7)=24。这只是一个解，要求输出全部的解。表达式中数字的顺序不能改变。

算法分析：

本题最简便的解法是应用穷举法搜索整个解空间，筛选出符合题目要求的全部解。因此，关键的问题是如何确定该题的解空间。

假设输入的 4 个整数为 A，B，C，D，如果不考虑括号优先级的情况，仅用四则运算符将它们连接起来，则可以形成 $4^3=64$ 种可能的表达式。如果考虑加括号的情况，而暂不考虑运算符，则共有以下 5 种可能的情况：

（1）((A□B)□C)□D。

（2）(A□(B□C))□D。

（3）A□(B□(C□D))。

（4）A□((B□C)□D)。

（5）(A□B)□(C□D)。

其中，□代表+，-，*，/四种运算符中的任意一种。将上面两种情况综合起来考虑，每输入 4 个整数，其构成的解空间为 64*5=320 种表达式。也就是说，每输入 4 个整数，无论以什么方式或优先级进行四则运算，其结果都会在这 320 种答案之中。接下来，就是在这 320 种表达式中寻找出计算结果为 24 的表达式。

首先将 3 个不同位置上的运算符设置成不同的变量：op1，op2，op3，并规定 op1 为整数 A 与 B 之间的运算符，op2 为整数 B 与 C 之间的运算符，op3 为整数 C 与 D 之间的运算符。格式如下：

```
A  op1  B  op2  C  op3  D
```

规定变量 op1、op2、op3 的取值范围为 1，2，3，4，分别表示加、减、乘、除四种运算，操作编码和运算的对应关系如表 2-1 所示。

表 2-1　操作编码与运算的对应关系

操作编码	运算
1	+（加法运算）
2	-（减法运算）

续表

操作编码	运算
3	*（乘法运算）
4	/（除法运算）

这样，通过一个三重循环就可以枚举出不考虑括号情况的64种表达式。算法如下：

```
for(op1=1;op1<=4;op1++)
    for(op2=1;op2<=4;op2++)
        for(op3=1;op3<=4;op3++)
            {//得到一种不含括号的表达式情形：A  op1  B  op2  C  op3  D}
```

下面的问题就是考虑如何在表达式中添加括号，以及如何通过每种表达式的状态计算出对应的表达式的值。

首先，上述算法得到的每一种表达式都可能具有 5 种添加括号的方式，而这 5 种添加括号的方式实际上涵盖了该表达式的所有可能优先级的运算。例如，表达式 A+B−C*D 的 5 种添加括号的方式为：

（1）((A+B)−C)*D。

（2）(A+(B−C))*D。

（3）A+(B− (C*D))。

（4）A+((B−C)*D)。

（5）(A+B)−(C*D)。

实际上，对表达式 A+B−C*D 以任何优先级进行运算，都包含在这 5 种表达式之中。

代码如下：

```
#include<stdio.h>
char op[5]={'#', '+', '-', '*', '/',};
float cal(float x, float y, int op){
    switch(op){
    case 1: return x+y;
    case 2: return x-y;
    case 3: return x*y;
    case 4: return x/y;
    default: return 0.0;}}
float calculate_model1(float i, float j, float k, float t, int op1, int op2, int op3){
    float r1, r2, r3;r1 = cal(i, j, op1);
    r2 = cal(r1, k, op2);r3 = cal(r2, t, op3);
    return r3;}
float calculate_model2(float i, float j, float k, float t, int op1, int op2, int op3){
    float r1, r2, r3;r1 = cal(j, k, op2);
    r2 = cal(i, r1, op1);r3 = cal(r2, t, op3);
    return r3;}
float calculate_model3(float i, float j, float k, float t, int op1, int op2, int op3){
    float r1, r2, r3 ;r1 = cal(k, t, op3);
    r2 = cal(j, r1, op2);r3 = cal(i, r2, op1);
    return r3;}
float calculate_model4(float i, float j, float k, float t, int op1, int op2, int op3){
    float r1, r2, r3;r1 = cal(j, k, op2);
    r2 = cal(r1, t, op3);r3 = cal(i, r2, op1);
    return r3;}
float calculate_model5(float i,float j,float k,float t,int op1,int op2,int op3){
    float r1, r2, r3 ;r1 = cal(i, j, op1);
    r2 = cal(k, t, op3);r3 = cal(r1, r2, op2);
    return r3;}
int get24(int i, int j, int k, int t){
    int op1, op2, op3;int flag=0;
    for(op1=1; op1<=4; op1++)
        for(op2=1; op2<=4; op2++)
```

```
                for(op3=1; op3<=4; op3++){
                    if(calculate_model1(i, j, k, t, op1, op2, op3)==24){
                        printf("((%d%c%d)%c%d)%c%d=24\n", i, op[op1], j, op[op2], k, op[op3], t);
                    flag = 1;}
                    if(calculate_model2(i, j, k, t, op1, op2, op3)==24){
                        printf("(%d%c(%d%c%d))%c%d=24\n", i, op[op1], j, op[op2], k, op[op3], t);
                            flag = 1;}
                    if(calculate_model3(i, j, k, t, op1, op2, op3)==24){
                        printf("%d%c(%d%c(%d%c%d))=24\n", i, op[op1], j, op[op2], k, op[op3], t);
                            flag = 1;}
                    if(calculate_model4(i, j, k, t, op1, op2, op3)==24){
                        printf("%d%c((%d%c%d)%c%d)=24\n", i, op[op1], j, op[op2], k, op[op3], t);
                            flag = 1;}
                    if(calculate_model5(i, j, k, t, op1, op2, op3)==24){
                        printf("(%d%c%d)%c(%d%c%d)=24\n", i, op[op1], j, op[op2], k, op[op3], t);
                            flag = 1;}}}
        return flag;}
    int main(){
        int i, j, k, t;
        printf("输入四个整数(1-13)用 分开：\n");
        loop1:     scanf("%d%d%d%d",&i,&j,&k,&t);
            if(i<1||i>13 || j<1||j>13 || k<1||k>13 || t<1||t>13){
                printf("Input illege, Please input again\n");
                goto loop1;}
            if( get24(i,j,k,t) );
            else
                printf("对不起，这四个数不能算出 24。\n");
        return 0;}
```

运行结果如图 2-1 所示。

```
输入四个整数(1-13)用 分开：
2 3 4 5
2*(3+(4+5))=24
2*((3+4)+5)=24
请按任意键继续. . .
```

图 2-1　运行结果

2.2.2　韩信点兵

例 2-2　在中国古代著名数学著作《孙子算经》中，有一道题目叫作“物不知数”，原文如下：有物不知其数，三三数之剩二，五五数之剩三，七七数之剩二，问物几何？即一个整数除以三余二，除以五余三，除以七余二，求这个整数。

算法分析：

考虑中国剩余定理，也就是将三排剩余数乘以 70，五排剩余数乘以 21，7 排剩余数乘以 15，加起来的数就是结果。但是考虑到用程序实现，我们可以用穷举法。

代码如下：

```
#include<stdio.h>
int main() {
    int i,a,b,c,n =-1;
    printf("输入 3 个 3 个数、5 个 5 个数、7 个 7 个数的余数(用 分开):\n");
    scanf("%d%d%d",&a,&b,&c);
    for(i=10;i<=100;i++)
        if(i%3==a&&i%5==b&&i%7==c) {
            n = i;  break;}
```

```
        if(n < 0)
            printf("No answer\n");
        else
            printf("%d\n", n);
return 0;}
```

运行结果如图 2-2 所示。

```
输入3个3个数、5个5个数、7个7个数的余数(用 分开):
2 1 5
26
请按任意键继续. . .
```

图 2-2 运行结果

2.2.3 素数问题

例 2-3 输入一个数 n，判断此数是否为素数。

算法分析：

素数（Prime Number）又称质数，有无限个，最小的素数是 2。

假设 n 是一个素数，那么它只能分解成 1 和 n 一对因子。任何一个正整数 n 都能分解成 1 和 n 一对因子，如果 n 除了这对因子以外还能分解成其他因子，那么 n 就不是素数。比如，17 的因子只有 1 和 17，所以 17 就是素数；6 的因子除了 1 和 6 以外，还有 2 和 3，所以 6 就不是素数。可以用穷举法，用 n 依次除以 2~n-1，看 n 是否有其他因子。判断 n 是否为素数的程序代码如下：

```
#include<stdio.h>
int main(){
    int i, n;
    printf("输入 n:\n");
    scanf("%d",&n);
    for (i=2;i<n;i++)
        if (n%i == 0)  break;
        if (n<=1 )
            printf("输入有误。\n");
        else if (i<n)
            printf("%d 不是素数。\n",n);
        else
            printf("%d 是素数。\n",n);
return 0;}
```

运行结果如图 2-3 所示。

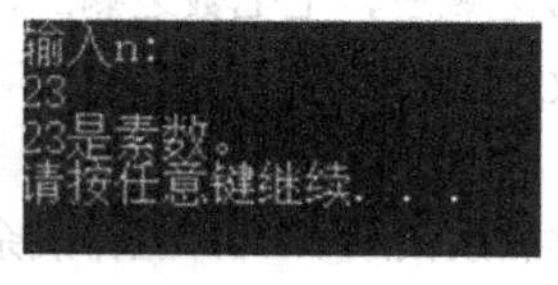

图 2-3 运行结果

接下来，将以上题目引申为求某个区间（如 1～100）之间的素数。

我们利用数组筛选求素数，将 1～100 存放于数组中，首先 1 不是素数，筛掉；从 2 开始，能被整除的，即 2 的倍数，都不是素数，筛掉；然后是 3，3 的倍数筛掉；然后是 5，7，11……设置一个容量为 100 的数组存放 1～100，初始值为 0。如果不为素数，则将其置为 1，表示筛掉。最后遍历数组输出值为 0 的元素即可。本例使用数组筛选的目的是使时间复杂度降到最低。

代码如下：

```
#include<stdio.h>
```

```
#include<math.h>
#define N 100
int main(){
    int arr[N]={0};                          //使用数组表示 1～100
    arr[0]=1;                                //1 不是素数，首先筛选出来
    int i,j;                                 //i 表示索引,也即元素
    for(i=2;i<=N;i++)                        //第一轮：筛选掉 2 的倍数
        if(i%2==0) arr[i-1]=1;
            arr[1] = 0;                      //2 是素数
    for(i=3;i<sqrt(N);i+=2) {
        if(arr[i-1]==0){
        for(j=i*i;j<=N;j+=2*i)
            arr[j-1]=1;}}
    for(i=0;i<N;i++){
        if(arr[i]==0) printf("%4d ",i+1);}
    printf("\n");
return 0;}
```

运行结果如图 2-4 所示。

```
   2   3   5   7  11  13  17  19  23  29  31  37  41  43  47  53  59  61  67  71  73  79  83  89  97
请按任意键继续. . .
```

图 2-4　运行结果

2.2.4　约瑟夫环问题

例 2-4　约瑟夫环问题。编号为 1，2，3，…，n 的 n 个人围坐一圈，任选一个正整数 m 作为报数上限值，从第一个人开始按顺时针方向报数，报数到 m 时停止，报数为 m 的人出列。从出列人的顺时针方向的下一个人开始又从 1 重新报数，如此下去，直到所有人都全部出列为止。

算法分析：

将每个人的编号存放在一个数组 a 中，主函数中决定人数以及报数的上限值 m，设计一个函数实现对应的操作。函数的形参有整型数组 a、整数 n 和 m，n 用来接收传递的人数，m 用来接收报数上限，函数的返回值为空；函数体中输出出列人的顺序。

函数中利用循环访问数组中的 n 个元素，每次访问元素，设定内循环连续访问 m 个元素，元素访问的下标为 k，访问到第 m 个元素时，如果元素不是 0，此时输出元素 a[k]，再设定 a[k]为 0，继续访问后面的元素。

主函数中设定数组 a，从键盘输入 n 和 m，利用循环产生 n 的位置序号存放到数组 a 中，调用函数实现相应的操作。

代码如下：

```
#include <stdio.h>
#define N 100
int josef(int a[],int n,int m){
    int i,j,k=0;
    for(i=0;i<n;i++){
        j=1;
        while(j<m){
            while(a[k]==0)
                k=(k+1)%n;
                j++;
                k=(k+1)%n;}
        while(a[k]==0)
            k=(k+1)%n;
            printf("%d ",a[k]);
            a[k]=0;}
```

```
      return 0;}
  int main(){
      int a[100];
      int i,j,m,n;
      printf("输入人数 n 和报数值 m（用 分开）:\n");
      scanf("%d%d",&n,&m);
      for(i=0;i<n;i++)
          a[i]=i+1;
          printf("输出结果：\n");
          josef(a,n,m);
          printf("\n");
    return 0;}
```

运行结果如图 2-5 所示。

```
输入人数n和报数值m（用 分开）：
21 5
输出结果：
5 10 15 20 4 11 17 2 9 18 6 14 3 16 8 1 21 7 13 19 12
请按任意键继续. . .
```

图 2-5 运行结果

C 编译系统对形参数组的大小不做检查，只是将实参数组的首地址传给形参数组，所以形参数组可以不用指定大小。例如，本例中被调用函数的首部定义为 void josef(int a[], int n, int m)，其中的整型数组 a 的定义为 int a[]，没有给出数组的具体大小。

2.2.5 火柴棒等式

例 2-5 火柴棒等式。给你 n（n≤24）根火柴棒，你可以拼出多少个形如“A+B=C”的等式？等式中的 A，B，C 是用火柴棒拼出的整数（若该数非零，则最高位不能是 0）。数字 0～9 的火柴棒拼法如图 2-6 所示。

图 2-6 数字 0～9 的火柴棒拼法

注意：

（1）加号与等号各自需要两根火柴棒。

（2）如果 A≠B，则 A+B=C 与 B+A=C 视为不同的等式（A，B，C≥0）。

（3）n 根火柴棒必须全部用上。

算法分析：

由于题目中已经给出，最多有 24 根火柴棒，在等号和加号各用两根的前提下，A，B，C 三个数总共只有 20 根火柴棒，数据范围较小，可以用穷举法。这个时候我们发现，0～9 这 10 个数字所用的火柴棒数目分别为：6，2，5，5，4，5，6，3，7，6，很明显，数字 1 用的火柴棒最少，只要 2 根，不妨让 B 为 1，那么 A 和 C 最多可以使用 18 根火柴，而 C≥A，满足条件的 A 的最大取值为 1111。所以，枚举 A 和 B 的范围为 0~1111。为了加快速度，可以将 0～2222（1111+1111）内的所有整数需要的火柴棒数目提前算好保存在数组中，然后用穷举法去求等式是否成立。

代码如下

```
#include <stdio.h>
#include <stdlib.h>
int a[2223]= {6,2,5,5,4,5,6,3,7,6};          //0～9 需要的火柴棒数目
const int b[10]= {6,2,5,5,4,5,6,3,7,6};      //定义 b 数组的值，不可改变
```

```
int need(int n){
    int t, num;
    num=0;
    if(n==0) return 6;
    while(n>0){
        t=n%10;
        num+=b[t];              //统计数字并且把这些数字所需要的火柴棒数目加起来
        n/=10;                  //跳过最后一个数字}
    return num;}
int main(){
    int n,i,j,A,B,C,D,sum;
    printf("输入火柴棒的数量: \n");
    scanf("%d",&n);
    sum=0;
    for(i=10; i<2223; i++)
        a[i]=need(i);           //把每个数字需要的火柴棒数目赋值
    for(i=0; i<=1000; i++){
        for(j=0; j<=1000; j++){
            A=a[i];             //A 的火柴棒数目
            B=a[j];             //B 的火柴棒数目
            C=n-4-A-B;          //C 的火柴棒数目
            D=a[i+j];           //等式的实现是通过 i+j=(i+j)
            if(D==C) {
                sum++;          //如果符合等式
                printf("%d+%d=%d ",A,B,A+B);}}}
    printf("\n 一共有%d 个等式\n",sum);
    return 0;}
```

运行结果如图 2-7 所示。

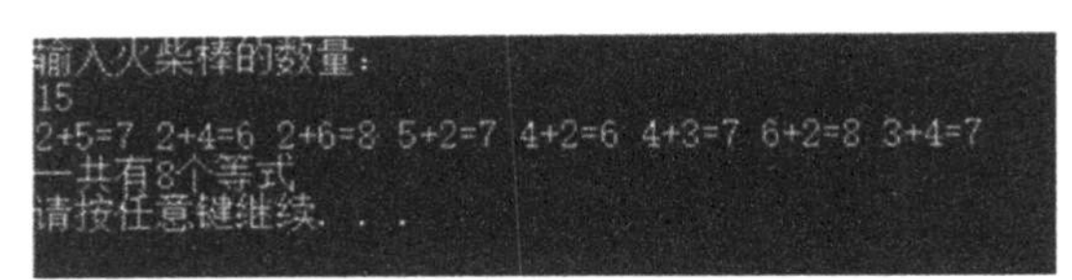

图 2-7　运行结果

2.2.6　三色旗问题

例 2-6　三色旗问题。有一根绳子，上面有红、白、蓝三种颜色的旗子。绳子上旗子的颜色没有顺序，现在要对旗子进行分类，按照蓝色、白色、红色的顺序排列。只能在绳子上进行移动，并且一次只能调换两面旗子，怎样移动才能使旗子移动的次数最少？

算法分析：

旗子在绳子上移动，而且一次只能调换两面旗子，因此只要保证在移动旗子时，从绳子的开头开始，遇到蓝色旗子向前移动，遇到白色旗子则留在中间，遇到红色的旗子则向后移动即可。要使移动次数最少，可以使用三个指针 b，w，r 分别作为蓝旗、白旗和红旗的指针。

若 w 指针指向的当前旗子为白色，则 w 指针增加 1，表示白旗部分增加一面。若 w 指针指向的当前旗子为蓝色，则将 b 指针与 w 指针所指向的旗子交换，同时 b 指针与 w 指针都增加 1，表示蓝旗和白旗部分都多了一个元素。若 w 指针指向的当前旗子为红色，则将 w 指针与 r 指针所指向的旗子交换，同时 r 指针减 1，即 r 指针向前移动，未处理的部分减 1。刚开始时，r 指向绳子中最后一面旗子，之后 r 指针不断前移，当其位于 w 指针之前（即 r 的值小于 w 的值）时，全部旗子处理完毕，可以结束比较和移动旗子操作。

在程序中，通过宏定义用大写字母 B，W，R 分别代表蓝色、白色和红色；字符数组“char color[]”

表示绳子上各种颜色的旗子；旗子移动时通过一个 while 循环判断移动过程是否结束，在 while 循环中，根据旗子的不同颜色进行不同的处理。

代码如下：

```
#include <stdio.h>
#include <stdlib.h>
#include <string.h>
#define BLUE 'B'
#define WHITE 'W'
#define RED 'R'
#define swap(x,y){char temp;\
    temp=color[x];\
    color[x]=color[y];\
    color[y]=temp;}
int main(){
    char color[]={'R','W','B','W','W','B','R','B','W','R','\0'};
    int w=0;  int b=0;
    int r=strlen(color)-1;
    int i;
    for(i=0;i<strlen(color);i++)
        printf("%c ",color[i]);
        printf("\n");
        while(w<=r){
          if(color[w]==WHITE)
             w++;
          else{
             if(color[w]==BLUE){
             swap(b,w);
             b++;
             w++;}
             else{
                while(w<r&&color[r]==RED)
                    r--;
                swap(r,w);
             r--;}}}
  for(i=0;i<strlen(color);i++)
      printf("%c ",color[i]);
      printf("\n");
  return 0;}
```

运行结果如图 2-8 所示。

图 2-8　运行结果

2.2.7 勾股数问题

例 2-7　求 100 以内的所有勾股数。所谓勾股数，是指能够构成直角三角形三条边的三个正整数（a，b，c）。

算法分析：

根据勾股数定义，所求三角形的三条边应满足条件$a^2+b^2=c^2$。可以在所求范围内利用穷举法找出满足条件的数。采用穷举法求解时，最容易想到的一种方法是利用 3 个循环语句分别控制变量 a、b、c 的取值范围，第 1 层控制变量 a，取值范围是 1～100。在 a 值确定的情况下再确定 b 值，即第 2 层控制变量 b，为了避免结果有重复现象， b 的取值范围是 a+1～100。a，b 的值确定后，利用穷举法在 b+1～100 范围内一个一个地去比较，看当前 c 值是否满足条件 $a^2+b^2=c^2$，若满足，则输出当前 a，b， c 的值，否则继续寻找。

代码如下：

```
for(a=1; a<=100; a++)
    for(b=a+1; b<=100; b++)
        for(c=b+1; c<=100; c++)
            if(a*a+b*b==c*c)
                printf ("%d\t%d\t%d\n", a, b, c)
```

但是上述算法的效率比较低，根据 $a^2+b^2=c^2$ 这个条件，在 a，b 值确定的情况下，没必要再利用循环一个一个去寻找 c 值。若 a，b，c 是一组勾股数，则 a^2+b^2 的平方根一定等于 c，c 的平方应该等于 a，b 的平方和，所以可将 a^2+b^2 的平方根赋给 c，再判断 c 的平方是否与此相等。根据勾股数定义将变量定义为整型，a^2+b^2 的平方根不一定为整数，但变量 c 的类型为整型，将一个实数赋给一个整型变量时，可将实数强制转换为整型（舍弃小数点之后的部分）然后再赋值，这种情况下得到的 c 的平方与原来的的值肯定不相等，所以可利用这一条件进行判断。

代码如下：

```
#include<stdio.h>
#include<math.h>
int main(){
    int a, b, c, count=0;
    printf("100 以内的勾股数有：\n");
    printf("  a     b    c       a     b    c       a     b    c       a     b    c\n");
    for(a=1; a<=100; a++)
        for(b=a+1; b<=100; b++){
            c=(int)sqrt(a*a+b*b);                  //求 c 值
            if(c*c==a*a+b*b && a+b>c && a+c>b && b+c>a && c<=100){
                printf("%4d %4d %4d      ", a, b, c);
                count++;
                if(count%4==0)                      //每输出 4 组解就换行
                printf("\n");}}
  printf("\n");
  return 0;}
```

运行结果如图 2-9 所示。

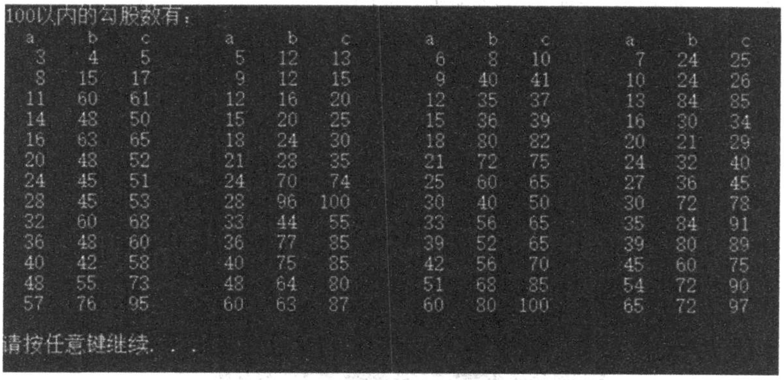

```
100以内的勾股数有：
  a   b   c      a   b   c      a   b   c      a   b   c
  3   4   5      5  12  13      6   8  10      7  24  25
  8  15  17      9  12  15      9  40  41     10  24  26
 11  60  61     12  16  20     12  35  37     13  84  85
 14  48  50     15  20  25     15  36  39     16  30  34
 16  63  65     18  24  30     18  80  82     20  21  29
 20  48  52     21  28  35     21  72  75     24  32  40
 24  45  51     24  70  74     25  60  65     27  36  45
 28  45  53     28  96 100     30  40  50     30  72  78
 32  60  68     33  44  55     33  56  65     35  84  91
 36  48  60     36  77  85     39  52  65     39  80  89
 40  42  58     40  75  85     42  56  70     45  60  75
 48  55  73     48  64  80     51  68  85     54  72  90
 57  76  95     60  63  87     60  80 100     65  72  97

请按任意键继续. . .
```

图 2-9　运行结果

2.2.8　猜价格游戏

例 2-8　猜价格游戏。这是我们在生活中经常玩的一个猜数字游戏，其主要玩法就是设置一个数（1～100）作为基准数，然后在程序开始执行后输入一个数，拿这个猜的数与设置的数进行比较。如果玩家输入的数比设置的数大，那么屏幕会输出“高了”两个字；如果玩家输入的数比设置的数小，那么屏幕会输出“低了”两个字；一直这样来来回回地猜下去，直到玩家猜的数字与设置的数字相同，屏幕输出“恭喜你，答对了，该商品属于你了！”，游戏结束。

算法分析：

猜价格游戏的核心是采用二分查找的方法和思想，二分查找也叫折半查找，是一种效率较高的查找方法，但是，二分查找要求线性表必须采用顺序存储结构，而且表中元素按关键字有序排列。也就是说，使用二分查找的前提是这个数组是有序的，可以是从小到大（递增）排序，也可以是从大到小（递减）排序。

代码如下：

```
#include <stdio.h>
#include<stdlib.h>
#include<time.h>
int main(){
    int oldprice,price=0,i=0;
    printf("请首先设置商品的真实价格。\n");
    srand(time(0));
    oldprice=(int)(rand()%100);
    printf("商品价格设置完成！\n");
    printf("请输入试猜的价格:\n");
    while(oldprice!=price){
        i++;
        printf("参与者:");
        scanf("%d",&price);
        printf("主持人:") ;
        if(price>oldprice)
            printf("高了\n");
        else if(price<oldprice)
            printf("低了\n");
        else
            printf("恭喜你，答对了，该商品属于你了!\n 你一共试猜了%d 次.\n",i);}
     getch();
     return 0;}
```

运行结果如图 2-10 所示。

图 2-10 运行结果

2.3　分解与重组

2.3.1　水仙花数

例 2-9　打印所有的水仙花数（阿姆斯特朗数）。

算法分析：

根据定义，水仙花数首先是一个三位正整数，说明水仙花数 n 应该在 100~999 之间；其次，需要分离出 n 的个位数、十位数和百位数；再次，按其性质进行计算并判断，满足条件“n 等于它拆分开来的每位数字的 3 次幂之和”则打印输出 n，否则不打印输出。例如，$153=1^3+5^3+3^3$。

因此，水仙花数问题可以利用循环语句解决。设循环变量为 i，初值为 100，i 从 100 变化到 999；依次判断条件是否成立，如果成立则输出 i，否则不输出。具体步骤如下：

（1）分离出个位数，算术表达式为：j=i%10。

（2）分离出十位数，算术表达式为：k=i/10%10。

（3）分离出百位数，算术表达式为：n=i/100。

（4）判断条件是否成立。若成立，执行步骤（5）；若不成立，执行步骤（6）。

（5）打印输出结果。

（6）i 自增 1。

（7）转到（1）执行，直到 i 等于 1000。

判断的条件为：j*j*j+k*k*k+n*n*n==i。

代码如下：

```
#include <stdio.h>
int main(){
    printf("所有的水仙花数为：\n");
    int i,j,k,n;
    for(i=100;i<1000;i++){
        j=i%10;
        k=i/10%10;
        n=i/100;
        if(j*j*j+k*k*k+n*n*n==i)
        printf("%5d\n",i);}
    return 0;}
```

运行结果如图 2-11 所示。

```
所有的水仙花数为：
  153
  370
  371
  407
请按任意键继续. . .
```

图 2-11　运行结果

2.3.2　回文数

例 2-10　打印所有不超过 256 且平方具有对称性质的数（即“回文数”）。

算法分析：

对于要判定的数 n 计算出平方后（存于 a），按照“回文数”的定义，将最高位与最低位、次高位与次低位……进行比较，若彼此相等则为回文数。此算法需要知道平方数的位数，再一一将每一位分解、比较，此方法适用于位数已知且位数不是太多的数。

此问题可借助数组来解决。将平方后的数（a）的每一位进行分解，按从低位到高位的顺序依次暂存到数组中，再将数组中的元素按照下标从大到小的顺序重新组合成一个数 k（如 n=15，则 a=225，k=522），若 k=n×n，则可判定 n 为回文数。

代码如下：

```
#include<stdio.h>
int main(){
    int m[16], n, i, t, count=0;
    long unsigned a, k;
    printf("No.    数字      回文数\n");
    for( n=1; n<256; n++ )   {           //穷举 n 的取值范围
        k=0; t=1; a=n*n;                 //计算 n 的平方
        for( i=0; a!=0; i++ ){
            m[i] = a % 10;
            a /= 10;}
        for(; i>0; i--){
            k += m[i-1] * t;             //记录某一位置对应的权值
            t *= 10;}
        if(k == n*n)
            printf("%2d%10d%10d\n", ++count, n, n*n);}
    return 0;}
```

运行结果如图 2-12 所示。

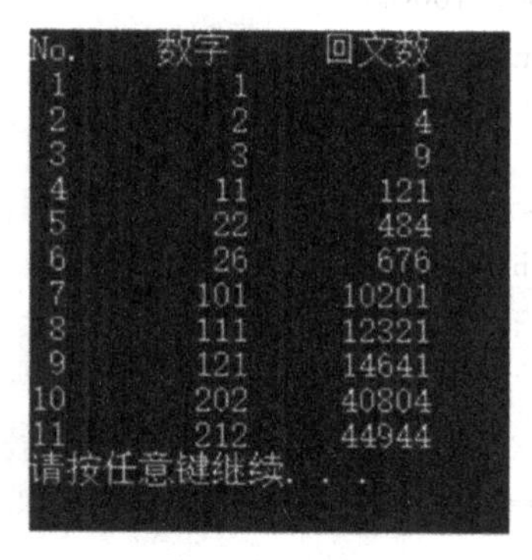

图 2-12 运行结果

2.3.3 完数

例 2-11 求某一范围内的完数。

算法分析：

如果一个数等于它的因子之和（不包含本数），则称该数为“完数”（或“完全数”）。例如，6 的因子为 1，2，3，而 6=1+2+3，因此 6 是“完数”。

根据完数的定义，解决本题的关键是计算出所选取的整数 i（i 的取值范围不固定）的因子（因子就是所有可以整除这个数的数），将各因子累加到变量 s（记录所有因子之和），若 s 等于 i，则可确认 i 为完数，反之则不是完数。

代码如下：

```
#include<stdio.h>
int main(){
    int i, j, s, n;          //变量 i 控制选定数范围，j 控制除数范围，s 记录累加因子之和
    printf("请输入所选范围上限：");
```

```
    scanf("%d", &n);
    printf("%d 内的完数有: \n",n);
    for( i=2; i<=1000; i++){
        s=0;
        for( j=1; j<=n/2; j++ ){
            if(i%j == 0)
            s += j;}}
        if(s == i)          //判断因子之和是否和原数相等
            printf("%d\n", i);}
    return 0;}
```

运行结果如图 2-13 所示。

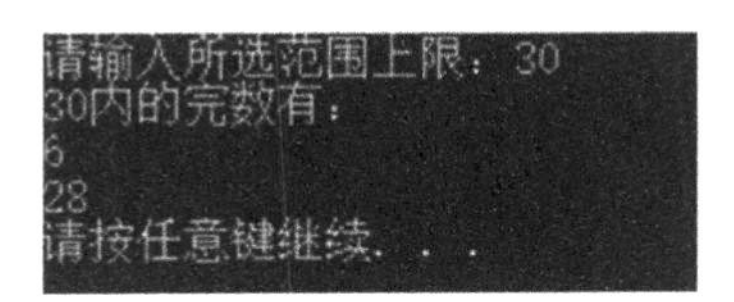

图 2-13　运行结果

2.4　趣味数学

2.4.1　百钱买百鸡问题

例 2-12　中国古代数学家张丘建在他的《算经》中提出了著名的“百钱买百鸡问题”：鸡翁一，值钱五，鸡母一，值钱三，鸡雏三，值钱一，百钱买百鸡，问翁、母、雏各几何？

算法分析：

原题用现代语言表达，意思是 1 只公鸡 5 元钱，1 只母鸡 3 元钱，3 只小鸡 1 元钱，现在要用 100 元钱买 100 只鸡，问公鸡、母鸡、小鸡各多少只？

如果用数学的方法解决百钱买百鸡问题，可将该问题抽象成方程组。设公鸡 x 只，母鸡 y 只，小鸡 z 只，得到以下方程组：

$$\begin{cases} 5x+3y+\frac{1}{3z}=100 \\ x+y+z=100 \\ 0\leqslant x\leqslant 100 \\ 0\leqslant y\leqslant 100 \\ 0\leqslant z\leqslant 100 \end{cases}$$

用解方程组的方式解这道题需要进行多次猜解，因此我们用穷举法的方式来解题。

代码如下：

```
#include <stdio.h>
int main(){
    int cock,hen,chick;
    for(cock=0;cock<=20;cock++)
        for(hen=0;hen<=33;hen++)
            for(chick=3;chick<=99;chick++)
                if(5*cock+3*hen+chick/3==100)
                    if(cock+hen+chick==100)
                        if(chick%3==0)
                            printf("公鸡: %d, 母鸡: %d, 小鸡: %d\n",cock,hen,chick);
    return 0;}
```

运行结果如图 2-14 所示。

```
公鸡: 0, 母鸡: 25, 小鸡: 75
公鸡: 4, 母鸡: 18, 小鸡: 78
公鸡: 8, 母鸡: 11, 小鸡: 81
公鸡: 12, 母鸡: 4, 小鸡: 84
请按任意键继续. . .
```

图 2-14 运行结果

2.4.2 搬砖问题

例 2-13（中国古典算法问题） 有 36 块砖，由 36 人搬：一个男人一次搬 4 块，一个女人一次搬 3 块，两个孩子一次抬一块，要求一次全部搬完，问男人、女人、孩子人数各若干？（男人、女人、孩子人数都不能为 0。）

算法分析：

36 块砖男人最多可能需要 9 人（9×4=36），女人最多可能需要 12 人（12×3=36），孩子最多需要 36 人（人数最多为 36），用 a 表示男人的人数（1～9）；b 表示女人的人数（1～12）；c 表示孩子的人数，范围为 1～36，且为 2 的倍数。若 4×a+3×b+c÷2=36，说明这次搬砖符合题目要求，输出人数。

代码如下：

```
#include<stdio.h>
int main(){
    int a,b,c,x;
    printf("男人    女人  孩子\n");
    for(a=1;a<9;a++){
        for(b=1;b<12;b++){
            for(c=1;c<36;c++){
                x=a*4+b*3+c/2;
                if(x==36 && c%2==0)
                    printf("%3d %5d %5d\n",a,b,c);}}}
    return 0;}
```

运行结果如图 2-15 所示。

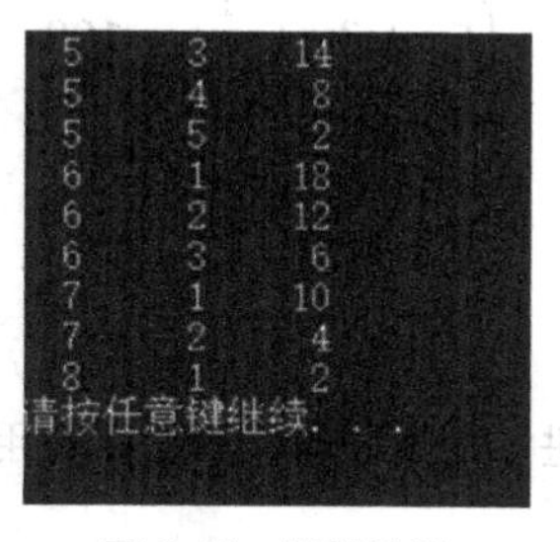

图 2-15 运行结果

2.4.3 鸡兔同笼问题

例 2-14（中国古典算法问题） 鸡、兔 40 只，有腿 100 条，请问：鸡有多少，兔子有多少？

算法分析：

鸡有 2 条腿，兔子有 4 条腿，假设鸡有 x 只，兔子有 y 只，根据题意得知有如下方程组：

$$\begin{cases} x+y=40 \\ 2x+4y=100 \end{cases}$$

假设所有的 40 只动物都是兔子，那么一共应该有 4×40=160 条腿，比实际多算 160–100=60 条腿。而每将一只鸡算作一只兔子会多算两条腿，所以有 60÷2=30 只鸡被当作了兔子，所以有 30 只鸡，有 40–30=10 只兔子。

代码如下：

```
#include <stdio.h>
void main(){
   int ji , tuzi ;
   for(ji=1;ji<=40;ji++){
      tuzi=40-ji;
      if((ji*2+tuzi*4)==100)              //计算鸡的腿数和兔子的腿数
         printf("鸡的个数=%d\n 兔子的个数=%d\n",ji,tuzi);}}
```

运行结果如图 2-16 所示。

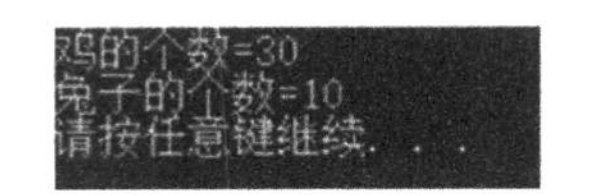

图 2-16　运行结果

2.4.4　数学灯谜

例 2-15（中国古典算术问题）在下面的等式中，一个四位数减去一个三位数，等于一个三位数，求这个四位数。

$$\begin{array}{r} ABCD \\ -\quad ABC \\ \hline CDC \end{array}$$

算法分析：

千位数字 A 一减就没了，说明 A 是 1；B–A 需要借位，说明 B 比 A 还小，比 1 还小的数字只有 0，那么百位数字 B 是 0；十位数字 C=B–A=10–1=9；个位数字 D–C=C，也就是两个 C 相加的和的个位是 D，9+9=18，所以 D 是 8，ABCD 就是 1098；再验证一下，1098–109=989 成立，所以求的这个四位数就是 1098。计算机不具有数值分析功能，通过穷举四位数（1000~9999）来测试，先将四位数的千位数字、百位数字、十位数字、个位数字拆分出来，然后判断等式是否成立。如果等式成立，则输出这个四位数。

代码如下：

```
#include <stdio.h>
int main(){
     int x,a,b,c,d,n;
     for(x=1000;x<10000;x++){
        a=x/1000;
        b=(x-a*1000)/100;
        c=(x-a*1000-b*100)/10;
        d=x-a*1000-b*100-c*10;
        n=a*100+b*10+c+c*100+d*10+c;
        if(x==n) printf("%d\n",x);}
   return 0;}
```

运行结果如图 2-17 所示。

图 2-17　运行结果

2.5 解方程与不等式

2.5.1 解二元一次方程

例 2-16 求解二元一次方程，如：

$$\begin{cases} ax + by = m \\ cx + dy = n \end{cases}$$

算法分析：

此时我们可以求得 x，y 的通解

x=(md-bn)/(ad-bc)

y=(mc-an)/(bc-ad)

代码如下：

```
#include<stdio.h>
#include<math.h>
int main(){
    double a,b,c,d,m,n,x,y;
    printf("输入 ax+by=m 中的 a,b,m\n");
    scanf("%lf%lf%lf",&a,&b,&m);
    printf("请输入 cx+dy=n 中的 c,d,n\n");
    scanf("%lf%lf%lf",&c,&d,&n);
    x=(m*d-b*n)/(a*d-b*c);
    y=(m*c-a*n)/(b*c-a*d);
    printf("x=%lf,y=%lf\n",x,y);
    return 0;}
```

运行结果如图 2-18 所示。

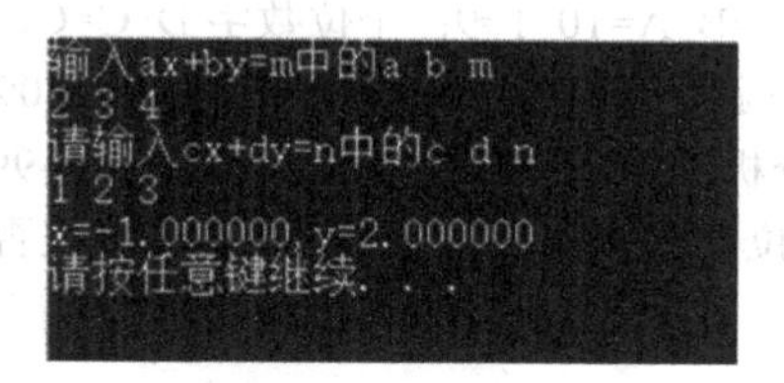

图 2-18 运行结果

2.5.2 解完美立方式

例 2-17 形如 $a^3= b^3 + c^3 + d^3$ 的等式被称为完美立方式，例如 $12^3= 6^3 + 8^3 + 10^3$ 。编写一个程序，对任给的正整数 n（n≤100），寻找所有的四元组(a, b, c, d)，使得 $a^3= b^3 + c^3 + d^3$，其中 a，b，c，d 大于 1，小于等于 n，且 b≤c≤d。

算法分析：

输入一个正整数 n（n≤100），输出一个完美立方式。输出格式为：

```
Cube = a, Triple = (b,c,d)
```

其中，a，b，c，d 所在位置分别用实际求出的四元组值代入。

请按照 a 的值，从小到大依次输出。当两个完美立方式中 a 的值相同时，则 b 值小的优先输出，仍相同则 c 值小的优先输出，再相同则 d 值小的先输出。

代码如下：

```
#include<stdio.h>
#include<stdlib.h>
int main (){
    int i,n,a,b,c,d;
    printf("输入 n 的值\n");
    scanf("%d",&n);
    for(a=2;a<=n;a++)
        for(b=2;b<=a-1;b++)
        for(c=b;c<=a-1;c++)
        for(d=c;d<=a-1;d++)
            if(a*a*a == b*b*b+c*c*c+d*d*d)
                printf("a=%-5db,c,d=(%d,%d,%d)\n",a,b,c,d);
    return 0;}
```

运行结果如图 2-19 所示。

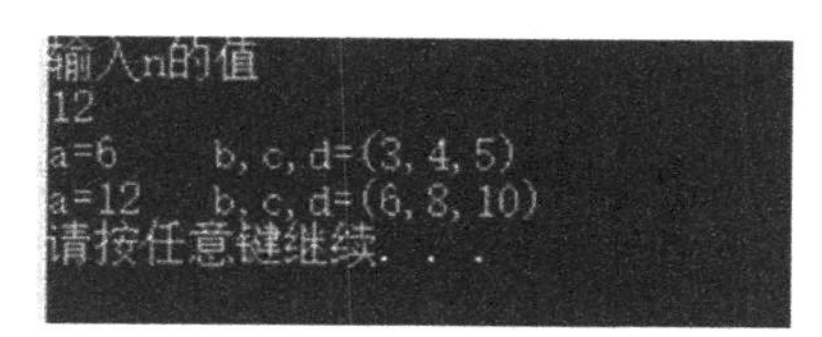

图 2-19　运行结果

2.5.3 解一元二次不等式

例 2-18　求解一元二次不等式。

算法分析：

按照数学思路，先将一元二次不等式转换为一元二次方程。一元二次方程的一般形式为 $ax^2+bx+c=0$，要求解该方程，可先求出判别式 Δ（$\Delta=b^2-4ac$）的值：

（1）当 $\Delta=0$ 时，该方程存在两个相等的根。

（2）当 $\Delta>0$ 时，该方程存在两个不相等的根。

（3）当 $\Delta<0$ 时，该方程无根。

求解一元二次方程的流程图如图 2-20 所示。

代码如下：

```
#include<stdio.h>
#include<math.h>
int main(){
    float a,b,c,x1,x2,t,y,u;
    char f;
    printf("请依次输入 a, b, c, 中间用逗号隔开\n");
    scanf("%f,%f,%f",&a,&b,&c);
    printf("请输入符号");
    scanf("%s",&f);
    if(b*b-(a*c+a*c+a*c+a*c)>=0){
    t=sqrt(b*b-(a*c+a*c+a*c+a*c));
    x1=(-b+t)/(a+a);
    x2=(-b-t)/(a+a);
    if(f=='='){
        printf("结果为: x1=%.2f,x2=%.2f",x1,x2); }
        if(f=='>'){
            if(x1>x2){
                y=x1;u=x2;}
        else{
```

```
            y=x2;u=x1;}
        printf(" x>%.2f 或 x<%.2f \n",y,u);}
    if(f=='<'){
        if(x1>x2){
            y=x1;u=x2;}
        else{
            y=x2;u=x1;}
        printf("%.2f>x>%.2f\n",y,u);}}
    else{
        printf("输入数据错误! ! \n");}}
```

开始
输入a,b,c
b2-4ac>0
Y
N
x1>x2
b2-4ac=0
Y
x1=x2
x1,x2复根
计算x1,x2
输出x1,x2
结束

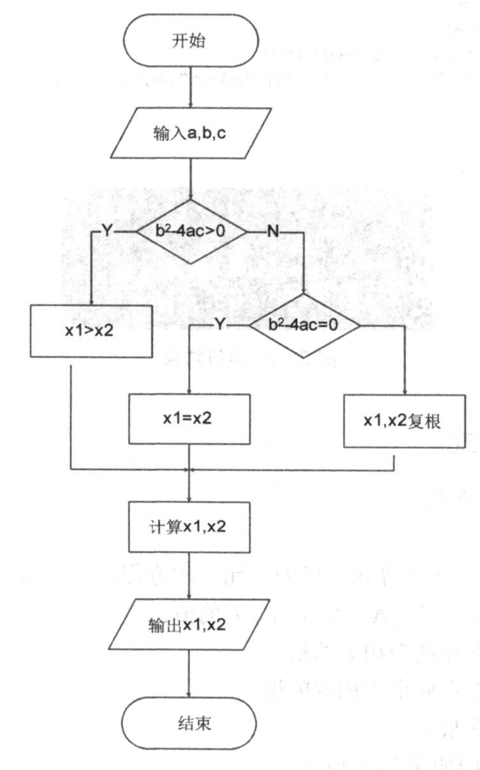

图 2-20 求解一元二次方程的流程图

运行结果如图 2-21 所示。

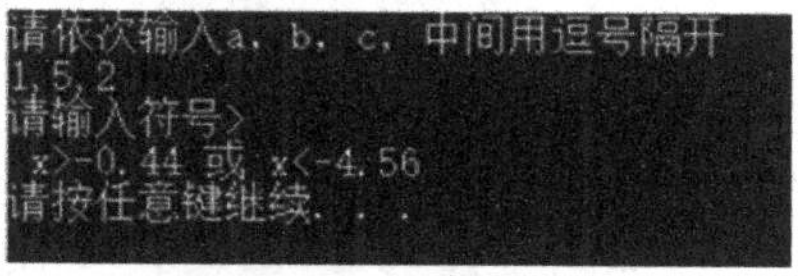

请依次输入a, b, c, 中间用逗号隔开
1,5,2
请输入符号>
x>-0.44 或 x<-4.56
请按任意键继续. . .

图 2-21 运行结果

2.6 数阵与图形

2.6.1 杨辉三角形

例 2-19 输出杨辉三角形的前 n 行。

算法分析：

杨辉三角形的实质是二项式(a+b)的 n 次方展开后各项的系数排成的三角形，它的特点是左右两边全是 1，从第 3 行起，中间的每一个数是上一行相邻两个数之和。可使用二维数组，利用循环的嵌套来实现，外循环控制行数，内循环控制列数，根据数据特征，分开编程。数组的第一列都是 1，数组的主对角线元素也都为 1，其余元素 a[i][j]= a[i-1][j]+ a[i-1][j-1]，即：

$$a[i][j]=\begin{cases}1 & j=0\\1 & i=j\\a[i][j]=a[i-1][j]+a[i-1][j-1] & \text{其他情况}\end{cases}$$

代码如下：

```
#include <stdio.h>
main(){
    int i,j,n=0,a[17]={0,1},l,r;
    while(n<1 || n>16) {
        printf("请输入杨辉三角形的行数:");
        scanf("%d",&n);}
    for(i=1;i<=n;i++){
        l=0;
        for(j=1;j<=i;j++) {
            r=a[j];
            a[j]=l+r;                    //每个数是上面两数之和
            l=r;
            printf("%5d",a[j]);          //输出杨辉三角
        printf("\n");}}
```

运行结果如图 2-22 所示。

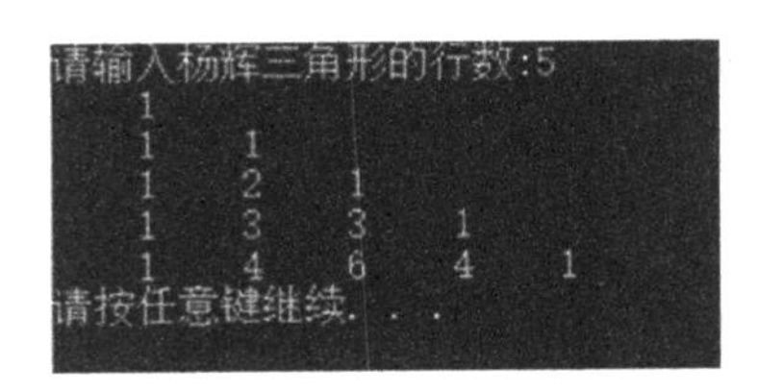

图 2-22　运行结果

2.6.2　输出各种图形

我们可以通过控制输出的行和列，构造各种不同符号构成的图形。

例 2-20　利用星号（*）输出菱形图形。

算法分析：

以 7 行的菱形为例，先把图形分成两部分来看待，前 4 行一个规律，后 3 行一个规律，利用双重 for 循环，第一层控制行，第二层控制列。

观察菱形，它的每一行前面都有空格，要打印菱形，首先要算出空格为多少，以及每行*的数目。把菱形分为上下两部分打印，先观察上半部分，我们发现规律为：每行*的数目是行数的 2 倍减 1，每行空格数是上半部分总行数（记为 line）减去所在的行号；同理，可总结出下半部分的规律。

代码如下：

```
#include<stdio.h>
void main(){
    int i,j,k,a;
    printf("请输入几行菱形:");
    scanf("%d",&k);
```

```
    a=(k+1)/2;
    for(i=1;i<=a;i++){
        for(j=1;j<=a-i;j++)
            printf(" ");
        for(j=1;j<=2*i-1;j++)
            printf("*");
        printf("\n");}
    for(i=k-a;i>=1;i--){
        for(j=1;j<=a-i;j++)
        printf(" ");
        for(j=1;j<=2*i-1;j++)
            printf("*");
    printf("\n");}
```

运行结果如图 2-23 所示。

图 2-23 运行结果

也可以将例 2-20 中的“*”改为数字，输出数字菱形。

代码如下：

```
#include<stdio.h>
int main(){
int i,j,k;
int n=9;;
for(i=1;i<=n;i++){
    for(k=n;k>i;k--)
        printf(" ");            //打印空格
    for(j=1;j<=i;j++)
        printf("%d",j);         //打印左半部分
    for(j=i-1;j>=1;j--)
        printf("%d",j);         //打印右半部分
    printf("\n");}
for( i=1;i<n;i++){
    for(k=i;k>=1;k--)
        printf(" ");            //打印空格
    for(j=1;j<=n-i;j++)
        printf("%d",j);         //打印左半部分
    for(j=n-i-1;j>=1;j--)
        printf("%d",j);         //打印右半部分
    printf("\n");}
return 0;}
```

运行结果如图 2-24 所示。

```
        1
       121
      12321
     1234321
    123454321
   12345654321
  1234567654321
 123456787654321
12345678987654321
 123456787654321
  1234567654321
   12345654321
    123454321
     1234321
      12321
       121
        1
请按任意键继续. . .
```

图 2-24　运行结果

2.7　穷举设计的优化

穷举法是计算机高级语言中很重要的一种算法，它从可能出现的集合中一一列举所有元素，用给定的已知条件来判断是有效的还是无效的。所谓有效，就是条件成立，也就是问题的一个解法。

以“求 1～100 之间的素数”为例，以多种方式求解，并比较其优缺点和学生理解的难易程度，使学生得以全面理解掌握算法的特点。大家知道素数的含义：除自然数 1 以外只能被 1 和它自己本身整除的数即素数。从素数的定义直接编程求 100 以内的素数。列举从 2 开始的数，分别用 2 至 100 的数去除，如果余数为 0，则说明当前的数不是素数，反之则是素数。程序核心代码如下：

```
for(i=1;i<=100;i++){
    for(j=2;j<100;j++){
        if(i%j==0)  break;}
    if(i==j)
        printf("%d\n",i);}
```

显而易见，这种方法是最原始的穷举法。很容易理解，也是对穷举法定义的解释，但是效率低、无效循环多。很明显，如果枚举域大的时候，其弊端就是使程序运行困难。

（1）穷举对象的优选。

从上面的算法可以发现，虽然最终可以得出结果，但改进的空间很大。可以从枚举域过大入手来进行优化。深入研究上述程序后会发现：变量 i 在外层循环，其作用是列举 2 以后所有的数；变量 j 在内层循环，其作用是判断是否是素数并控制判断的范围。由此可得出：例如 i = 12，那么判断的范围为 2～11 就足够了。

所以，上述程序的内层循环可以优化为：

```
for(j=2; j<i; j++)
```

虽然程序只改了一处，但效率确实大大提高了，可读性方面没有变化，也是对其算法定义的解释，理解起来也很容易。

这样得到的结果正确，但是我们发现这样写的程序，在数较小的情况下速度很快，但是如果要判断大数量级的数速度就会很慢。因此，我们要缩短时间复杂度。

（2）进一步优化时间复杂度。

前面的算法时间复杂度是 O(i)。但是我们知道，除了 2 是素数，其他只要是 2 的整数倍的数（偶数）都不是素数。如果我们把这些数排除在外，那么速度就会提高一倍，时间复杂度为 O(i/2)。可以将内循环改为：

```
for(j=2;j<i/2;j++)
```

在原有的基础之上加上判断其是否是偶数的语句，看似程序加长并变复杂了，时间复杂度降低了一半。

（3）数学上的值域优化。

数学上有定理：如果 i 不是素数，则 i 有满足$1 < d\sqrt{i}$的一个因子 d。如果$d > \sqrt{i}$，则 n/d 是满足$1 < i/d \leqslant \sqrt{i}$的一个因子。时间复杂度变成了 O(nlogn)，速度明显提高了不少。

我们将内循环改为：

```
for(int k=2 ;k<=sqrt(i);k++)
```

（4）改变算法，使其更优，例如采用筛选法、二分法，利用数组，等等。

例 2-21 利用数组求素数。

算法分析：

将 1～100 存放于数组中，从 2 开始，能被 2 整除的（即 2 的倍数），都不是素数，筛掉；然后是 3，3 的倍数筛掉；然后是 5，7，11……

设置一个容量为 100 的数组存放数字 1～100，如果不为素数，则置为 0，表示筛掉，遍历数组，输出值为非 0 的元素即可。

代码如下：

```
#include<stdio.h>
#include<math.h>
int main(){
    int i,j,k=0,a[100];
    for(i=0;i<100;i++){
        a[i]=i+1;            }
    a[0]=0;                          //先把 a[0]赋值为 0
    for(i=0;i<99;i++){
        for(j=i+1;j<100;j++){
            if(a[i]!=0&&a[j]!=0){
                if(a[j]%a[i]==0){
                    a[j]=0;          //把不是素数的都赋值为 0
                }}}}
    printf(" 筛选法求出 100 以内的素数为: \n");
    for(i=0;i<100;i++){
        if(a[i]!=0){
            printf("%4d",a[i]);
            k++;}
        if(k%10==0){
            printf("\n");
        }}
    printf("\n");
    return 0;}
```

运行结果如图 2-25 所示。

图 2-25 运行结果

使用数组筛选的目的是使时间复杂度降低。

习题

1．换零钱：将 5 元的人民币兑换成 1 元、5 角和 1 角的硬币，共有多少种不同的兑换方法？

2．验证：2000 以内的正偶数都能够分解为两个素数之和（即验证哥德巴赫猜想对 2000 以内的正偶数成立）。

3．找自守数：自守数是指一个数的平方的尾数等于该数自身的自然数。例如 5×5=25，25×25=625，76×76=5776，9376×9376=87909376，求 100000 以内的自守数。

4．小明有 5 本新书，要借给 A，B，C 三位小朋友，若每人每次只能借一本，有多少种不同的借法？

5．一辆卡车违反交通规则，撞人后逃跑。现场有三人目击事件，但都没有记住车号，只记下车号的一些特征。甲说：牌照的前两位数字是相同的；乙说：牌照的后两位数字是相同的，但与前两位不同；丙是数学家，他说：四位的车号刚好是一个整数的平方。请根据以上线索求出车号。

6．设 N 是一个四位数，它的 9 倍恰好是其反序数，求 N。反序数就是将整数的数字倒过来形成的整数。例如，1234 的反序数是 4321。

7．一辆以固定速度行驶的汽车，司机在上午 10 点看到里程表上的读数是一个对称数（即这个数从左向右读和从右向左读是完全一样的），为 95859。两小时后里程表上出现了一个新的对称数。问该车的速度是多少？新的对称数是多少？

第3章 递推法

3.1 递推法概述

3.1.1 递推法的基本思想

所谓递推，是指从已知的初始条件出发，依据某种递推关系，逐次推出所要求的各中间结果及最后结果。其中，初始条件或是问题本身已经给定，或是可以通过对问题进行分析与化简后确定。

递推法是一种比较简单的算法，即通过已知条件，利用特定关系得出中间推论，直至得到结果。

给定一个数的序列 H_0，H_1，…，H_n，若存在整数 n_0，使得当 $n>n_0$ 时，可以用等号（或大于号、小于号）将 H_n 与其前面的某些项 H_i（$0<i<n$）联系起来，这样的式子就叫作递推关系式。

相对于递归法，递推法免除了数据进出栈的过程，也就是说，不需要函数不断地向边界值靠拢，而是直接从边界出发，直到求出函数值。

例如：求$n!$ ($n! = 1 \times 2 \times 3 \times 4 \times \cdots n$，$0! = 1$)。

通过分析题意，得到已知条件 0!=1!=1。

根据已知条件，递推如下：

$$2! = 1! \times 2 = 1 \times 2 = 2$$
$$3! = 2! \times 3 = 2 \times 3 = 6$$
$$4! = 3! \times 4 = 6 \times 4 = 24$$
$$\cdots$$
$$n! = (n-1)! \times n$$

利用递推法求问题规模为 n 的解的基本思想是：当 n=0 或者 n=1 时，解为已知或能非常方便地求得；通过采用递推法构造算法的递推性质，能从已求得的规模为 1，2，…，i−1 的一系列解构造出问题规模为 i 的解。这样，程序可从 i=0 或 i=1 出发，由已知至 i−1 规模的解通过递推获得规模为 i 的解，直至获得规模为 n 的解。

可用递推法求解的问题一般有以下两个特点：

（1）问题可以划分成多个状态。

（2）除初始状态外，其他各个状态都可以用固定的递推关系式来表示。

当然，在实际问题中，大多数时候不会直接给出递推关系式，而是需要通过分析各种状态找出递推关系式。

利用递推法解决问题，需要做好以下 4 个方面的工作。

（1）确定递推变量

应用递推法解决问题，要根据问题的具体情况设置递推变量。递推变量可以是简单变量，也可以是一维或多维数组。从直观角度出发，通常采用一维数组。

（2）建立递推关系

递推关系是指如何从变量的前一些值推出其下一个值，或从变量的后一些值推出其上一个值的公式（或关系）。递推关系是递推的依据，是解决递推问题的关键。有些问题，其递推关系是明确的；大多数实际问题并没有现成的、明确的递推关系，需根据问题的具体情况通过分析和推理确定。

（3）确定初始（边界）条件

对所确定的递推变量，要根据问题最简单情形的数据确定递推变量的初始（边界）值，这是递推的基础。

（4）对递推过程进行控制

递推过程不能无休止地重复执行下去，而是要经过有限推导步骤后，正常结束循环，拿到自己想要的结果。递推过程在什么时候结束，满足什么条件结束，是采用递推法必须考虑的问题。

3.1.2　递推法的实施步骤与算法描述

递推过程的控制通常可分为两种情形：一种是所需的递推次数是确定的值，可以计算出来；另一种是所需的递推次数无法确定。对于前一种情况，可以构建一个固定次数的循环来实现对递推过程的控制；对于后一种情况，需要进一步分析出用来结束递推过程的条件。

递推通常由循环来实现，一般在循环外确定初始（边界）条件，在循环中实施递推。

递推法按递推方向可分为顺推法与倒推法。

所谓顺推法，是从已知条件出发，通过递推关系逐步推算出要解决问题的结果的方法。

所谓倒推法（也叫递归法），是在不知初始值的情况下，经某种递推关系获知问题的解或目标，从这个解或目标出发，采用倒推手段，一步步地倒推到这个问题的初始情况。

一句话概括：顺推法是从条件推出结果，倒推法是从结果推出条件。

顺推法是从前往后推，从已求得的规模为 1，2，…，i-1 的一系列解推出问题规模为 i 的解，直至得到规模为 n 的解。

顺推法可描述为：

```
for (k=1; k<=i-1; k++)
    f[k]= <初始值>;                      // 按初始条件，确定初始值
    for (k=i; k<=n; k++)
        f[k]= <递推关系式>;              // 根据递推关系实施递推
            printf  f[n];                // 输出 n 规模的解 f(n)
```

倒推法是从后往前推，从已求得的规模为 n，n-1，…，i+1 的一系列解推出问题规模为 i 的解，直至得到规模为 1 的解（即初始情况）。

倒推法可描述为：

```
for (k=n; k>=i+1; k--)
    f[k]= <初始值>;                      // 按初始条件，确定初始值
    for (k=i; k>=1; k--)
        f[k]= <递推关系式>;              // 根据递推关系实施递推
            printf  f[1];                // 输出问题的初始情况 f(1)
```

递推问题一般定义一维数组来保存各项推算结果，较复杂的递推问题还需定义二维数组。例如，

当规模为 i 的解由规模为 1，2，…，i-1 的解通过计算处理决定时，可利用二重循环处理这一较为复杂的递推。

例 3-1 对三个数排序并输出结果。

算法分析：

对无序的数进行排序，有两种情况——递增排序和递减排序。下面以递增排序为例进行讲解。

（1）定义数据类型，本实例中 a，b，c，t 均为基本整型。

（2）使用输入函数获得任意 3 个值赋给 a，b，c。

（3）使用 if 语句进行条件判断，如果 a 大于 b，则借助中间变量 t 互换 a 与 b 值；否则执行下一条语句（判断 c 是否大于 a，如果 a 大于 c，则借助中间变量 t 互换 a 与 c 值；如果条件不成立，则进入下一步；依此类推，比较 b 与 c，最终结果即为 a，b，c 的升序排列。流程图如图 3-1 所示。

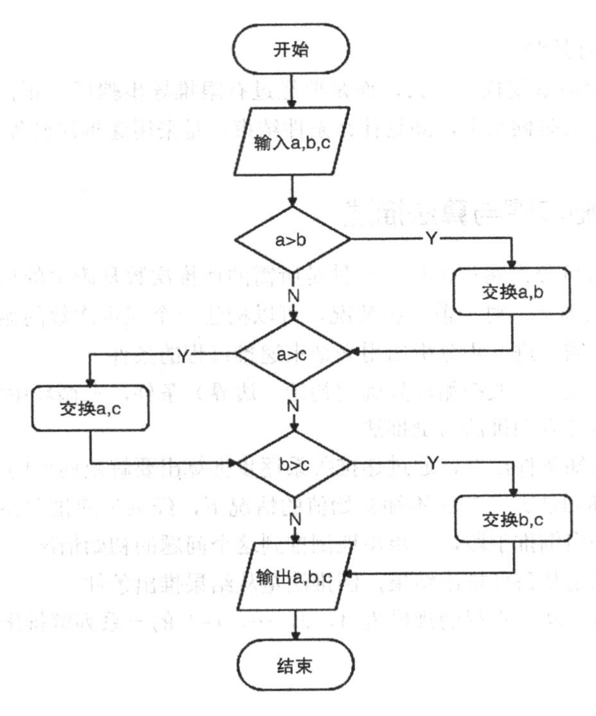

图 3-1 三个数排序的流程图

（4）使用输出函数将 a，b，c 的值依次输出。

递增排序代码如下：

```
#include <stdio.h>
int main(){
    int a,b,c,t;
    printf("请输入 a,b,c:\n");
    scanf("%d,%d,%d",&a,&b,&c);            //输入任意 3 个数
    printf("排序前：%d,%d,%d\n",a,b,c);
    if(a>b){
        t = a; a = b; b = t;}
    if(a>c){
        t = a; a = c; c = t;}
    if(b>c){
        t = b; b = c;  c = t;}
    printf("排序后：%d,%d,%d\n",a,b,c);     //输出函数顺序输出 a，b，c 的值
    return 0;}
```

运行结果如图 3-2 所示。

如果需要递减排序，将程序中的“>”改为“<”即可，运行结果如图 3-3 所示

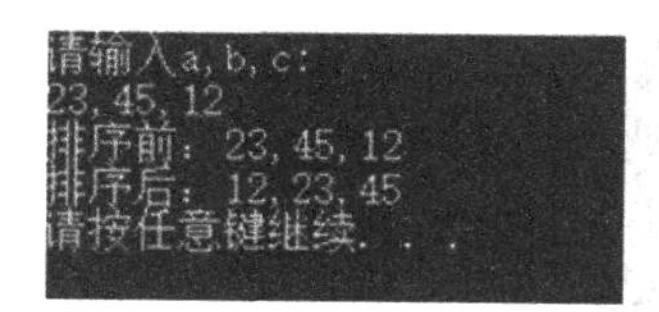

图 3-2　递增排序的运行结果

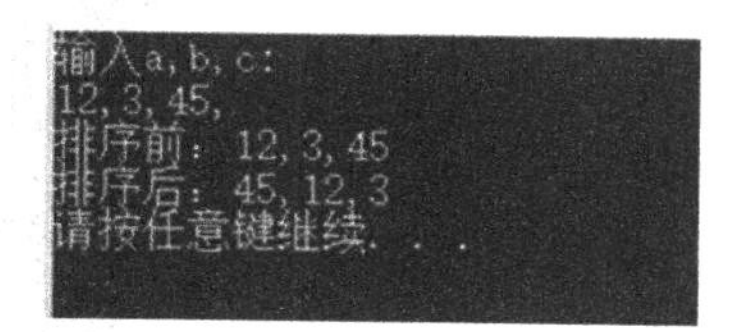

图 3-3　递减排序的运行结果

3.2　递推数列

3.2.1　斐波那契数列和卢卡斯数列

例 3-2　求斐波那契数列。

斐波那契数列（Fibonacci Sequence），又称黄金分割数列，由数学家列昂纳多•斐波那契（Leonardoda Fibonacci）以兔子繁殖为例而引入，故又称为“兔子数列”，指的是这样一个数列：1，1，2，3，5，8，13，21，34…。

一般而言，兔子在出生两个月后就有繁殖能力，一对兔子每个月能生出一对小兔子来。如果所有兔子都不死，那么一对兔子一年内会变成多少对兔子?

算法分析：

我们不妨拿新出生的一对小兔子进行如下分析：

（1）第一个月小兔子没有繁殖能力，所以还是一对。

（2）两个月后，生下一对小兔子，总数共有两对。

（3）三个月以后，老兔子又生下一对，因为小兔子还没有繁殖能力，所以一共是三对。

依此类推，可以得出的数据如表 3-1 所示。

表 3-1　斐波那契数列

月份	1	2	3	4	5	6	7	8	…
数量	1	1	2	3	5	8	13	21	…

每个月的兔子对数 1，1，2，3，5，8…构成了一个数列。这个数列有着十分明显的特点，即除了前两项都是 1 以外，从第三项开始，每一项都是前两项的和。

设置初始值为 F1=1，F2=1，第 3 个月的兔子对数是 F3=F1+F2=2，第 4 个月的兔子对数是 F4=F2+F3……第 n 个月的兔子对数为 F(n)=F(n−2)+F(n−1)。

代码如下：

```
#include<stdio.h>
#define NUM 13
void main() {
     int i;
     long fib[NUM]={1,1};
     for(i=2;i<NUM;i++){
          fib[i]=fib[i-1]+fib[i-2];     }
     for(i=0;i<NUM;i++){
          printf("第%d 个月兔子对数:%d\n",i+1,fib[i]); }}
```

运行结果如图 3-4 所示。

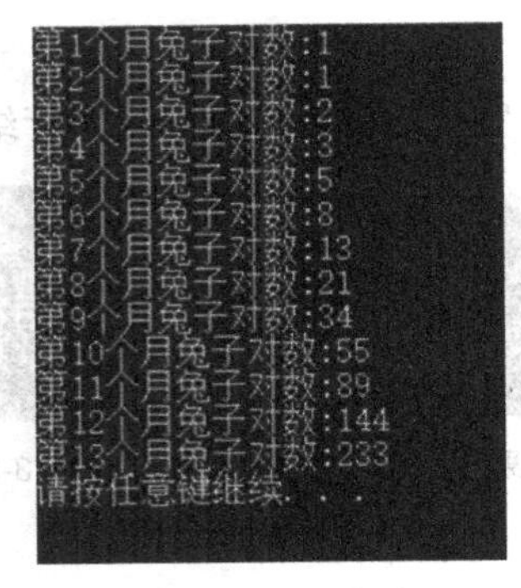

图 3-4 运行结果

例 3-3 求卢卡斯数列。

卢卡斯（Lucas）数列 1，3，4，7，11，18…也具有与斐波那契数列同样的性质（从第三项开始，每一项都等于前两项之和，即 L(n) = L(n−1)+ L(n−2)）。

代码如下：

```
#include<stdio.h>
#define NUM 20
void main()  {
     int i;
     long locus[NUM]={1,3};
     for(i=2;i<NUM;i++){
       locus[i]=locus[i-1]+locus[i-2]; }
     for(i=0;i<NUM;i++){
       if(i%5==0) printf("\n");
       printf("%5d",locus[i]); }
       printf("\n"); }
```

运行结果如图 3-5 所示。

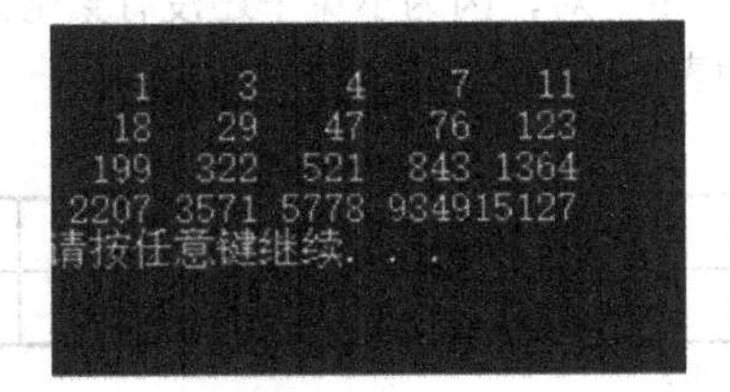

图 3-5 运行结果

卢卡斯数列的通项公式为 $L(n)=[(1+\sqrt{5})/2]^n+[(1-\sqrt{5})/2]^n$。

这两个数列还有一种特殊的联系（如表 3-2 所示），F(n)×L(n)=F(2n)，L(n)=F(n−1)+F(n+1)。

表 3-2 两个数列的数据比较

n	1	2	3	4	5	6	7	8	9	10
F 数列	1	1	2	3	5	8	13	21	34	55
L 数列	1	3	4	7	11	18	29	47	76	123
F(n)×L(n)	1	3	8	21	55	144	377	987	2584	6765

类似的数列还有无限多个，我们称之为斐波那契-卢卡斯数列。

如 1，4，5，9，14，23…，因为以 1，4 开头，可记作 F-L[1,4]，斐波那契数列就是 F[1,1]，卢卡斯数列就是 L[1,3]。

任意两个或两个以上斐波那契-卢卡斯数列之和或差仍然是斐波那契-卢卡斯数列。

3.2.2　分数数列

例 3-4　输出分数序列 1，2/1，3/2，5/3，8/5，13/8，…。

算法分析：

先找规律，后一个数的分子是前一个数的分子与分母的和（斐波那契数列的后一项除以前一项，即 F(n)/F(n-1)）。由于是分数数列，所以用浮点型定义变量。

代码如下：

```
#include<stdio.h>
int main(){
    float f1= 1.0;
    float f2 = 1.0;
    float f3,t;
    int i;
    for(i=1;i<=10;i++){
        t=f2/f1;
        f3=f1+f2;
        f1=f2;
        f2=f3;
        printf("%.2f\n",t);}
    return 0;}
```

运行结果如图 3-6 所示。

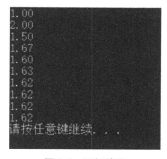

图 3-6　运行结果

3.2.3　幂序列

例 3-5　求 a，a^2，a^3，a^4，a^5，…，a^n（a 和 n 由键盘输入）。

算法分析：

记录幂序列的 x=1，利用循环结构，每循环一次，x=x×a，循环 n 次，输出序列。

代码如下：

```
#include<stdio.h>
#include<stdlib.h>
#include<math.h>
    int main(){
        long int a,n,i,x;
        x=1;
        printf("输入 a,n:\n");
        scanf("%d,%d",&a,&n);
        for(i=1;i<=n;i++)
```

```
        {x=x*a;
        printf("%ld\n",x);}
    return 0;}
```

运行结果如图 3-7 所示。

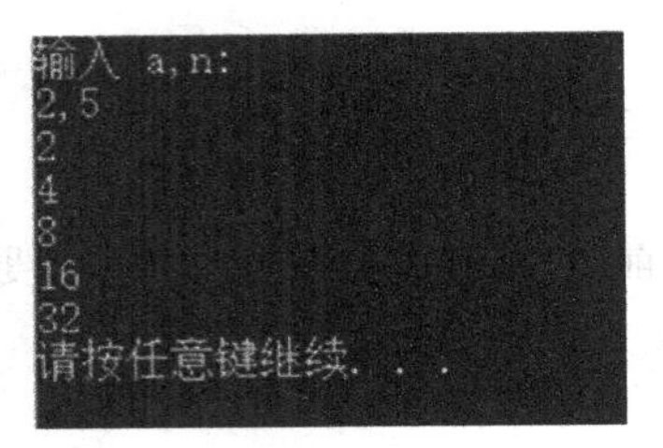

图 3-7 运行结果

3.2.4 双关系递推数列

例 3-6 集合 M 定义如下：

（1）1∈M。

（2）x∈M→2x+1∈M，3x+1∈M。

（3）再无别的数属于 M。

试求集合 M 的元素从小到大排序的第 n 个元素。

算法分析：

该题有 2x+1 和 3x+1 两个递推关系，设置变量 i：i 从 2 开始递增 1 取值，若 i 可由已有的项 m(j) 用两个递推关系之一推得，即满足条件 i=2×m(j)+1 或 i=3×m(j)+1，说明 i 是 m 数列中的一项，赋值给 m(k)。

代码如下：

```
#include<stdio.h>
#define s 1000
int main(){
    int n,p2,p3,i;
    long m[10000];
    m[1]=1;p2=1;p3=1;
    printf("请输入整数n:");
    scanf("%d",&n);
    for(i=2;i<=n;i++)
        if(2*m[p2]<3*m[p3]){
            m[i]=2*m[p2]+1;
            p2++;}
        else{
            m[i]=3*m[p3]+1;
            if(2*m[p2]==3*m[p3])
                p2++;p3++; }
    printf("m(%d)=%ld \n",n,m[n]);}
```

运行结果如图 3-8 所示。

```
请输入整数n:3
m(3)=4
请按任意键继续. . .
```

图 3-8 运行结果

例 3-7　利用矩阵相乘公式 $c_{ij}= a_{ik}\times b_{kj}$，编程计算并输出 m×n 阶矩阵 A 和 n×m 阶矩阵 B 之积。其中，m 和 n 从键盘输入。

算法分析：

计算 m×n 阶矩阵 A 和 n×m 阶矩阵 B 之积，结果存于二维数组 matrix 中。

代码如下：

```
#include<stdio.h>
#include<stdlib.h>
#define M 100
int main(){
    int i,j,k,matrix1[M][M],matrix2[M][M],row1,col1,row2,col2,matrix[M][M];
    printf("输入第一个矩阵的行数和列数：");
    scanf("%d%d",&row1,&col1);
    printf("输入第一个矩阵：\n");
    for(i=0;i<row1;i++){
        for(j=0;j<col1;j++){
            scanf("%d",&matrix1[i][j]);}}
    printf("输入第二个矩阵的行数和列数：");
    scanf("%d%d",&row2,&col2);
    printf("输入第二个矩阵：\n");
    for(i=0;i<row2;i++){
        for(j=0;j<col2;j++){
            scanf("%d",&matrix2[i][j]);}}
        for(i=0;i<row1;i++){
            for(j=0;j<col2;j++){
                matrix[i][j]=0;}}
        if(col1!=row2){
            printf(stderr,"enput error!");
            exit(EXIT_FAILURE);}
    printf("The result:\n");
    for(i=0;i<row1;i++){
        for(j=0;j<col2;j++){
            for(k=0;k<col1;k++){
                matrix[i][j]=matrix[i][j]+matrix1[i][k]*matrix2[k][j];}}}
    for(i=0;i<row1;i++){
        for(j=0;j<col2;j++){
            printf("%d ",matrix[i][j]);}
        printf("\n");}
    return 0;}
```

运行结果如图 3-9 所示。

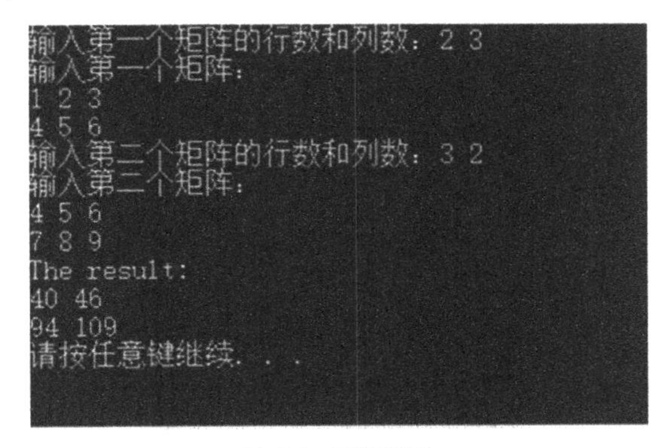

图 3-9　运行结果

3.2.5 储油点问题

例 3-8 一辆重型卡车欲穿过 1000km 的沙漠，卡车油耗为 1L/km，卡车总载油容量为 500L。显然，卡车加一次油是过不了沙漠的。因此，司机必须设法在沿途建立几个储油点，使卡车能顺利穿越沙漠，试问司机如何建立这些储油点？每一储油点应存多少汽油，才能使卡车以消耗最少汽油的代价通过沙漠？

算法分析：

计算及打印建立的储油点序号、各储油点距沙漠边缘（起始点）的距离以及储油量，以如下格式输出：

序号	距离	储油量
1	0km	500

用 dis 数组表示距离，dis[i] 是第 i 个储油点至终点（i=0）的距离；oil 数组表示储油量，oil[i] 是第 i 个储油点的储油量。我们可以用倒推法来解决这个问题，从终点向起始点倒推，逐一求出每个储油点的位置及储油量。

代码如下：

```
#include<stdio.h>
int main(){
    int k=1;                              //储油点的编号
    int dis[10],oil[10];                  //储油点距离终点的距离以及储油量
    int d1;
    int i=0;
    printf("序号    距离    储油量(L)\n");
    dis[1]=500;
    oil[1]=500;
    do{
        k=k+1;
        dis[k]=dis[k-1]+500/(2*k-1);
        oil[k]=oil[k-1]+500;
    }while(!(dis[k]>=1000));
    dis[k]=1000;                          //起始点至终点的距离值
    d1=1000-dis[k-1];
    oil[k]=d1*(2*k+1)+oil[k-1];
    for(i=0;i<k;i++){
        printf("No.%d\t%d\t%d\n",i+1,1000-dis[k-i],oil[k-i]);}
    return 0;}
```

运行结果如图 3-10 所示。

图 3-10 运行结果

3.3　递推数阵

3.3.1　累加和

例 3-9　利用递推法计算下列公式：y=1+1/(1×2)+1/(2×3)+1/(3×4)+…要求精确到 10^{-6}。

算法分析：

本题的实质是要看出序列的规律。显而易见，规律就是每一个数的分子都是 1，分母部分除了第一个数是 1 以外，后一个数的分母为前一个数的分母和分母的下一个数的乘积。采用循环结构来实现，每循环一次，找出一个数字，累加一次。

代码如下：

```
#include <stdio.h>
void main(){
double b=1.0,sum=1.0,i=1;
do{
    b=1/(i*(i+1));
    sum+=b;
    i++;
}while(b>=0.000001);
printf("%lf\n",sum);}
```

运行结果如图 3-11 所示。

图 3-11　运行结果

例 3-10　求 1+1/2−1/3+…+1/8−1/9+1/n 的和。

算法分析：

本题的实质是要看出序列的规律。显而易见，规律就是每一个数的分子都是 1，分母部分除了第一个数是 1 以外，其他的是一个等差数列，后一个数是前一个数加 1，分母序列为 1，2，3，…，n。采用循环结构来实现，每循环一次，找出一个数字，累加（累减）一次。

代码如下：

```
#include <stdio.h>
void main(){
    int i,n;
    printf("输入n:\n")
    scanf("%d",&n);
    double p;
    i=1;
    p=2.0;
    for(i=1;i<=n;i++){
        if (i%2==0)
            p=p+(1.0/(double)i);
        else
            p=p-(1.0/(double)i);}
    printf("1+1/2-1/3+...+1/%d=%lf\n",n,p);}
```

运行结果如图 3-12 所示。

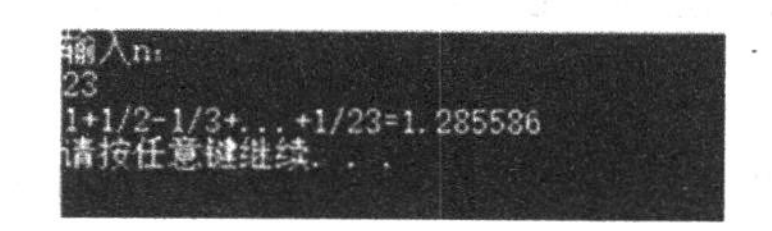

图 3-12　运行结果

3.3.2 阶乘问题

例 3-11 求 n!。

算法分析：

n!=1×2×3×4×…×n，我们用 i 来表示 1，2，…，n，用 s 来存放每循环一次的乘积。因为 1 乘以任何数都是任何数，所以 s 的初始值为 1。

代码如下：

```
#include <stdio.h>
#define n 5
void main(){
    int i,s;
    s=1;
    for (i=1;i<=n;i++){
        s=s*i; }
    printf("%d!=%d\n",n,s);}
```

运行结果如图 3-13 所示。

图 3-13 运行结果

3.3.3 九九乘法表

例 3-12 输出九九乘法表。

算法分析：

九九乘法表共 9 行 9 列，重点考察 for 循环和递推法的掌握情况。

代码如下：

```
#include <stdio.h>
int main() {
    int i,j;                    // i, j 控制行或列
    for(i=1;i<=9;i++) {
        for(j=1;j<=9;j++)
            printf("%d*%d=%2d\t", i, j, i*j);
        printf("\n");}
    return 0;}
```

运行结果如图 3-14 所示。

```
1*1= 1  1*2= 2  1*3= 3  1*4= 4  1*5= 5  1*6= 6  1*7= 7  1*8= 8  1*9= 9
2*1= 2  2*2= 4  2*3= 6  2*4= 8  2*5=10  2*6=12  2*7=14  2*8=16  2*9=18
3*1= 3  3*2= 6  3*3= 9  3*4=12  3*5=15  3*6=18  3*7=21  3*8=24  3*9=27
4*1= 4  4*2= 8  4*3=12  4*4=16  4*5=20  4*6=24  4*7=28  4*8=32  4*9=36
5*1= 5  5*2=10  5*3=15  5*4=20  5*5=25  5*6=30  5*7=35  5*8=40  5*9=45
6*1= 6  6*2=12  6*3=18  6*4=24  6*5=30  6*6=36  6*7=42  6*8=48  6*9=54
7*1= 7  7*2=14  7*3=21  7*4=28  7*5=35  7*6=42  7*7=49  7*8=56  7*9=63
8*1= 8  8*2=16  8*3=24  8*4=32  8*5=40  8*6=48  8*7=56  8*8=64  8*9=72
9*1= 9  9*2=18  9*3=27  9*4=36  9*5=45  9*6=54  9*7=63  9*8=72  9*9=81
请按任意键继续. . .
```

图 3-14 运行结果

我们将例 3-12 优化成以三角形形式输出，将内循环改为“for(j=1; j<=i; j++)”，输出的时候将“printf("%d*%d=%2d\t", i, j, i*j);”改为“printf("%d*%d=%2d\t", j, i, i*j);”，运行结果如图 3-15 所示。

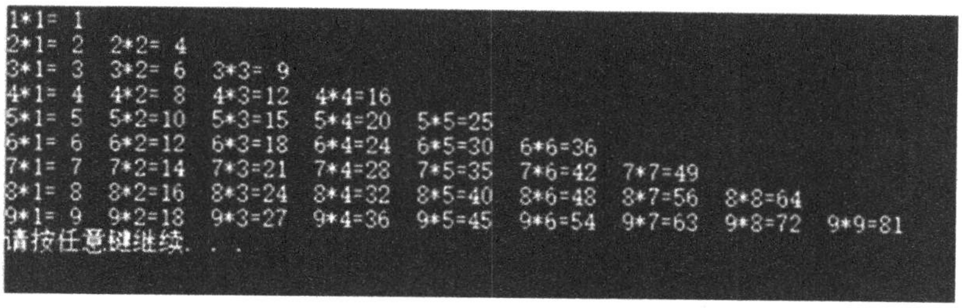

```
1*1= 1
2*1= 2  2*2= 4
3*1= 3  3*2= 6  3*3= 9
4*1= 4  4*2= 8  4*3=12  4*4=16
5*1= 5  5*2=10  5*3=15  5*4=20  5*5=25
6*1= 6  6*2=12  6*3=18  6*4=24  6*5=30  6*6=36
7*1= 7  7*2=14  7*3=21  7*4=28  7*5=35  7*6=42  7*7=49
8*1= 8  8*2=16  8*3=24  8*4=32  8*5=40  8*6=48  8*7=56  8*8=64
9*1= 9  9*2=18  9*3=27  9*4=36  9*5=45  9*6=54  9*7=63  9*8=72  9*9=81
请按任意键继续. . .
```

图 3-15　以三角形形式输出九九乘法表

3.4　递推的其他应用

3.4.1　猴子爬山问题

例 3-13　一只猴子在爬一座不超过 30 级台阶的小山，猴子上山一步可跳 1 级或 3 级台阶，试求上山有多少种不同的爬法。

算法分析：

设爬 K 级台阶的爬法有 f(K)种，则：

f(1) = 1，即 1=1；

f(2) = 1，即 2=1+1；

f(3) = 2，即 3=1+1+1，3；

f(4) = 3，即 4=1+1+1+1，3+1，1+3（f(4)=f(3)+f(1)）；

……

f(7)=f(7−1)+f(7−3)=f(6)+f(4)。

递推关系为：

f(k)=f(k−1)+f(k−3)。

代码如下：

```
#include <stdio.h>
#include <stdlib.h>
int f(int n){
    int zh;
    if(n==1||n==2) zh=1;
    if(n==3) zh=2;
    if(n>3) zh=f(n-1)+f(n-3);
    return zh;      }
int main() {
    int n;
    printf("输入台阶数 n(n<=30):\n");
    while(scanf("%d",&n)!=EOF){
       printf("猴子有%d 种爬法\n",f(n));}
    return 0;}
```

运行结果如图 3-16 所示。

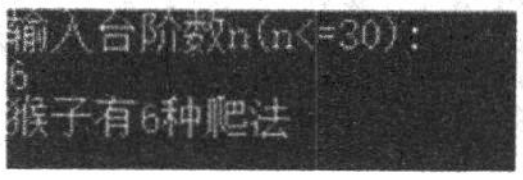

```
输入台阶数n(n<=30):
6
猴子有6种爬法
```

图 3-16　运行结果

3.4.2 整币兑零问题

例 3-14 把一张 1 元整币兑换成 1 分、2 分、5 分、1 角、2 角和 5 角 6 种零币，共有多少种不同的兑换方法？

算法分析：

设整币的面值为 n 个单位，面值为 1，2，5，10，20，50 单位零币的个数分别为 p1，p2，p3，p4，p5，p6；显然需要解一次不定方程：

$$p1+2\times p2+5\times p3+10\times p4+20\times p5+50\times p6=n$$

其中，p1，p2，p3，p4，p5，p6 为非负整数。

对这 6 个变量实施枚举，确定枚举范围为：$0\leqslant p1\leqslant n$，$0\leqslant p2\leqslant n/2$，$0\leqslant p3\leqslant n/5$，$0\leqslant p4\leqslant n/10$，$0\leqslant p5\leqslant n/20$，$0\leqslant p6\leqslant n/50$

在以上枚举的 6 重循环中，若满足条件 $p1+2\times p2+5\times p3+10\times p4+20\times p5+50\times p6=n$，则为一种兑换方法，输出结果，并通过变量 m 统计不同的兑换方法。

代码如下：

```
#include<stdio.h>
#include<math.h>
int main(){
int p1,p2,p3,p4,p5,p6,n;
long m=0;
printf("请输入整币量n:\n");
scanf("%d",&n);
scanf("1分  2分  5分  1角  2角  5角 \n");
for(p1=0;p1<=n;p1++)
    for(p2=0;p2<=n/2;p2++)
        for(p3=0;p3<=n/5;p3++)
            for(p4=0;p4<=n/10;p4++)
                for(p5=0;p5<=n/20;p5++)
                    for(p6=0;p6<=n/50;p6++)
                        if(p1+2*p2+5*p3+10*p4+20*p5+50*p6==n){
                            m++;
                            printf("%5d%5d%5d",p1,p2,p3);
                            printf("%5d%5d%5d\n",p4,p5,p6);}
printf("%d(1,2,5,10,20,50)=%ld \n",n,m);}
```

运行结果如图 3-17 所示。

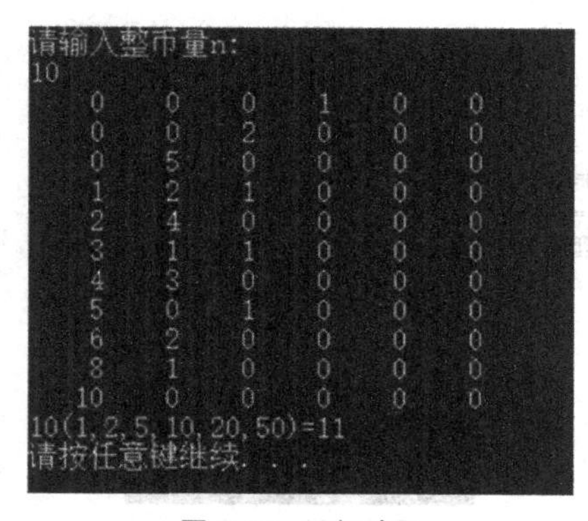

图 3-17 运行结果

3.4.3　整数划分问题

例 3-15　对于一个正整数 n 的划分，就是把 n 变成一系列正整数之和的表达式。注意，划分与顺序无关，例如，6=5+1 和 6=1+5 是同一种划分。另外，这个整数本身也算一种划分。

例如，对于正整数 n=5，可以划分为以下几种情况：

1+1+1+1+1；1+1+1+2；1+1+3；1+2+2；2+3；1+4；5

算法分析：

所谓整数划分，是指把一个正整数 n 写成如下形式：n=m1+m2+…+mi（其中 mi 为正整数，并且 1 ≤ mi ≤ n），{m1,m2,…,mi}为 n 的一个划分。

如果{m1,m2,…,mi}中的最大值不超过 m，即 max(m1,m2,…,mi)≤m，则称它属于 n 的一个 m 划分。这里，我们记 n 的 m 划分的个数为 f(n,m)。

例如，当 n=4 时，它有 5 个划分：{4}，{3,1}，{2,2}，{2,1,1}，{1,1,1,1}。

代码如下：

```
#include<stdio.h>
int resolve(int a,int max){
    if(a == 1||max ==1)  return 1;
    if(a == max)  return resolve(a,max-1)+1;
    if(a > max)  return resolve(a,max-1)+resolve(a-max,max);
    if(a < max)
        return resolve(a,a);
    else
        return 0;}
int main(){
    int n;
    int sum;
    printf("输入整数 n:\n");
    scanf("%d",&n);
    sum = resolve(n,n);
    printf("整数%d 有%d 种划分。\n",n,sum);
    return 0;}
```

运行结果如图 3-18 所示。

图 3-18　运行结果

3.4.4　汉诺塔问题

例 3-16　用递推法解决汉诺塔问题。

汉诺塔（Tower of Hanoi）源于印度传说：大梵天创造世界时造了三根金刚石柱子，其中一根柱子自底向上叠着 64 片黄金圆盘。大梵天命令婆罗门把圆盘从下面开始按大小顺序重新摆放在另一根柱子上，并且规定，在小圆盘上不能放大圆盘，在三根柱子之间一次只能移动一个圆盘。

算法分析：

有三根柱子 A、B、C。A 柱上有 N 个（N>1）穿孔圆盘，圆盘的尺寸由下到上依次变小。要求按下列规则将所有圆盘移至 C 柱：

（1）每次只能移动一个圆盘。

（2）大盘不能叠在小盘上面。

可将圆盘临时置于 B 柱，也可将从 A 柱移出的圆盘重新移回 A 柱，但都必须遵循上述两条规则。

代码如下：

```
#include <stdio.h>
void hano(char from,int n ,char to,char spare){
    if(n>0){
        hano(from,n-1,spare,to);
        printf("move %d from %c to %c\n",n,from,to);
        hano(spare,n-1,to,from);}}
int main(){
    hano('a',3,'b','c');
    return 0;}
```

运行结果如图 3-19 所示。

```
move 1 from a to b
move 2 from a to c
move 1 from b to c
move 3 from a to b
move 1 from c to a
move 2 from c to b
move 1 from a to b
请按任意键继续. . .
```

图 3-19　运行结果

3.4.5　体重指数 BMI

例 3-17　输入一个人的身高和体重，求体重指数 BMI，并判断这个人的体型情况。

算法分析：

体重是反映和衡量一个人健康状况的重要标志之一，过胖和过瘦都不利于健康，身高体重不协调也不会给人以美感。体重的变化，会直接反映身体长期的热量平衡状态。可以参考 BMI 指数看自己的体重是否超标，因为每个人的骨骼大小存在差异，单纯的标准体重不一定适合自己，要找到适合自己的最佳体重。

BMI=体重（以 kg 为单位）除以身高的平方（以 m 为单位）。

例如，一个人的身高为 1.75m，体重为 68kg，他的 BMI=68÷(1.75×1.75)=22.2。

中国成人正常的 BMI 为 18.5～23.9；BMI 小于 18.5，为体重偏轻；BMI 大于等于 24，小于 28，为偏重；BMI 大于等于 28，为超重。

代码如下：

```
#include<stdio.h>
int main() {
    float BMI;
    float weight;
    float height;
    float bmi;
    printf("请输入体重（kg）:\n");
    scanf("%f", &weight);
    printf("请输入身高（m）:\n");
    scanf("%f", &height);
    bmi= weight / (height * height);
    printf("BMI 指数为：%f\n",bmi);
    if(bmi<18.5)printf("偏轻\n");
    if(bmi>18.5&&bmi<24)printf("正常\n") ;
```

```
    if(bmi>=24&&bmi<28)printf("偏重\n") ;
    if(bmi>=28)printf("超重\n") ;
    return 0;}
```

运行结果如图 3-20 所示。

```
请输入体重（kg）：
63
请输入身高（m）：
1.6
BMI指数为：24.609375
偏重
请按任意键继续. . .
```

图 3-20　运行结果

3.4.6　求π的近似值

例 3-18　用公式 π/4=1−1/3+1/5−1/7…求 π 的近似值，直到发现某一项的绝对值小于 10^{-6} 为止（该项不累加）。

算法分析：

这个公式的本质就是累加和；每一项是 1/n，分母 n 是步长为 2 的奇数——1，3，5，7，…，n，分子可以使用 $(-1)^{n-1}$ 来表示。

代码如下：

```
#include<stdio.h>
#include<math.h>
int main(){
    int sign = 1;
    double pi = 0.0, n = 1.0, term = 1.0;//term 表示当前项
    while (fabs(term) >= 1e-6){
        pi += term;
        n += 2;
        sign = -sign;
        term = sign / n;}
    pi *= 4;
    printf("pi=%10.8f\n", pi);
    return 0;}
```

运行结果如图 3-21 所示。

本程序输出的结果是 pi=3.14159065，虽然输出了 8 位小数，但是只有前 5 位小数 3.14159 是准确的，因为第 7 位已经小于 10^{-6}，后面的项没有累加。如果要求的精度较高，例如（精确到 7 位小数），可以通过设置 fabs(term)>=1e−8 来实现，运行结果如 3-22 所示。

图 3-21　输出 π 的近似值（精确到 5 位小数）

```
pi=3.14159263
count=50000000
请按任意键继续. . .
```

图 3-22　输出 π 的近似值（精确到 7 位小数）

精度不同，运行时间不同，图 3-22 所示的程序精度更高，但是运行次数是图 3-21 所示程序的 100 倍。我们发现，π 的精度取决于 fabs(term)，最小项越小，精度越高。

3.4.7　求一元二次方程的根

例 3-19　求一元二次方程 $ax^2+bx+c=0$ 的根（a，b，c 为任意实数）。

算法分析：

输入任意三个系数 a，b，c，输出实根 x1，x2（保留 2 位小数）且要求 x1≥x2。

用根与系数的公式计算，根与系数的公式为：

$$x1, x2 = \frac{-b \pm \sqrt{(b^2 - 4 \times a \times c)}}{2a}$$

当$b^2 - 4 \times a \times c > 0$时，有两个不相等的实根；当$b^2 - 4 \times a \times c = 0$时，有两个相等的实根；当$b^2 - 4 \times a \times c < 0$时，有一对共轭复根。

（1）如果 a 为 0 且 b 为 0，则输出 “Not an equation”（N 大写，单词间空一个空格）。

（2）如果 a 为 0，则退化为一次方程，只输出一个根。

（3）如果 a 不为 0，则输出方程的根 x1 和 x2。

若 x1 和 x2 为实根，则以 x1≥x2 输出；若方程有共轭复根，则 x1=m+ni，x2=m−ni，其中 n>0。x1，x2，m，n 均保留 2 位小数。

代码如下：

```
#include <stdio.h>
#include <math.h>
int main(){
   double a,b,c,delta,x1,x2,m,n,i,j;
   printf("输入 a,b,c\n");
   scanf("%lf,%lf,%lf",&a,&b,&c);
   if (fabs(a) <= 1e-6){
      if (fabs(b) <= 1e-6)
         puts("Not an equation");
      else
         printf("%.2lf",-c/b);}
   else{
      delta=b*b - 4*a*c;
      m = -b / (2*a);
      n = sqrt(fabs(delta)) / (2*fabs(a));
      i = m + n;
      j = m - n;
      if (delta < 0)
         printf("x1=%.2lf+%.2lfi\nx2=%.2lf-%.2lfi\n",m,n,m,n);
      else {
         if (i == j)
            printf("x1=%.2lf\nx2= %.2lf\n",i,i);
      else {
         x1 = (i > j) ? i : j;
         x2 = (i > j) ? j : i;
         printf("x1=%.2lf\nx2=%.2lf\n", x1, x2);}}
      return 0;}}
```

运行结果如图 3-23 所示。

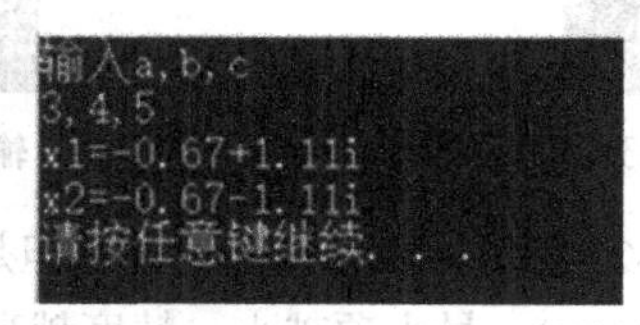

图 3-23 运行结果

3.4.8 求三角形的面积

例 3-20 输入三角形三条边的边长，输出三角形的面积。

算法分析：

先判断输入的三条边的边长是否能构成三角形，然后用海伦公式求面积。

海伦公式：

$$s = \frac{a + b + c}{2}$$

$$area = \sqrt{s \times (s - a) \times (s - b) \times (s - c)}$$

代码如下：

```
#include <stdio.h>
#include <math.h>
int main (){
    double a,b,c,s,area;
    printf("请输入三个数据：\n");
    scanf("%lf%lf%lf",&a,&b,&c);
    if(a+b>c || b+c>a || a+c>b){
        s=(a+b+c)/2;
        printf("s=%lf\n",s);
        area = sqrt(s*(s-a)*(s-b)*(s-c));
    printf("area=%.2f\n",area);}
    else
        printf("您输入的 a,b,c 三条边不能构成三角形\n");
    return 0;}
```

运行结果如图 3-24 所示。

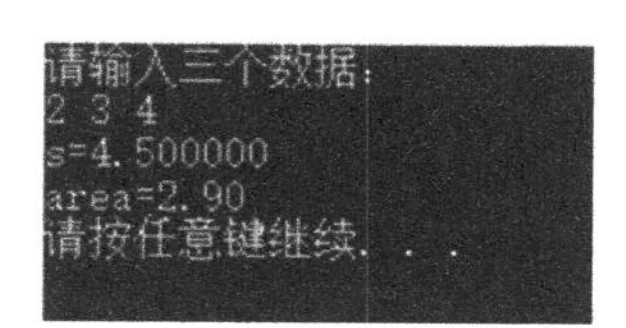

图 3-24　运行结果

3.4.9　存钱问题

例 3-21　编写一个程序，给出最佳存款方案。具体任务描述如下：已知银行整存整取不同期限的年利率分别为：

$$\text{年利率} = \begin{cases} 2.25\% & 1\ \text{年期} \\ 2.43\% & 2\ \text{年期} \\ 2.70\% & 3\ \text{年期} \\ 2.88\% & 5\ \text{年期} \\ 3.00\% & 8\ \text{年期} \end{cases}$$

假设有 2000 元，要求通过计算选择出一种存钱方案，使得这笔钱存入银行 20 年后获得的利息最多。假定银行对超出存款期限的那部分时间不付利息。

算法分析：

假设在这 20 年中，1 年期限的存了 x1 次，2 年期限的存了 x2 次，3 年期限的存了 x3 次，5 年期限的存了 x5 次，8 年期限的存了 x8 次，则到期时存款人所得的本利合计为：

$$2000 \times (1 + 1 \times 0.0225)^{x1} \times (1 + 2 \times 0.0243)^{x2} \times (1 + 3 \times 0.027)^{x3} \times (1 + 5 \times 0.0288)^{x5} \times (1 + 8 \times 0.03)^{x8}$$

根据上式以及对存款期限的限定条件，可以使用 for 循环来穷举出所有可能的存款金额，然后从中找出最大的存款金额，这就是该问题的解。因为限定条件已经确定了，所以 for 循环的循环次数也就确定了。

代码如下：

```
#include <stdio.h>
#include <stdlib.h>
#include <math.h>
int main(){
    int i8, i5, i3, i2, i1;
    int n8, n5, n3, n2, n1;
    double max = 0;
    int n;
    double capital,total;
    scanf("%d,%lf",&n,&capital);
    for(i8=0;i8<=n/8;i8++)
        for(i5=0;i5<=n/5;i5++)
            for(i3=0;i3<=n/3;i3++)
                for(i2=0;i2<=n/2;i2++)
                    for(i1=0;i1<=n;i1++){
                        if(i1+2*i2+3*i3+5*i5+8*i8==n){
                            total=capital*pow(1.0225,i1)*pow(1+2*0.0243,i2)*pow(1+3*0.027
0,i3)*pow(1+5*0.0288,i5)*pow(1+8*0.0300,i8);
                            if(total>max){
                                max=total;n1=i1;n2=i2;
                                n3=i3;n5=i5;n8=i8;}}}
    printf("8 year:%d\n",n8);
    printf("5 year:%d\n",n5);
    printf("3 year:%d\n",n3);
    printf("2 year:%d\n",n2);
    printf("1 year:%d\n",n1);
    printf("Total:%.2f\n",max);
    return 0;}
```

运行结果如图 3-25 所示。

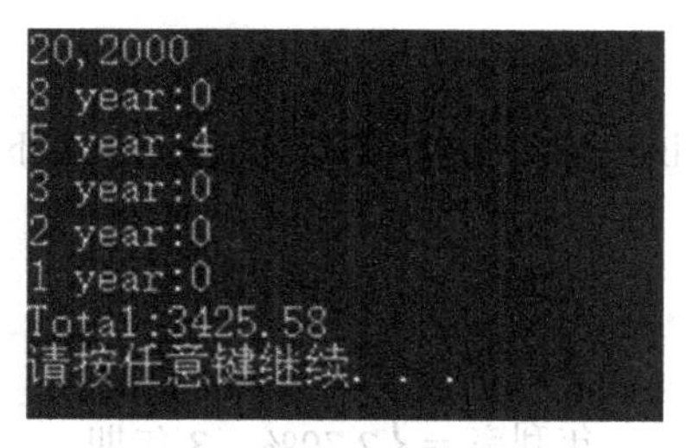

图 3-25　运行结果

3.4.10　求最大公约数和最小公倍数

例 3-22　输入两个正整数 a 和 b，求其最大公约数和最小公倍数。

算法分析：

（1）最小公倍数=输入的两个数之积除以它们的最大公约数，关键是求出最大公约数。

（2）求最大公约数用辗转相除法（又名欧几里得算法）：

设 c 是 a 和 b 的最大公约数，记为 c=gcd(a,b)（a≥b），令 r=a mod b，设 a=kc，b=jc，则 k，j 互素，否则 c 不是最大公约数，存在 m，使得 r=a−mb=kc−mjc=(k−mj)c，由题意可得，r 也是 c 的倍数，

且 k−mj 与 j 互素，否则与前述 k，j 互素矛盾。由此可知，b 与 r 的最大公约数也是 c，即 gcd(a,b)=gcd(b,a mod b)。

代码如下：

```
#include<stdio.h>
int main(){
    int a,b,r,n;
    printf("请输入两个数字：\n");
    scanf("%d %d",&a,&b);
    n=a*b;
    while(r!=0){
        a=b;b=r;r=a%b;}
    printf("最大公约数是%d\n 最小公倍数是%d\n",b,n/b);
    return 0;}
```

运行结果如图 3-26 所示。

图 3-26　运行结果

习题

1. 企业发放的奖金是根据利润提成计算的：
   （1）利润（I）低于或等于 10 万元时，可提成 10%。
   （2）利润高于 10 万元、低于 20 万元时，低于 10 万元的部分可提成 10%，高于 10 万元的部分可提成 7.5%。
   （3）利润在 20 万到 40 万之间时，高于 20 万元的部分可提成 5%。
   （4）利润在 40 万到 60 万之间时，高于 40 万元的部分可提成 3%。
   （5）利润在 60 万到 100 万之间时，高于 60 万元的部分可提成 1.5%。
   （6）利润高于 100 万元时，高于 100 万元的部分可提成 1%。
   从键盘输入当月利润 I，求应发放奖金总数。
2. 一个整数加上 100 后是一个完全平方数，再加上 168 后还是一个完全平方数，请问该数是多少？
3. 输入某年某月某日，判断这一天是这一年的第几天？以 3 月 5 日为例，应该先把前两个月的天数加起来，然后再加上 5 天即本年的第几天。特殊情况下，闰年且输入月份大于 3 时，需考虑多加一天。
4. 输入一行字符，分别统计出其中英文字母、空格、数字和其他字符的个数。
5. 求 s=a+aa+aaa+aaaa+aa…a 的值，其中 a 是一个数字。例如 2+22+222+2222+22222（此时共有 5 个数相加），几个数相加由键盘控制。
6. 一个球从 100m 的高度自由落下，每次落地后反跳回原高度的一半再落下，问它在第 10 次落地时，共经过多少 m？第 10 次反弹多高？
7. 有一个分数数列：2/1，3/2，5/3，8/5，13/8，21/13…，求出这个数列的前 20 项之和。

第4章 回溯法

4.1 回溯法概述

回溯法（Back Track Method）又称为“试探法”，是一种迂回算法。在解决问题时，每进行一步，都抱着试试看的态度，如果发现当前的选择并不是最好的，或者这么走下去肯定达不到目标，立刻做回退操作重新选择。这种走不通就回退再走的方法就是回溯法。

使用回溯法解决问题的过程，实际上是建立一棵“状态树”的过程。例如，在解决列举集合{1,2,3}所有子集的问题中，对于每个元素都有两种选择：取或者舍，所以构建的状态树如图4-1所示。

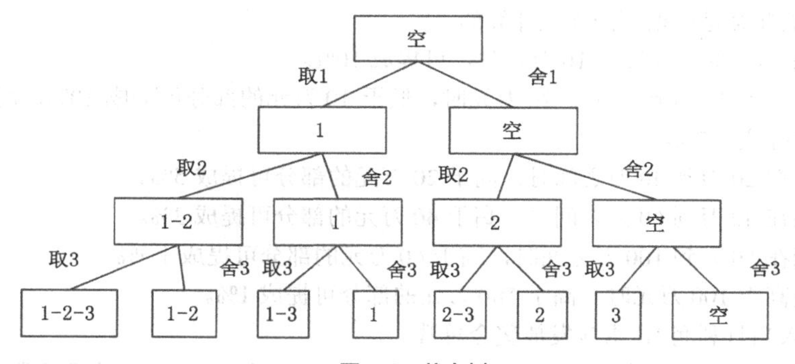

图4-1 状态树

回溯法的求解过程实质上是先序遍历“状态树”的过程。树中每一个叶子节点，都有可能是问题的答案。图4-1中的状态树是满二叉树，得到的叶子节点全部都是问题的解。

在某些情况下，回溯法解决问题的过程中创建的状态树并不都是满二叉树，因为在试探的过程中，有时会发现此种情况下再往下进行没有意义，所以会放弃这条死路，回溯到上一步。在树中的体现，就是树的最后一层不是满的，即不是满二叉树，需要自己判断哪些叶子节点代表的是正确的结果。

4.1.1 回溯法的基本思想

回溯法的基本思想就是深度优先搜索，是一种组织得井井有条的、能避免不必要重复搜索的穷举式搜索算法。它的具体做法是：从一条路往前走，能进则进，不能进则退回来，换一条路再试。

当我们遇到某一类问题时，如果问题可以分解，但是又不能得出明确的动态规划或递归解法，那么可以考虑用回溯法解决。回溯法的优点在于程序结构明确、可读性强、易于理解，而且通过对问题的分析可以大大提高运行效率。但是，对于可以得出明确的递推公式迭代求解的问题，还是不要用回溯法，因为它花费的时间比较长。

对于用回溯法求解的问题，首先要将问题进行适当的转化，得出状态树。这棵树的每条完整路径都代表了一种解的可能。通过深度优先搜索这棵树，枚举每种可能的解的情况，从而得出结果。但是，回溯法中通过构造约束函数可以大大提升程序效率，因为在深度优先搜索的过程中，不断地将每个解（并不一定是完整的，事实上这也是构造约束函数的意义所在）与约束函数进行对照，删除一些不可能的解，这样就不必继续把解的剩余部分列出，从而节省部分时间。

在回溯法中，首先需要明确下面几个概念。

- 约束函数：约束函数是根据题意确定的。通过描述合法解的一般特征用于去除不合法的解，从而避免继续搜索出这个不合法解的剩余部分。因此，约束函数对于任何状态空间树上的节点都是有效、等价的。
- 状态树：刚刚已经提到，状态树是一个对所有解的图形描述。树上的每个子节点的解都只有一个部分与父节点不同。
- 扩展节点、活节点、死节点：所谓扩展节点，就是当前正在求出它的子节点的节点，在深度优先搜索中，只允许有一个扩展节点。活节点就是通过与约束函数的对照，节点本身和其父节点均满足约束函数要求的节点；死节点反之。由此很容易知道，死节点是不必求出其子节点的（没有意义）。

4.1.2 回溯法的实施步骤和算法描述

1. 回溯法的实施步骤

运用回溯法解题通常包括以下几个步骤：

（1）确定问题的解空间。针对所给问题，定义问题的解空间。

（2）确定易于搜索的解空间结构。找出适当的剪枝函数、约束函数和限界函数。

（3）以深度优先的方式搜索解空间，并且在搜索过程中用剪枝函数避免无效的搜索。

（4）利用限界函数避免移动到不可能产生解的子空间。

2. 回溯法的分类

常用的回溯法有递归回溯法和迭代回溯法。

（1）递归回溯法

对解空间进行深度优先搜索，因此，在一般情况下用递归方法实现回溯法。

（2）迭代回溯法

采用树的非递归深度优先遍历算法，可将回溯法表示为一个非递归迭代过程。

3. 回溯法依赖的数据结构

回溯法通常在解空间树上进行搜索，一般依赖两种数据结构：子集树和排列树。

（1）子集树

当我们求解的结果是集合 S 的某一子集的时候，其对应的解空间是子集树。这类子集问题通常有 2^n 个叶子节点，其节点总个数为 $2^{(n+1)}-1$。遍历子集树的任何算法均需要 $O(2^n)$的计算时间（均需要遍历完所有的分支），一般有装载问题、符号三角形问题、0-1 背包问题、最大团问题等。

回溯法搜索子集树的算法描述为：

```
void backtrack (int t){
    if (t > n)
       // 到达叶子节点
       output (x);
    else
       for (int i = 0;i<= 1;i ++) {
```

```
            x[t] = i;
            // 约束函数
            if ( legal(t) )
                backtrack( t+1 );}}
```

（2）排列树

当我们求解的结果是集合 S 的元素的某一种排列的时候，其对应的解空间就是排列树。时间复杂度为 O(n!)，一般有批处理作业调度、n 皇后问题、旅行售货员问题、圆排列问题、电路板排列问题等。

回溯法搜索排列树的算法描述为：

```
void backtrack (int t){
    if (t > n)
        output(x);
    else
        for (int i = t;i<= n;i++) {
            // 完成全排列
            swap(x[t], x[i]);
            if (legal(t))
                backtrack(t+1);
            swap(x[t], x[i]);}}
```

4.2 回溯法的应用

4.2.1 八皇后问题

例 4-1 八皇后问题是一个古老而著名的问题，是回溯法的典型案例：在 8×8 格的国际象棋棋盘上摆放 8 个皇后，使其不能互相攻击，即任意两个皇后都不能处于同一行、同一列或同一斜线上，问有多少种摆法。

算法分析：

从棋盘的第一行、第一个位置开始，依次判断当前位置是否能够放置皇后，判断的依据为：同该行之前的所有行中皇后的所在位置进行比较，如果在同一列或者同一条斜线（斜线有两条，为正方形的两个对角线）上都不符合要求，则继续检验后序的位置。如果该行所有位置都不符合要求，则回溯到前一行，改变皇后的位置，继续试探。如果试探到最后一行，所有皇后摆放完毕，则直接打印出 8×8 格的棋盘。最后一定要记得将棋盘恢复原样，避免影响下一次摆放。

八皇后问题可以推广为更一般的 n 皇后摆放问题：这时棋盘的大小变为 n×n，而皇后个数也变成 n。当且仅当 n=1 或 n≥4 时问题有解。

表 4-1 给出了 n 皇后问题的解的个数，包括独立解 U 以及互不相同的解 D 的个数。

表 4-1 n 皇后问题的解的个数

n	1	2	3	4	5	6	7	8	…
U	1	0	0	1	2	1	6	12	…
D	1	0	0	2	10	4	40	92	…

可以看到，六皇后问题的解的个数比五皇后问题的解的个数要少。现在还没有已知公式可以对 n 计算 n 皇后问题的解的个数。

代码如下：

```
#include <stdio.h>
int Queenes[8]={0},Counts=0;
int Check(int line,int list){
```

```
    int index;
    for (index=0; index<line; index++) {                    //取列坐标
        int data=Queenes[index];                             //如果在同一列，则该位置不能放
        if (list==data)return 0;
        if ((index+data)==(line+list))return 0;
        if ((index-data)==(line-list)) return 0;}
        return 1;}
    void print(){
        int line;
        for ( line = 0; line < 8; line++){
            int list;
            for (list = 0; list <Queenes[line]; list++)
                printf("0");
            printf("#");
        for (list = Queenes[line] + 1; list < 8; list++){
            printf("0");}
        printf("\n");}
        printf("================\n");}
    void eight_queen(int line){
        int list;
        for (list=0; list<8; list++) {
            if (Check(line, list)) {
                Queenes[line]=list;
                if (line==7) {
                    Counts++;
                    print();
                    Queenes[line]=0;}                        //继续判断下一种皇后摆法
                eight_queen(line+1);                         //不管成功还是失败，该位置都要重新归0
                Queenes[line]=0;}}}
int main() {
    eight_queen(0);
    printf("摆放的方式有%d种\n",Counts);
    return 0;}
```

运行结果如图4-2所示。

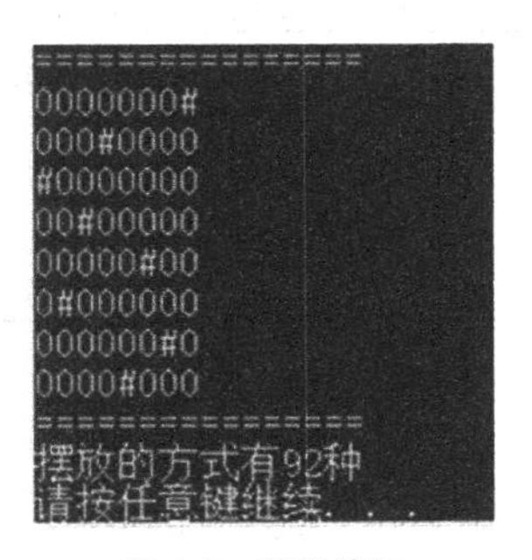

图4-2 运行结果

八皇后问题一共有92种不同的摆法，图中“#”表示皇后。

4.2.2 图的着色问题

给定无向图G=(V,E)和m种不同的颜色，用这些颜色为无向图G的各顶点着色，每个顶点着一种颜色。如果一个图最少需要m种颜色才能使图中每条边连接的两个顶点着不同颜色，则称m为该图的色数。地图着色问题可转换为图的着色问题：以地图中的区域作为图中顶点，两个区域如果邻接，则这两个区域对应的顶点间有一条边，即边表示了区域间的邻接关系。著名的四色定理就是指每个平面地图都可以只用四种颜色来着色，而且没有两个邻接的区域颜色相同，如图4-3所示。

给定图和颜色的数目求出着色方法的数目，可以使用回溯法。

例 4-2 给定无向图 G（如图 4-4 所示），用四种颜色为其着色，要求相邻顶点颜色不同，无向图用邻接矩阵存储，求所有着色方案。

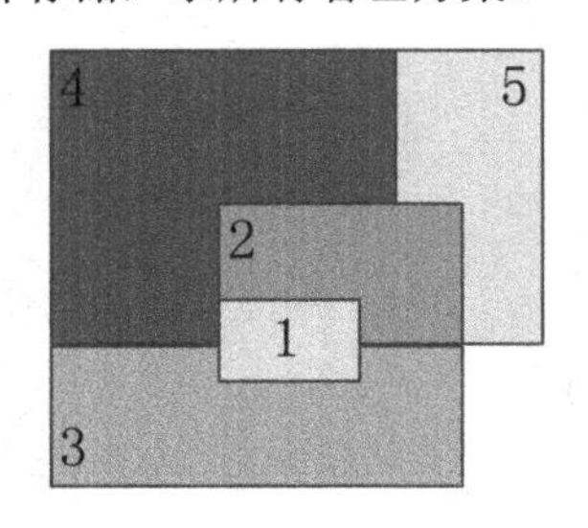

图 4-3 四色定理

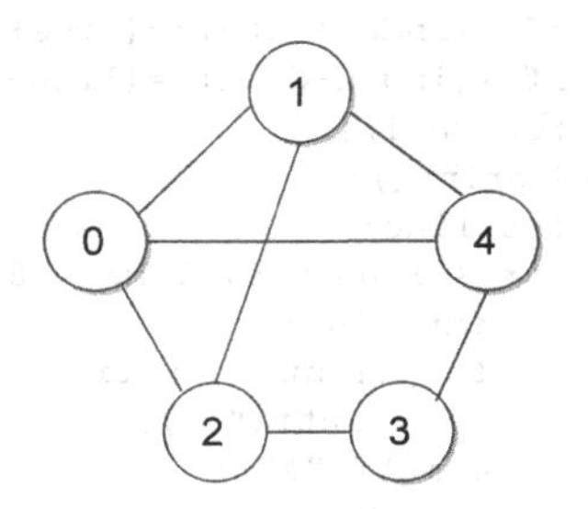

图 4-4 无向图 G

算法分析：

给图 4-4 做出邻接矩阵。所谓邻接矩阵存储结构，就是每个顶点用一个一维数组存储边的信息，合起来就是用矩阵表示图中各顶点之间的邻接关系。所谓矩阵，其实就是二维数组。

对于有 n 个顶点的图 G=(V,E) 来说，我们可以用一个 n×n 的矩阵 A 来表示 G 中各顶点的相邻关系，如果 v_i 和 v_j 之间存在边（或弧），则 A[i][j]=1，否则 A[i][j]=0。无向图 G 对应的邻接矩阵如下：

```
map[N][N] = {0,1,1,0,1,
             1,0,1,0,1,
             1,1,0,1,0,
             0,0,1,0,1,
             1,1,0,1,0}
```

inputColor(int n,int *color,int col,int sign)是一个递归函数，其中 n 表示给第 n 个点着色，col=1 表示已经着色，col=0 表示未着色，sign=0 表示未验证，sign=1 表示已验证且可行。

有以下三种情况（如表 4-2 所示）。

表 4-2 图的着色情况

col	sign	描述
0	0	未着色
1	0	已着色但未验证
1	1	着色且此色可用

从表 4-2 可以看出，在函数中分三种情况判断。

（1）if(col == 0) //未着色

将每一种颜色（颜色用 1，2，3，4 表示）赋给 color[n]，并调用递归函数 inputColor(n,color,1,0) 验证着此色是否可用。

（2）if(col==1 && sign==0) //已着色但未验证

验证此点用此色是否行得通，验证方法：在邻接矩阵中找到与此点相邻的点，若这些点的颜色不相邻，则此色可用，sign 置为 1；若此色不可用，则不做处理，不会再有任何操作，也无法打印。

（3）if(col==1 && sign==1) //着色且此色可用

判断一下此时的 n 是否是最后一个点，若是最后一个点，即 n==N-1，则表示所有点都成功赋予一个颜色，故打印输出；若 n<N-1，则去处理下一个点，inputColor(n+1,color,0,0)。当然，下一个点的 col 和 sign 都是 0，回到第一种情况继续处理这个点，直到处理完为止。

代码如下：

```
#include<stdio.h>
```

```
#define N 5
int map[N][N] = {0,1,1,0,1,
    1,0,1,0,1,
    1,1,0,1,0,
    0,0,1,0,1,
    1,1,0,1,0};//5 个点、7 条边的图，邻接矩阵表示
int main(){
    void inputColor(int n,int *color,int col,int sign);
    int color[5]={0};
    inputColor(0,color,0,0);
    return 0;}
void inputColor(int n,int *color,intcol,int sign){
    int i;
    for(i=n+1;i<N;i++)//消除之前着色的痕迹
        color[i] = 0;
    if(col == 0){//若未着色，则着色
        for(i=1;i<=4;i++){//颜色 1-4
            color[n] = i;
            inputColor(n,color,1,0);}}
    else if(col==1 && sign==0){//若已着色但未验证，则验证此位
        for(i=0;i<N;i++)
            if(map[n][i]==1 && color[n]==color[i])
                return;
        inputColor(n,color,1,1);}
    else if(col==1 && sign==1){//着色且此色可用
        if(n<N-1)//进行下一个点
            inputColor(n+1,color,0,0);
        else if(n==N-1){//若此点是最后一个点，则打印输出
            for(i=0;i<N;i++)
                printf("%d\t",color[i]);
                printf("\n");}}}
```

运行结果如图 4-5 所示。

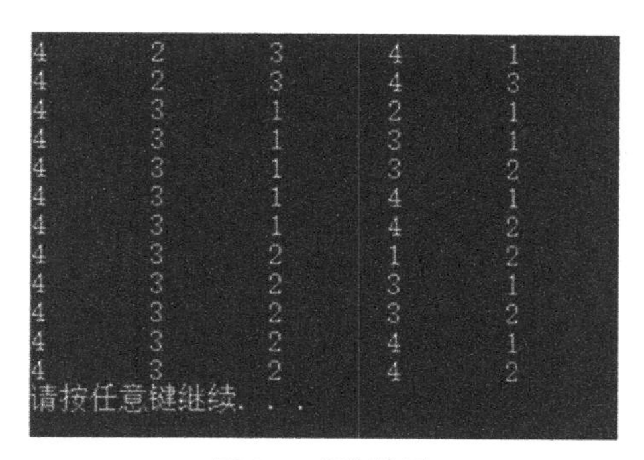

图 4-5 运行结果

4.2.3 装载问题

例 4-3 有 n 个集装箱要装上两艘载重量分别为 c1 和 c2 的轮船，其中集装箱 i 的重量为 w_i，且 $\sum w_i \leqslant c1+c2$，问是否有一个合理的装载方案，可将这 n 个集装箱装上这两艘轮船。如果有，找出一种装载方案。

算法分析：

如果一个给定装载问题有解，则采用下面的策略可得到最优装载方案。

（1）将第一艘轮船尽可能装满。

（2）将剩余的集装箱装上第二艘轮船。

将第一艘轮船尽可能装满等价于选取全体集装箱的一个子集，使该子集中集装箱重量之和最接近c1。由此可知，装载问题等价于以下特殊的0-1背包问题：

$$\max\sum w_i \times x_i \&\& \sum w_i \times x_i \leqslant c1, x_i \in \{0, 1\}, 1 \leqslant i \leqslant n$$

用排序树表示解空间，则解为n元向量$\{x_1, ..., x_n\}$, $x_i \in \{0, 1\}$。

代码如下：

```
#include <stdio.h>
#include <stdlib.h>
int n,cw,bestw,r,c1,c2;
int x[100];                     //当前解
int bestx[100];                 //当前最优解
int w[100];                     //集装箱重量数组
void OutPut(){
    int i;
    int restweight = 0;
    for(i = 1; i<= n; ++i)
        if(bestx[i] == 0)
            restweight += w[i];
        if(restweight> c2)
            printf("不能装入\n");
        else{
            printf("船 1 装入的货物为:");
            for(i = 1; i<= n; ++i)
                if(bestx[i] == 1)
                    printf(" %d", i);
                    printf("\n 船 2 装入的货物为:");
            for(i = 1; i<= n; ++i)
                if(bestx[i] != 1)
                    printf(" %d\n", i);}}
void BackTrack(int i){
    if(i> n){
        if(cw>bestw){
            for(i = 1; i<= n; ++i)
                bestx[i] = x[i];
                bestw = cw;}
                return;}
        r -= w[i];
        if(cw + w[i] <= c1){
            cw += w[i];
            x[i] = 1;
            BackTrack(i + 1);
            x[i] = 0;
            cw -= w[i];}
        if(cw + r >bestw){
            x[i] = 0;
            BackTrack(i + 1);}
            r += w[i];}
void Initialize(){
    int i;
    bestw = 0;
    r = 0;
    cw = 0;
    for(i = 1; i<= n; ++i)
        r += w[i];}
void InPut(){
    scanf("%d", &n);
    scanf("%d %d", &c1, &c2);
    int i;
    for( i = 1; i<= n; ++i)
```

```
        scanf("%d", &w[i]);}
int main(){
    InPut();
    Initialize();
    BackTrack(1);
    OutPut();}
```

运行结果如图 4-6 所示。

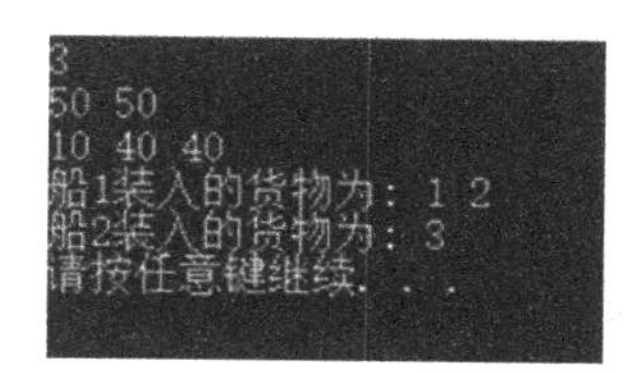

图 4-6　运行结果

4.2.4　批处理作业调度

例 4-4　给定 n 个作业的集合{j_1, j_2, …, j_n}。每个作业 j_i 有两个任务，必须先由机器 1 处理，然后由机器 2 处理。作业 j_i 需要机器 j 的处理时间为 t_{ji}。对于一个确定的作业调度，设 f_{ji} 是作业 i 在机器 j 上完成处理的时间。所有作业在机器 2 上完成处理的时间和 $f=\sum_{i=1}^{n} f_{2i}$ 称为该作业调度的完成时间和。

批处理作业调度问题要求对于给定的 n 个作业，制定最佳作业调度方案，使其完成时间和达到最小。与流水线调度问题的区别在于：批处理作业调度旨在求出使其完成时间和达到最小的最佳调度序列，流水线调度问题旨在求出使其最后一个作业的完成时间最短的最佳调度序列。

算法分析：

考虑以下实例，设作业数 n=3，如表 4-3 所示。

表 4-3　作业调度表

	机器 1	机器 2
作业 1	2	1
作业 2	3	1
作业 3	2	3

这 3 个作业的 6 种可能的调度方案是(1,2,3)，(1,3,2)，(2,1,3)，(2,3,1)，(3,1,2)，(3,2,1)，如果采用(1,2,3)调度方案，作业 1 在机器 1 上完成的时间是 2，在机器 2 上完成的时间是 3；作业 2 在机器 1 上完成的时间是 5，在机器 2 上完成的时间是 6；作业 3 在机器 1 上完成的时间是 7，在机器 2 上完成的时间是 10；因此，f=3+6+10=19。根据这个算法，可以计算出来这 6 种调度方案的完成时间和分别是 19，18，20，21，19，19。显而易见，最佳调度方案是(1,3,2)，其完成时间和为 18。

批处理作业调度问题要从 n 个作业的所有排列中找出有最小完成时间和的作业调度，所以批处理作业调度问题的解空间是一棵排列树，如图 4-7 所示。

按照回溯法搜索排列树的算法框架，设开始时 x=[1, 2, …, n]是所给的 n 个作业，则相应的排列树由 x[1:n]的所有排列（所有的调度序列）构成。

二维数组 m 是输入作业的处理时间，bestf 记录当前最小完成时间和，bestx 记录相应的当前最佳作业调度。在递归函数 Backtrack 中，当 i>n 时，算法搜索至叶子节点，得到一个新的作业调度方案。此时算法适时更新当前最优值和相应的当前最佳调度。当 i<n 时，当前扩展节点位于排列树的第 i–1 层，此时算法选择下一个要安排的作业，以深度优先方式递归地对相应的子树进行搜索。对不满足上界约束的节点，则剪去相应的子树。

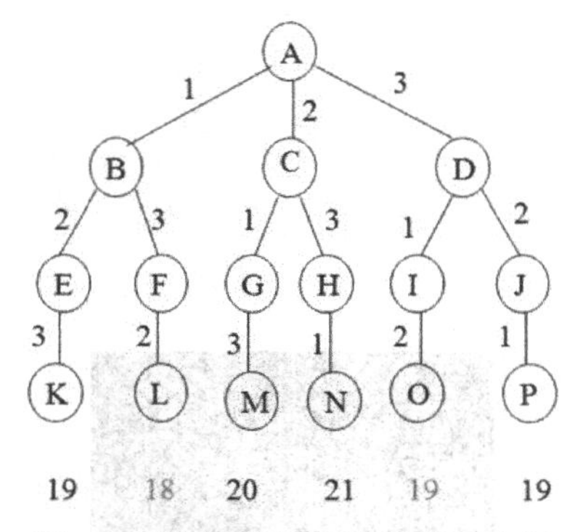

图 4-7 批处理作业调度问题的解空间

代码如下：

```
#include <stdio.h>
int x[100],bestx[100],m[100][100];          //m[j][i]表示在第 i 台机器上作业 j 的处理时间
int f1=0,f2,cf=0,bestf=10000,n;              //bestf 记录当前最小完成时间
void swap(int *x,intt,int j){
    int temp = x[t];
    x[t] = x[j];
    x[j] = temp;}
void Backtrack(int t){
    int tempf,j,i;
    if(t>n){
        for( i=1; i<=n; i++)
        bestx[i]=x[i];
        bestf=cf; }
    else{
        for(j=t; j<=n; j++){
            f1+=m[x[j]][1];                   //记录作业在机器 1 上的完成处理时间
            tempf=f2;                         //保存上一个作业在机器 2 的完成处理时间
            f2=(f1>f2?f1:f2)+m[x[j]][2];      //保存当前作业在机器 2 的完成时间
            cf+=f2;                           //cf 记录当前在机器 2 上的完成时间和
            if(cf<bestf){
                swap(x,t,j);                  //交换两个作业的位置
                Backtrack(t+1);
                swap(x,t,j); }
                f1-=m[x[j]][1];
                cf-=f2;
                f2=tempf; }}}
int main(){
    int i,j;
    printf("请输入作业数量\n");
    scanf("%d",&n);
    printf("请输入在各机器上的处理时间\n");
    for(i=1; i<=2; i++)
        for(j=1; j<=n; j++)
            scanf("%d",&m[j][i]);
        for(i=1; i<=n; i++)
            x[i]=i;  //记录当前调度
    Backtrack(1);
    printf("调度作业顺序\n");
    for(i=1; i<=n; i++)
        printf("%d\t",bestx[i]);
    printf("\n");
    printf("处理时间:\n");
    printf("%d\n",bestf);
return 0;  }
```

运行结果如图 4-8 所示。

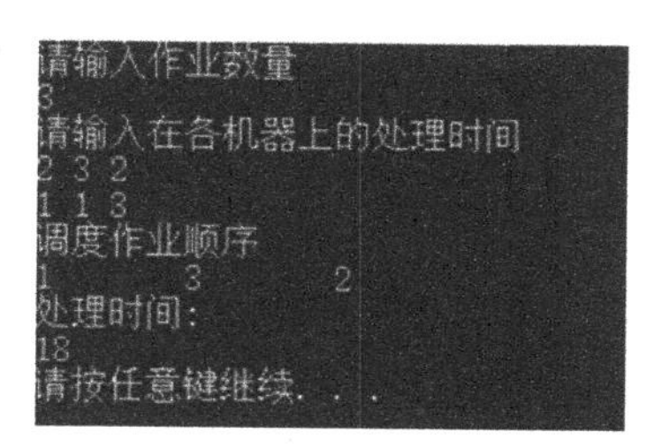

图 4-8　运行结果

4.2.5　符号三角形问题

例 4-5　输出由 n 个“+”号和 n 个“-”号组成的符号三角形，两个同号下面是“+”号，两个异号下面是“-”号。图 4-9 所示的为 14 个“+”号和 14 个“-”号组成的符号三角形。

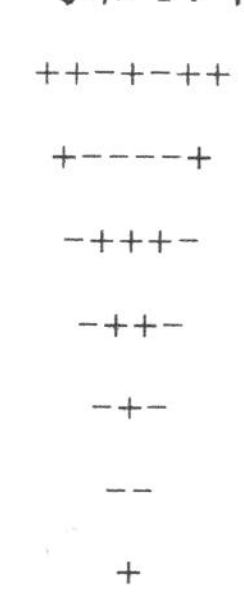

图 4-9　符号三角形

算法分析：

对于符号三角形问题，用 n 元组 x[1:n]表示符号三角形第一行的 n 个符号，由于我们只有两种符号——“+”或“-”，所以取值是一个二值问题。如果取“+”，我们就假设 x[i]=1；如果取“-”，我们就假设 x[i]=0。这显然是一个解空间为子集树的问题。我们不需要每次都遍历到树的叶子节点，可以通过剪枝来节约时间。

明确了解空间以后，下一步要确定的就是约束函数。由于“+”和“-”数目相同且符号三角形有 n 行，所以总共有 n(n+1)/2 个符号，每个符号只能有 n(n+1)/4 个。如果 n(n+1)/2 为奇数，则淘汰这种情况。

用 sum 表示合理的符号三角形的数目。用 count 统计其中的“+”和“-”，如果是“+”，count+1，否则 count+0，最后用 count 与 n(n+1)/4 比较即可。

为了便于研究，我们用 0 代表“+”，1 代表“-”。

代码如下：

```
#include<stdio.h>
#define max 100
int arr[max][max];
int n,sum[2],half,ans_sum;
void print(){
    int i,j,k,l;
    for(i=1;i<=n;i++){
        for(j=1;j<=n-i+1;j++){
            printf("%d ",arr[i][j]);}
        printf("\n");}}
void BackTrack(int level){
    if(sum[0]>half||sum[1]>half)
```

```
        return;
    if(level==n+1){
        if(sum[0]==sum[1]&&((sum[1]+sum[0])==n*(n+1)/2)){
            print();
            ans_sum++;}}
    else{
        int i,j,k,l;
        for(i=0;i<2;i++){
            arr[1][level] = i;
            sum[i]++;
            for(j=2;j<=level;j++){
                arr[j][level-j+1] = !(arr[j-1][level-j+1] ^ arr[j-1][level-j+2]);
                sum[arr[j][level-j+1]]++;}
            BackTrack(level+1);
            for(j=2;j<=level;j++){
                sum[arr[j][level-j+1]]--;}
                sum[i]--;}}}
int main(){
    printf("请输入符号三角形第一行符号的个数n:");
    scanf("%d",&n);
    half = n*(n+1)/4;
    if(n*(n+1) /2 % 2 == 1){
        printf("No answer!\n");
        return 0;}
    ans_sum = 0;
    BackTrack(1);
    if(ans_sum==0)
        printf("No answer!\n");
    else
        printf("满足要求的符号三角形总共有%d 个\n",ans_sum);
    return 0;}
```

假设输入 n=3，运行结果如图 4-10 所示。

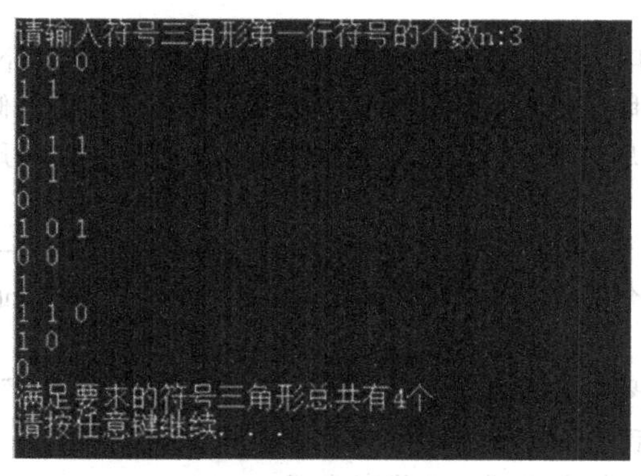

图 4-10 运行结果

计算可行性约束需要 O(n)的时间（因为 1 行有 n 个元素，需要对这 n 个元素进行依次搜索并回溯，直到 i>n 才能 sum++），而解空间为子集树，节点个数为 2^n，所以时间复杂度为 $O(n2^n)$。

4.2.6 最大团问题

例 4-6 给定无向图 G=(V,E)，其中 V 是顶点集，E 是边集。如果 U⊆V，且对任意两个顶点 u，v∈U 有(u,v)∈E，则称 U 是 G 的完全子图。G 的完全子图 U 是 G 的一个团，当且仅当 U 不包含在 G 的更大的完全子图中。G 的最大团是指 G 中所含顶点数最多的团。

如果 U⊆V，且对任意 u，v∈U 有(u,v)∉E，则称 U 是 G 的空子图。G 的空子图 U 是 G 的独立集，当且仅当U不包含在G的更大的空子图中。G的最大独立集是G中所含顶点数最多的独立集。

对于任一无向图G=(V,E)，其补图G'=(V',E')定义为：V'=V，(u,v)∈E'，当且仅当(u,v)∉E。

如果U是G的完全子图，则它也是G'的空子图，反之亦然。因此，G的团与G'的独立集之间存在一一对应的关系。特殊地，U是G的最大团，当且仅当U是G'的最大独立集。

算法分析：

子集{1,2}是G的一个大小为2的完全子图，但不是一个团，因为它包含于G的更大的完全子图{1,2,5}中。{1,2,5}，{1,4,5}和{2,3,5}都是G的最大团。G的子集树如图4-11所示。

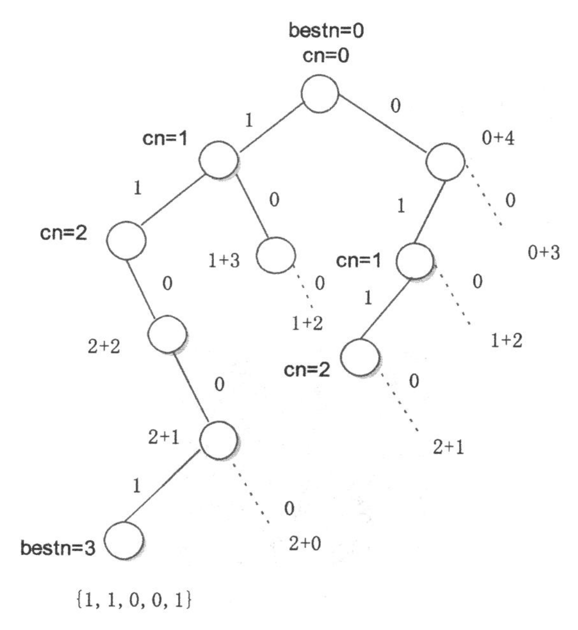

图4-11　G的子集树

代码如下：

```
#include <stdio.h>
#include<stdlib.h>
#include<string.h>
int n;                              //有n个节点
int m[100][100];                    //邻接矩阵
int count=0;                        //算最大团里的节点个数
int bestcount=0;                    //当前最优解
int x[100];                         //x[i]=1代表第i个节点被加入已选择节点集
int bestx[100];
void dfs(int i){
    int j;
    if(i>n){                        //退出条件：遍历抵达叶子节点
        bestcount=count;
        for(j=1;j<=n;j++)
            bestx[j]=x[j];
            return;}
    else{
        int ok=1;                   //ok标志位，ok=1代表遍历左子树
        for(j=1;j<=n;j++){
            if((x[j]==1)&&(m[i][j]==0)){
                ok=0;
                break;}}
    if(ok==1){                      //说明第i个点可以被加进去,遍历左子树
```

```
            x[i]=1;
            count++;
            dfs(i+1);
            count--;                    //回溯到原点
            x[i]=0;}
        else {                          //遍历右子树
            x[i]=0;
            if(count+n-i>bestcount){
            dfs(i+1);}}}}
    int main(){
        int i,j;
        scanf("%d",&n);
        for(i=1;i<=n;i++){
            for(j=1;j<=n;j++){
                scanf("%d",&m[i][j]); }}
        dfs(1);
        printf("%d\n",bestcount);
        for(i=1;i<=n;i++){
            if(bestx[i]==1)printf("%d ",i);}
        printf("\n");
    return 0;}
```

运行结果如图 4-12 所示。

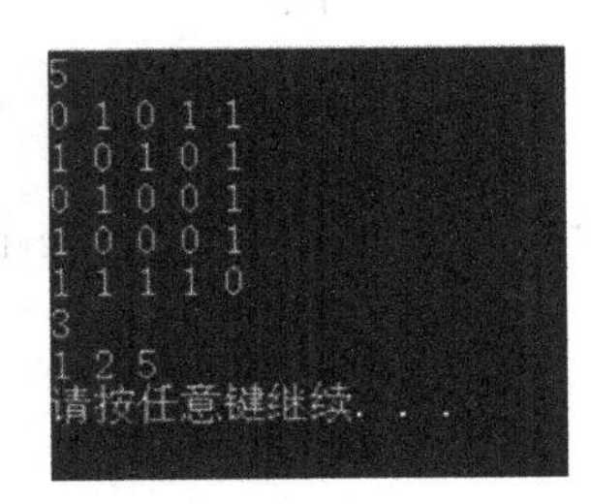

图 4-12 运行结果

在图 4-12 中，第 1 行的 5 为输入的节点数，表示图的顶点数；第 2 行到第 6 行表示图的邻接矩阵；第 7 行表示最大团的顶点数；第 8 行表示最大团的顶点编号，每一个编号中间有一个空格。

4.2.7 旅行售货员问题

例 4-7 某售货员要到若干城市去推销商品，已知各城市之间的路程（旅费）如图 4-13 所示，他要选定一条从驻地出发经过每个城市最后回到驻地的路线，使总路程（总旅费）最短（最少）。（必须从 1 号点出发，最后回到出发地。）

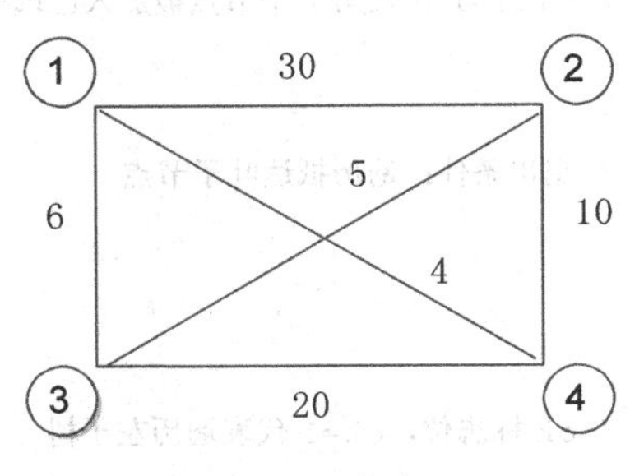

图 4-13 线路图

算法分析：

采用回溯法，假设起点为 1。开始时 x = [1, 2, 3, ..., n]，x[1 : i]代表前 i 步按顺序走过的城市，x[i + 1 : n]

代表还未经过的城市。若当前搜索的层次 i = n 时，处在排列树的叶子节点的父节点上，此时算法检查图 G 中是否从顶点 x[n−1]到顶点 x[n]有一条边、从顶点 x[n]到顶点 x[1]也有一条边。若这两条边都存在，则发现了一个旅行售货员的回路，即新旅行路线，算法判断这条回路的费用是否优于已经找到的当前最优回路的费用 bestcost，若是，则更新当前最优值 bestcost 和当前最优解 bestx。若 i<n 时，检查 x[i−1]至 x[i]之间是否存在一条边，若存在，则 x[1:i]构成图 G 的一条路径，若路径 x[1:i]的耗费小于当前最优解的耗费，则算法进入排列树下一层，否则剪掉相应的子树。把 n 个城市做全排列，并求出每种排列对应的总距离，然后选择最短的一个。

代码如下：

```
#include <stdio.h>
#define N 4                                          //城市数目
#define NO_PATH -1                                   //没有通路
#define MAX_WEIGHT 4000
int City_Graph[N+1][N+1];                            //保存图信息
int x[N+1],isIn[N+1];
int bestw,cw,bw;
int bestx[N+1];
void Travel_Backtrack(int t){
    int i,j;
    if(t>N){
        for(i=1;i<=N;i++)                            //输出当前的路径
            printf("%d ",x[i]);
            printf("\n");
        bw = cw + City_Graph[x[N]][1];               //计算总权值(非最优)
    if(bw<bestw){
        for (i=1;i<=N;i++){
            bestx[i] = x[i];  }
        bestw = bw; }
    return;  }
    else{
        for(j=2;j<=N;j++){
            if(City_Graph[x[t-1]][j] != NO_PATH && !isIn[j] /*&&cw<bestw*/){
                isIn[j] = 1;
                x[t] = j;
                cw += City_Graph[x[t-1]][j];
                Travel_Backtrack(t+1);
                isIn[j] = 0;
                x[t] = 0;
                cw -= City_Graph[x[t-1]][j]; }}}}
void main(){
    int i;
    City_Graph[1][1] = NO_PATH;                      //建立邻接矩阵
    City_Graph[1][2] = 30;
    City_Graph[1][3] = 6;
    City_Graph[1][4] = 4;
    City_Graph[2][1] = 30;
    City_Graph[2][2] = NO_PATH;
    City_Graph[2][3] = 5;
    City_Graph[2][4] = 10;
    City_Graph[3][1] = 6;
    City_Graph[3][2] = 5;
    City_Graph[3][3] = NO_PATH;
    City_Graph[3][4] = 20;
    City_Graph[4][1] = 4;
    City_Graph[4][2] = 10;
    City_Graph[4][3] = 20;
    City_Graph[4][4] = NO_PATH;
    for (i=1;i<=N;i++){
        x[i] = 0;                                    //表示第 i 步还没有解
```

```
        bestx[i] = 0;                    //还没有最优解
        isIn[i] = 0; }
    x[1] = 1;                            //第一步走城市 1
    isIn[1] = 1;                         //第一个城市加入路径
    bestw = MAX_WEIGHT;
    cw = 0;
    Travel_Backtrack(2);                 //从第二步开始选择城市
    printf("最优值为%d\n",bestw);
    printf("最优解为:\n");
    for(i=1;i<=N;i++){
        printf("%d ",bestx[i]);  }
    printf("\n");}
```

运行结果如图 4-14 所示。

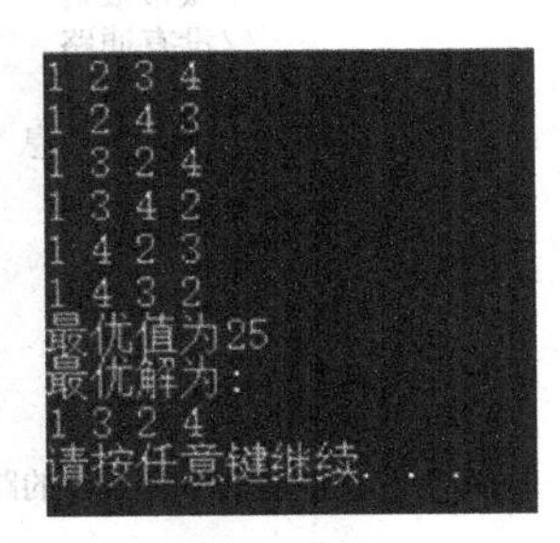

图 4-14 运行结果

4.2.8 电路板排列问题

例 4-8 将 n 块电路板以最佳排列方式插入带有 n 个插槽的机箱中。n 块电路板的不同排列方式对应于不同的电路板插入方案。设 B={1, 2, …, n}是 n 块电路板的集合，L={N1, N2, …, Nm}是连接这 n 块电路板中若干电路板的 m 个连接块。Ni 是 B 的一个子集，且 Ni 中的电路板用同一条导线连接在一起。

设 x 表示 n 块电路板的一个排列，即在机箱的第 i 个插槽中插入的电路板编号是 x[i]。x 所确定的电路板排列密度 Density(x)定义为跨越相邻电路板插槽的最大连线数。

算法分析：

设 n=8, m=5，给定 n 块电路板及其 m 个连接块：B={1, 2, 3, 4, 5, 6, 7, 8}，N1={4, 5, 6}，N2={2, 3}，N3={1, 3}，N4={3, 6}，N5={7, 8}，其中两个可能的排列如图 4-15 和图 4-16 所示，则该电路板的排列密度分别是 2 和 3。

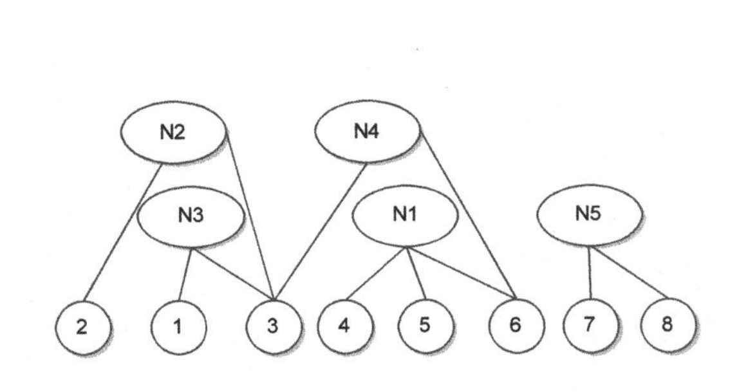

板：2 1 3 4 5 6 7 8
槽：1 2 3 4 5 6 7 8

图 4-15 电路板排列图 1

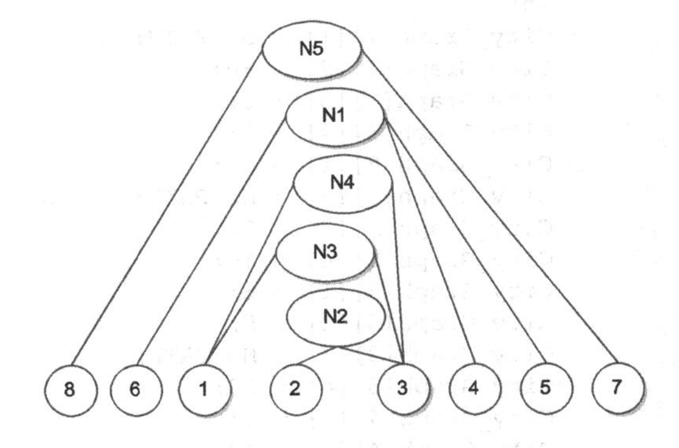

板：8 6 1 2 3 4 5 7
槽：1 2 3 4 5 6 7 8

图 4-16 电路板排列图 2

在图 4-15 中，跨越插槽 2 和 3、4 和 5、5 和 6 的连线数均为 2，插槽 6 和 7 之间无跨越连线，其余插槽之间只有 1 条跨越连线。在设计机箱时，插槽一侧的布线间隙由电路板的排列密度确定。因此，电路板排列问题要求对于给定的电路板连接条件（连接块），确定电路板的最佳排列，使其具有最小密度。

电路板排列问题是 NP 困难问题，因此不太可能找到解此问题的多项式时间算法。考虑采用回溯法系统的搜索问题解空间的排列树，找出电路板的最佳排列。设用数组 B 表示输入。当且仅当电路板 i 在连接块 Nj 中时，B[i][j]的值为 1。设 total[j]是连接块 Nj 中的电路板数。对于电路板的部分排列 x[1:i]，设 now[j]是 x[1:i]中所包含的 Nj 中的电路板数。由此可知，当且仅当 now[j]>0 且 now[j]!=total[j]时，连接块 Nj 的连线跨越插槽 i 和 i+1。用这个条件来计算插槽 i 和 i+1 间的连线密度。

代码如下：

```
#include "stdafx.h"
#include <iostream>
#include <fstream>
using namespace std;
ifstream fin("data.txt");
class Board{
    friend int Arrangement(int **B, int n, int m, int bestx[]);
    private:
        void Backtrack(int i,int cd);
        int n,m,*x,*bestx,bestd,*total,*now,**B;};
template <class Type>
inline void Swap(Type &a, Type &b);
int Arrangement(int **B, int n, int m, int bestx[]);
int main(){
    int m = 5,n = 8;
    int bestx[9];
    //B={1,2,3,4,5,6,7,8}
    //N1={4,5,6},N2={2,3},N3={1,3},N4={3,6},N5={7,8}
    cout<<"m="<<m<<",n="<<n<<endl;
    cout<<"N1={4,5,6},N2={2,3},N3={1,3},N4={3,6},N5={7,8}"<<endl;
    cout<<"二维数组 B 如下："<<endl;
    int **B = new int*[n+1];                          //构造 B
    for(int i=1; i<=n; i++){
        B[i] = new int[m+1];}
    for(int i=1; i<=n; i++){
        for(int j=1; j<=m ;j++){
            fin>>B[i][j];
            cout<<B[i][j]<<" ";}
        cout<<endl;}
    cout<<"当前最优密度为："<<Arrangement(B,n,m,bestx)<<endl;
    cout<<"最优排列为："<<endl;
    for(int i=1; i<=n; i++){
        cout<<bestx[i]<<" ";}
    cout<<endl;
    for(int i=1; i<=n; i++){
        delete[] B[i];}
    delete[] B;
    return 0;}
void Board::Backtrack(int i,int cd){                 //回溯法搜索排列树
    if(i == n){
        for(int j=1; j<=n; j++)
            bestx[j] = x[j];
            bestd = cd;}
    else{
        for(int j=i; j<=n; j++){                     //选择 x[j]为下一块电路板
            int ld = 0;
            for(int k=1; k<=m; k++){
```

```
                    now[k] += B[x[j]][k];
                    if(now[k]>0 && total[k]!=now[k]){
                        ld ++;}}
                if(cd>ld)                                         //更新 ld
                    ld = cd;
                if(ld<bestd){                                     //搜索子树
                    Swap(x[i],x[j]);
                    Backtrack(i+1,ld);
                    Swap(x[i],x[j]);
                    for(int k=1; k<=m; k++){                      //恢复状态
                        now[k] -= B[x[j]][k];}}}}}
    int Arrangement(int **B, int n, int m, int bestx[]){
        Board X;X.x = new int[n+1];
        X.total = new int[m+1];
        X.now = new int[m+1];
        X.B = B;X.n = n;X.m = m;
        X.bestx = bestx;
        X.bestd = m+1;
        for(int i=1; i<=m; i++){                                  //初始化 total 和 now
            X.total[i] = 0;X.now[i] = 0;}
        for(int i=1; i<=n; i++){                                  //初始化 x 为单位排列并计算 total
            X.x[i] = i;
            for(int j=1; j<=m; j++){
                X.total[j] += B[i][j];}}
        X.Backtrack(1,0);                                         //回溯搜索
        delete []X.x;
        delete []X.total;
        delete []X.now;
        return X.bestd;}
    template <class Type>
    inline void Swap(Type &a, Type &b){
        Type temp=a; a=b; b=temp;}
```

运行结果如图 4-17 所示。在解空间排列树的每个节点处，算法 Backtrack 花费 O(m)计算时间为每个子节点计算密度。因此，计算密度所消耗的总计算时间为 O(mn!)。另外，生成排列树需要 O(n!)时间。每次更新当前最优解至少使 bestd 减少 1，而算法运行结束时 bestd≥0。因此，最优解被更新的次数为 O(m)，更新最优解需要的时间为 O(mn)。综上所述，解电路板排列问题的回溯算法 Backtrack 所需要的计算时间为 O(mn!)。

```
m=5,n=8
N1={4,5,6},N2={2,3},N3={1,3},N4={3,6},N5={7,8}
二维数组B如下:
0 0 1 0 0
0 1 0 0 0
0 1 1 1 0
1 0 0 0 0
1 0 0 0 0
0 0 1 1 0
0 0 0 0 1
0 0 0 0 1
当前最优密度为:2
最优排列为:
1 2 3 4 5 6 7 8
请按任意键继续. . .
```

图 4-17　运行结果

4.2.9 连续邮资问题

例 4-9　假设国家发行了 n 种不同面值的邮票，并且规定每个信封上最多只允许贴 m 张邮票。连续邮资问题要求对于给定的 n 和 m 值，给出邮票面值的最佳设计，一封信的邮资为从邮资 1 开始、增

量为 1 的最大连续邮资区间。例如，当 n=5 和 m=4 时，面值为(1,3,11,15,32)的 5 种邮票可以贴出邮资的最大连续邮资区间是 1～70。

算法分析：

对于连续邮资问题，开始仅给出面值的数量，而面值的具体值是未知的，但是由于邮资需要从 1 开始，因此，面值具体值中必然有 1。可以考虑建立一个数组用于存储具体的面值。

当面值为 1 时，可形成的连续邮资区间为 1~m，在此基础上，若要增加面值，为保证区间连续，第二个面值必然要在 2~m+1 中取（第二个面值不能为 1，并且若为 m+2 或者更大，只用一个就变为 m+2，此时不连续），第三个面值则需要根据前两个面值能达到的最大值来确定。第 i 个面值 x[i]的连续区间若为 1~r 时，则第 x[i+1]个的取值必然为 x[i]+1～r+1。从第一个面值开始，接下来的各个面值的取值都根据上一个面值以及能形成的最大值来取。

但是为了求解最大连续区间，需要将面值的所有情况进行考虑，可对面值可能取值的语法树进行递归遍历，即回溯。递归到叶子节点时，将当前情况的最大值进行记录并与之前的进行比较，若更大则保存最大值，之后回溯到上一层继续求解，直到将所有情况计算完成。

为在第 n 层得到最大连续邮资区间，则在前几层进行计算时，必须达到既保证连续，又保证每个邮资值尽量使用比较少的邮票张数，即多使用邮资大的邮票。这就要求每引进一个新的邮票的时候，需要对当前邮资值数组进行更新，以保证每个邮资值使用的是最少的邮票数。例如：

n= 5，m=4，面值为{1,3,11,15,32}，最大邮资为 70。
n=5，m=5，面值为{1,4,9,31,51}，最大邮资为 126。
n=4，m=2，面值为{1,3,5,6}，最大邮资为 12。
n=3，m=4，面值为{1,5,8}，最大邮资为 26。
n=6，m=4，面值为{1,4,9,16,38,49}，最大邮资为 108。
n=5，m=6，面值为{1,7,12,43,52}，最大邮资为 216。

代码如下：

```
#include <stdio.h>
#include <string.h>
int n,m;                    //n 为邮票种类，m 为一封信上最多可贴的邮票张数
int Max;
int ans[10000];
int min(int a,int b){
    return a<b?a:b;}
int panduan(int x[10000],int n,int sum) {
    int i,j,k;
    int dp[15][1005];
    for (i=0;i<=n;i++)
        dp[i][0]=0;
    for (i=0;i<=sum;i++)
        dp[1][i]=i;
    for (i=2;i<=n;i++)
        for (j=1;j<=sum;j++){
            dp[i][j]=9999;
            for (k=0;k<=j/x[i];k++)
                dp[i][j]=min(dp[i][j],dp[i-1][j-x[i]*k]+k);}
    if (dp[n][sum]>m)
        return 0;
    return 1;}
void DFS(int x[10000],int cur,int max){
    int i,j,next;
    if (cur==n){
        if (max>Max){
            Max=max;
```

```
            for (i=1;i<=cur;i++)
                ans[i]=x[i];}
        return;}
    for (next=x[cur]+1;next<=max+1;next++){
        x[cur+1]=next;
        for (i=max+1;i<=m*x[cur+1];i++)
            if (panduan(x,cur+1,i)==0)         //如果成立
                break;
        if (i>max+1)                           //如果至少让最大值更新了一次
            DFS(x,cur+1,i-1);}}
int main(){
    int i,j,max,cur;
    int x[1000];                               //存储当前的邮票值的解
    scanf("%d%d",&n,&m);
    Max=0;
    max=m;
    cur=1;
    x[cur]=1;
    DFS(x,cur,max);                            //x 存储当前的解
    printf("%d\n",Max);
    for (i=1;i<=n;i++)
        printf("%d ",ans[i]);
    return 0;}
```

运行结果如图 4-18 所示，输入 n 和 m，输出最大邮资。

图 4-18　运行结果

4.2.10　圆排列问题

例 4-10　给定 n 个大小不等的圆 c1,c2,…,cn，现要将这 n 个圆排进一个矩形框中，且要求各圆与矩形框的底边相切。圆排列问题要求从 n 个圆的所有排列中找出有最小长度的圆排列。例如，当 n=5 且所给的 5 个圆的半径分别为 9，3，2，7，1 时，这 5 个圆的最小长度的圆排列为 3，9，2，7，1，如图 4-19 所示。程序用 C++编写。

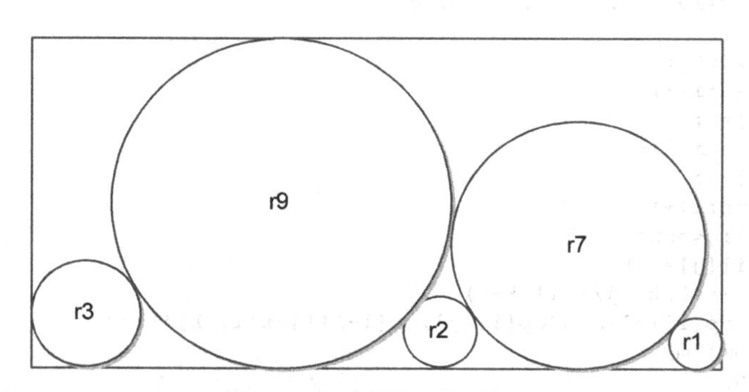

图 4-19　5 个圆的圆排列问题

算法分析：

圆排列问题的解空间是一棵排列树，利用回溯法来遍历圆排列问题的每一种解的排列，设 r=[r1,r2,…,rn]是 n 个圆的半径，则相应的解的排列树由 r[1:n]的所有排列组成。

假设用数组 x 存储当前圆排列的圆心横坐标，数组 best_r 存储最优圆排列；初始时，r 是输入的 n 个圆的半径，计算结束后将 r 更新为最优解的圆排列；center 计算圆在当前圆排列中的横坐标；根据勾股定理，由 $x=\sqrt{(r_1+r_2)^2-(r_1-r_2)^2}$ 推导出 $x=2\times\sqrt{r_1\times r_2}$。compute 计算当前圆排列的长度，minlen 记录当前最小圆排列长度。在递归算法 backtrack 中，当 i>n 时，算法搜索至叶子节点，得到新的圆排列方案。此时，算法调用 compute 计算当前圆排列的长度，适时更新当前最优值。当 i<n 时，当前扩展节点位于排列树的 i-1 层。此时，算法选择下一个要排列的圆，并计算相应的下界函数。

代码如下：

```
#include<iostream>
#include<cmath>
#include<algorithm>
using namespace std;
#define MAXLEN 1000
double r[MAXLEN];                //存放圆排列的半径
double x[MAXLEN];                //存放圆排列的圆心横坐标
double best_r[MAXLEN];           //用来记录结果
int N;                           //输入圆的个数
double minlen=1000;
void compute(){
    //找到了一个排列且此半径排列存放在数组 r 中
    double low=0,high=0;
    for(int i=1;i<=N;i++){ //算出每一个圆的左边界和右边界
        if(x[i]-r[i] < low) low = x[i]-r[i];
        if(x[i]+r[i] > high) high = x[i]+r[i]; }
    if(high-low<minlen){
        minlen=high-low;                //更新最小长度
    for(int i=1;i<=N;i++) best_r[i]=r[i];}}
double center(int t){            //计算圆心坐标
    double x_max=0;
    for(int j=1;j<t;j++){  //t=1 时，第一个圆不计算横坐标，记为 0
        double x_value=x[j]+2.0*sqrt(r[t]*r[j]);
        if(x_value>x_max) x_max=x_value;}
    return x_max;}
void backtrack(int index){
    if(index==N+1){              //已经找到了一个排列
        compute();}
    else{
        for(int j=index;j<=N;j++){//index 之前的已经排列好 index 位置依次与后面的交换
            swap(r[index],r[j]);
            double center_x=center(index);              //计算当前第 t 个位置的横坐标
                if(center_x+r[index]+r[1]<minlen){      //如果已经大于维护的最小值则不必搜索
                    x[index]=center_x;                  //存入表示坐标的数组 x 中
                    backtrack(index+1);                 //递归选择 index+1 位置
                }
            swap(r[index],r[j]);}}}
int main(){
    cin>>N;                                             //一共 N 个圆
for(int i=1;i<=N;i++){
        cin>>r[i];}
    backtrack(1);
    cout<<minlen<<endl;                                 //输出结果
    for(int i=1;i<=N;i++) cout<<best_r[i]<<" ";
    return 0;}
```

运行结果如图 4-20 所示。

图 4-20 运行结果

4.2.11 桥本分数式

例 4-11 日本数学家桥本吉彦教授于 1993 年 10 月在我国山东举行的中日美三国数学教育研讨会上向与会者提出了一个填数趣题——把 1，2，…，9 这 9 个数字填入下式的 9 个方格中（数字不得重复），使该分数等式成立：

□/□□ + □/□□ = □/□□

桥本教授当即给出了一个解，并问这一填数趣题的解是否唯一？如果不唯一，究竟有多少个解？试求出所有解（等式左边两个分数交换次序只算一个解）。

算法分析：

采用回溯法逐步调整探求，设置数组 a，式中每一方格位置用一个数组元素来表示：

a[1]/a[2]a[3] + a[4]/a[5]a[6] = a[7]/a[8]a[9]

为避免解的重复，设 a[1]< a[4]，同时记式中的 3 个分母分别为：

m1 = a[2]a[3] = a[2]×10+a[3]
m2 = a[5]a[6] = a[5]×10+a[6]
m3 = a[8]a[9] = a[8]×10+a[9]

所求分数等式等价于整数等式 a[1]×m2×m3 + a[4]×m1×m3 = a[7]×m1×m2，这一转化可以把分数测试转化为整数测试。

为判断数字是否重复，设置中间变量 g，先赋值 g=1；若出现某两个数字相同的情况（即 a[i]=a[k]）或 a[1]>a[4]，则赋值 g=0（重复标记）；先从 a[1]=1 开始，逐步为 a[i]（1≤i≤9）赋值，每一个 a[i] 赋值从 1 开始递增至 9，直至为 a[9]赋值，进行以下判断：

若 i=9，g=1，a[1]×m2×m3 + a[4]×m1×m3 = a[7]×m1×m2 同时满足，则为一组解，用 n 统计解的个数后输出这组解；

若 i<9 且 g=1，表明还不到 9 个数字，则下一个 a[i]从 1 开始赋值继续；

若 a[9]=9，则返回前面一个数组元素 a[8]，增 1 赋值（此时，a[9]又从 1 开始）再试；

若 a[8]=9，则返回前一个数组元素 a[7]，增 1 赋值再试。以此类推，直到 a[1]=9 时，已无法返回，意味着已全部试毕，求解结束。

代码如下：

```
#include<stdio.h>
int main(){
   int g,i,k,s,a[10];
   long m1,m2,m3;
   printf("桥本分数式有:\n");
   i=1;
   a[1]=1;
   s=0;
   while(1){
      g=1;
```

```
        for(k=i-1;k>=1;k--)
           if(a[i]==a[k]){
              g=0;                                    //两数相同，标记 g=0
              break;}
     if(i==9 && g==1 && a[1]<a[4]){
           m1=a[2]*10+a[3];
           m2=a[5]*10+a[6];
           m3=a[8]*10+a[9];
           if(a[1]*m2*m3+a[4]*m1*m2==a[7]*m1*m2){
              s++;
              printf("(%2d)",s);
              printf("%d/%d+%d/",a[1],m1,a[4]);
              printf("%ld=%d/%ld  ",m2,a[7],m3);
              if(s%2==0)
                 printf("\n");}}
  if(i<9 && g==1){
     i++;
     a[i]=1;
     continue;}
     while(a[i]==9 &&i>1)
     i--;                                             //往前回溯
     if(a[i]==9 &&i==1)
        break;
     else
        a[i]++;}
  printf("共以上%d 个解\n",s);}
```

运行结果如图 4-21 所示。

```
(131)4/36+7/25=9/18   (132)4/36+7/52=9/18
(133)4/38+5/26=7/19   (134)4/38+5/62=7/19
(135)4/52+6/89=7/13   (136)4/52+6/98=7/13
(137)4/52+7/69=8/13   (138)4/52+7/96=8/13
(139)4/52+8/67=9/13   (140)4/52+8/76=9/13
(141)4/56+7/13=9/28   (142)4/56+7/31=9/28
(143)4/62+5/89=7/31   (144)4/62+5/98=7/31
(145)4/62+7/58=9/31   (146)4/62+7/85=9/31
(147)4/72+5/39=6/18   (148)4/72+5/93=6/18
(149)4/96+5/13=8/72   (150)4/96+5/31=8/72
(151)6/54+7/23=9/18   (152)6/54+7/32=9/18
共以上152个解
请按任意键继续. . .
```

图 4-21 运行结果

4.2.12 素数环

例 4-12 把从 1 到 n 的正整数排成一个环，使环中任何相邻的两个数之和都为素数，从 1 开始在一行输出一个符合条件的素数环，按字典序输出所有符合条件的素数环。

算法分析：

假设这个素数环有 n 个位置，每个位置可以填写一次，并且相邻为 1~n，共 n 种可能，可以对每个位置从 1 开始进行试探，约束条件是正在试探的数满足如下条件：

（1）与已经填写到素数环中的整数不重复；

（2）与前面相邻的整数之和是一个素数；

（3）最后一个填写到素数环中的整数与第一个填写的整数之和是一个素数。

在填写第 k 个位置时，如果满足上述约束条件，则继续填写第 k+1 个位置；如果 1~n 都无法填写到第 k 个位置，则取消第 k 个位置的填写，回溯到第 k−1 个位置。

例如，当 n=4 时，素数环如图 4-22 所示。

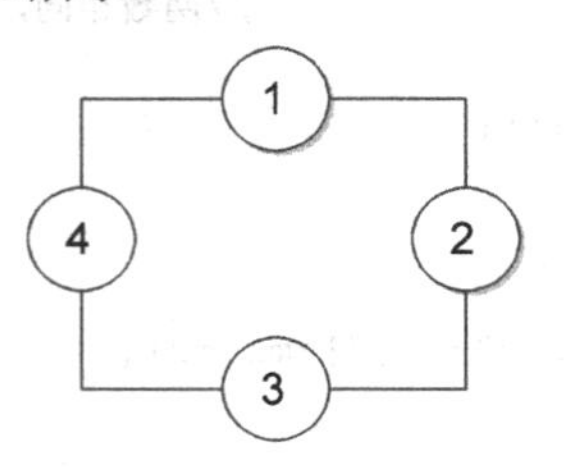

图 4-22　n=4 时的素数环

代码如下：

```
#include<stdio.h>
#include<stdlib.h>
#include<string.h>
int book[25];
int result[25];
int n;
int num;
int prime(int n){                                    //判断素数
    if(n<=1)return 0;
    int i;
    for(i=2;i*i<=n;i++) {
        if(n%i==0)break;}
    if(i*i>n)return 1;
    return 0;}
int check(int i,int step){                           //判断此时这个数是否符合条件
    if(book[i]==0 && prime(i+result[step-1])==1){
        if(step==n-1){
            if(!prime(i+result[0]))return 0;}
        return 1;}
    return 0;}
void dfs(int step){                                  //深度优先搜索
    if(step==n){
        int j;
        printf("%d",result[0]);
        for(j=1;j<n;j++){
            printf("%d",result[j]);}
        printf("\n");
    return ;}
int i;
for(i=2;i<=n;i++){
    if(check(i,step)){                               //判断此时 step 位置的这个数是否合理
        result[step]=i;                              //将合理的数存入数组
        book[i]=1;                                   //标记
        dfs(step+1);                                 //继续搜寻下一个位置
        book[i]=0;                                   //回溯，清零
        }}}
int main(){
    while(scanf("%d",&n)!=EOF){
        num++;
        memset(result,0,sizeof(result));             //数组置 0
        memset(book,0,sizeof(book));
        result[0]=1;                                 //第一个数为 1
        printf("Case:%d\n",num);
        dfs(1);//从第一个数开始
    printf("\n");}
    return 0;}
```

运行结果如图 4-23 所示。

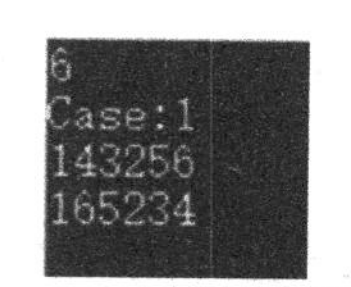

图 4-23　运行结果

4.2.13　神奇古尺

例 4-13　有一个年代尚无考究的古尺长 29 寸，因磨损日久尺上的刻度只剩下 7 条，其余刻度均已不复存在。神奇的是，使用该尺仍可一次性度量 1~29 之间的任意整数寸长度。试设计程序，确定古尺上 7 条刻度的位置分布。

算法分析：

要使长为 29 寸的直尺一次性度量 1~29 之间的任意整数长（简称完全度量），少于 7 条刻度是不行的；事实上，假如只有 6 条刻度，连同尺的两条端线共 8 条，8 取 2 的组合数为 28，即 6 条刻度的直尺最多只有 28 种度量长度，显然小于 29；为了寻求实现直尺完全度量的 7 条刻度的分布位置，设置数组 a[8]和 b[36]，尺左端为 a[0]=0，a[i]（i=2，…，7）在 2～s−1 之间取不重复的数，不妨设：

$$2\leqslant a[2]< a[3]<\cdots< a[7]\leqslant s-1$$

设置 a[2]，a[3]，…，a[7]循环：从 a[2] 取 2 开始，以后 a[i]从 a[i−1]+1 开始递增 1 取值，直至 s−[8−i]为止，这样可以避免重复取值；当 i=7 时，7 条刻度连同尺的两条端线共 9 条，组合数为 36，36 种长度赋给 b 数组的元素 b[1]，b[2]，b[3]，…，b[36]。

为判定某种刻度分布位置能否实现完全度量，设置特征量 u。对于 1≤d≤s 的每一个长度 d，如果在 b[1]～b[36]之间存在某一元素等于 d，特征量 u 值增 1，最后，若 u=29，说明从 1 至 29 的每一个整数 d 都有一个 b[i]相对应，即实现完全度量，打印直尺的段长序列。

代码如下：

```
#include<stdio.h>
int main(){
int c,d,j,k,s,t,u,a[9],b[37];
printf("7 刻度分 29 尺长为 8 段，段长序列为:\n");
s=29;a[0]=0;a[1]=1;a[8]=s;c=0;
for(a[2]=2;a[2]<=s-6;a[2]++)
    for(a[3]=a[2]+1;a[3]<=s-5;a[3]++)
        for(a[4]=a[3]+1;a[4]<=s-4;a[4]++)
            for(a[5]=a[4]+1;a[5]<=s-3;a[5]++)
                for(a[6]=a[5]+1;a[6]<=s-2;a[6]++)
                    for(a[7]=a[6]+1;a[7]<=s-1;a[7]++){
                        for(t=0,k=0;k<=7;k++)
                            for(j=k+1;j<=8;j++){
                                t++;     /*序列部分和赋值给 b 数组*/
                                b[t]=a[j]-a[k];}
                        for(u=0,d=1;d<=s;d++)
                            for(k=1;k<=36;k++)
                                if(b[k]==d){
                                    u+=1;
                                    k=36;}
                        if(u==s){
                            if((a[7]!=s-1) || (a[7]==s-1) && (a[2]<=s-a[6])){
                                c++;
                                printf("NO%d:",c);  /*输出解的段长序列*/
                                for(k=1;k<=7;k++)
```

```
        printf("%2d,",a[k]-a[k-1]);
    printf("%2d \n",s-a[7]);}}}
    if(c>0)printf("共有以上%d 个解\n",c);}
```

运行结果如图 4-24 所示。

```
7刻度分29尺长为8段，段长序列为：
NO1: 1, 1,12, 4, 3, 3, 3, 2
NO2: 1, 2, 3, 7, 7, 4, 4, 1
NO3: 1, 3, 6, 6, 6, 2, 3, 2
共有以上3个解
请按任意键继续. . .
```

图 4-24 运行结果

4.3 回溯设计的优化

回溯法按深度优先策略搜索问题的解空间树。首先从根节点出发搜索解空间树，当算法搜索至解空间树的某一节点时，先利用剪枝函数判断该节点是否可行（即是否能得到问题的解）。如果不可行，则跳过对以该节点为根的子树的搜索，逐层向其祖先节点回溯；否则，进入该子树，继续按深度优先策略搜索。

回溯法的基本行为是搜索，搜索过程使用剪枝函数是为了避免无效的搜索。剪枝函数包括两类：

（1）使用约束函数，剪去不满足约束条件的路径。

（2）使用限界函数，剪去不能得到最优解的路径。

1. 在一棵搜索树中减去一些分支，不进行搜索，就叫作剪枝。

在排列问题中，n=4，k=2 时的递归树如图 4-25 所示，在这棵树中，明显存在着一个地方是没有必要去走的，就是最后取 n=4 的地方。在[1,2,3,4]中取两个数，我们根本就没有必要尝试取 4，这是因为尝试取 4 之后，无法再取任意一个数了。在现在的算法中，还是尝试了取 4，取完 4 后，发现第 2 个数字取不了了，所以只好再返回去。这一部分完全可以剪掉，换句话说，只需要尝试取 1、取 2、取 3 就好了。在这个图中，看起来好像只优化了一步，因为当前的数据量比较小，尤其是 k 的值比较小，只需要取两个数。k 的值其实就是整棵树的深度，如果初始化的时候 n 比较大，数组中的数比较多，k 又比较大的话，这棵树会非常庞大。按照现在的算法，就会尝试非常多不需要的可能性，将这些可能性去掉，将会大大地提高算法的效率。

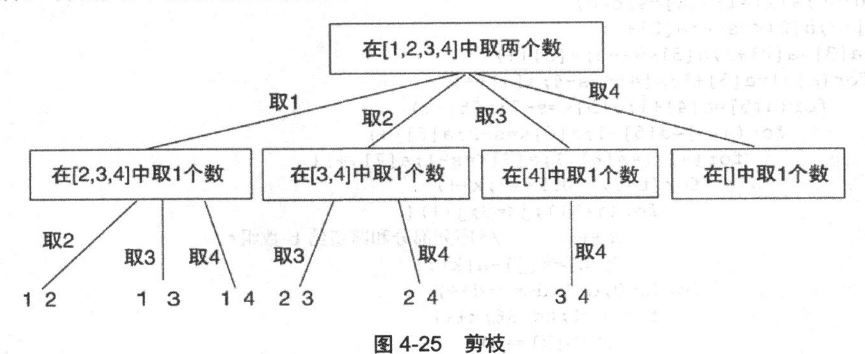

图 4-25 剪枝

要剪枝的部分其实在 for 循环中，在 for 循环中，从 i=start 开始，一直遍历到 i=n。但是遍历到 i=n 后，在进行下一步的时候，还需要继续取数，在下一步的时候，就已经没得可取了，所以，在每一步的时候，其实不需要遍历到 i=n 的地方。

首先，当进入到这个递归函数的时候，c 集合中就已经存放着当前这个组合中已经找到的元素了。

这个组合中，一共要有 k 个元素，当前相应的还有 k−c.size()个空位。换句话说，应该从 n 到 start 个数据中寻找元素来填补这些空位。在 for 循环中，一旦选定了一个 i，相当于[i,n]这个区间至少要有 k−c.size()个元素。此时，这个问题就变成了：i 取多少，[i,n]这个区间中会有 k−c.size()个元素呢？i 最多为 n−(k−c.size())+1，n−(k−c.size())+1 是小于等于 n 的，换句话说，每次在递归调用的时候，这个 for 循环遍历的次数变少了，达到了剪枝的目的，进而达到了优化性能的目的。

2. 优化输出，使输出更直观。

例如，对于八皇后问题，我们可以将其输出变得更直观。将 4.2.1 节代码中的“0”改为“□”，“#”改为“■”。

```
void print(){
    int line;
    for ( line = 0; line < 8; line++){
        int list;
        for (list = 0; list <Queenes[line]; list++)
printf("□");
printf("■");
        for (list = Queenes[line] + 1; list < 8; list++){
printf("□");}
printf("\n");}
printf("================\n");}
```

运行结果如图 4-26 所示。

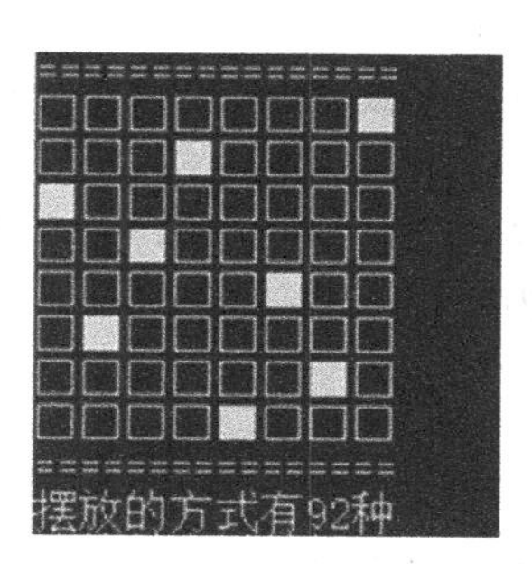

图 4-26　运行结果

习题

1. 袋鼠跳河问题：一只袋鼠要从河这边跳到河对岸，河很宽。但是河中间打了很多桩子，每隔一米就有一个，每个桩子上都有一个弹簧，袋鼠跳到弹簧上就可以跳得更远。每个弹簧力量不同，用一个数字代表它的力量，如果弹簧力量为 5，就代表袋鼠下一跳最多能够跳 5 米；如果为 0，就会陷进去无法继续跳跃。河一共 N 米宽，袋鼠的初始位置在第一个弹簧上面，跳到最后一个弹簧之后就算过河了，设计一个算法解决此问题。
2. 集合划分问题：给定一个图 G，图 G 中任意两点的距离已知，请你把图 G 的所有点分成两个子集，要求两个子集之间的所有点的距离和最大。（对于图 G 中的每一个点，我们可以设一个数组，用 0 和 1 表示属于哪个子集。）
3. 布线问题：在 M×N 的方格阵列中，指定一个起点 a、一个终点 b，要求找到起点到终点的最短布线方案（最短路径）。
4. 已知一个数组保存了 N 个火柴棍，问是否可以使用这 N 个火柴棍摆成一个正方形？回溯法如何设计？如何设计递归函数？递归的回溯搜索何时返回真，何时返回假？普通的回溯搜索是否可以解决该问题？如何对深度搜索进行优化？

第 5 章
分支限界法

5.1 分支限界法概述

分支限界法（Branch and Bound Method）常以广度优先或最小耗费（最大效益）优先的方式搜索问题的解空间树。

在分支限界法中，每一个活节点只有一次机会成为扩展节点。活节点一旦成为扩展节点，就一次性产生其所有子节点。在这些子节点中，导致不可行解或导致非最优解的子节点被舍弃，其余子节点被加入活节点表中。

此后，从活节点表中取下一节点成为当前扩展节点，并重复上述节点扩展过程。这个过程一直持续到找到所需的解或活节点表为空时为止。

5.1.1 分支限界法的基本思想

分支限界法按广度优先或最小耗费（最大效益）优先策略搜索问题的解空间树，在搜索过程中，根据限界函数对待处理的节点估算目标函数的可能取值，从中选取使目标函数取得极值（极大或极小）的节点进行广度优先搜索，从而不断调整搜索方向，尽快找到问题的解。分支限界法适合求解最优化问题。

分支限界法首先要确定一个合理的限界函数（Bound Funciton），并根据限界函数确定目标函数的界[down,up]，然后按照广度优先或最小耗费（最大效益）优先策略搜索问题的解空间树，在分枝节点上依次扩展该节点的子节点，分别估算子节点的目标函数可能值，如果某子节点的目标函数可能超出目标函数的界，则将其丢弃；否则将其加入待处理节点表（简称 PT 表），依次从 PT 表中选取使目标函数取得极值的节点成为当前扩展节点，重复上述过程，直到得到最优解。

5.1.2 分支限界法的实施步骤和算法描述

分支限界法的实施步骤如下。

1．根据限界函数确定目标函数的界[down,up]。

2．将 PT 表初始化为空。

3．对根节点的每个子节点 x 执行下列操作

（1）估算节点 x 的目标函数值 value。

（2）若 value≥down，则将节点 x 加入 PT 表中。

4．循环到某个叶子节点的目标函数值在 PT 表中最大或最小。

（1）i=PT 表中值最大或最小的节点。

（2）对节点 i 的每个子节点 x 执行下列操作：

1）估算节点 x 的目标函数值 value。

2）若 value≥down，则将节点 x 加入 PT 表中。

3）若节点 x 是叶子节点且节点 x 的 value 值在 PT 表中最大或最小，则将节点 x 对应的解输出，算法结束。

4）若节点 x 是叶子节点但节点 x 的 value 值在 PT 表中不是最大或最小，则令 down=value，并且将 PT 表中所有小于 value 的节点删除。

常见的分支限界法有以下两种（由从 PT 表中选择下一扩展节点的不同方式导致）。

1. 队列式（FIFO）分支限界法

从左往右依次插入节点到队尾，按照队列先进先出（FIFO）原则选取下一个节点为扩展节点。

2. 优先队列式分支限界法

按照优先队列中规定的优先级选取优先级最高的节点成为当前扩展节点。

最大优先队列：使用最大堆，体现最大效益优先。

最小优先队列：使用最小堆，体现最小费用优先。

应用分支限界法应注意的关键问题如下。

1．如何确定最优解中的各个分量

（1）对每个扩展节点保存根节点到该节点的路径。

（2）在搜索的过程中构建搜索经过的树结构，在求得最优解时，从叶子节点不断回溯到根节点，以确定最优解中的各个分量。

2．分支限界法与回溯法的区别

（1）求解目标不同

回溯法：找出满足约束条件的所有解。

分支限界法：找出满足条件的一个解或某种意义下的最优解。

（2）搜索方式不同

回溯法：深度优先。

分支限界法：广度优先或最小耗费优先。

在分支限界法中，每一个活节点只有一次机会成为扩展节点。

5.2 分支限界法的应用

5.2.1 迷宫问题

例 5-1 以一个 m×n 的长方阵表示迷宫，0 和 1 分别表示迷宫中的通路和障碍。设计一个程序，对任意设定的迷宫，求出一条从入口到出口的通路，或得出没有通路的结论。

算法分析：

迷宫问题是一个经典的问题。迷宫大致可分为 3 种，简单迷宫、不带环多通路迷宫、带环多通路迷宫，其中带环多通路迷宫是最复杂的。

从入口出发，顺某一方向向前探索，若能走通，则继续往前走；否则沿原路退回，换一个方向再继续探索，直至所有可能的通路都探索到为止。为了保证在任何位置上都能沿原路退回，需要用一个后进先出的结构来保存从入口到当前位置的路径。因此，在求迷宫通路的算法中要应用“栈”的思想，假设当前位置指的是在搜索过程中的某一时刻所在图中的某个方块位置，则求迷宫中一条路径的算法的基本思想是：若当前位置“可通”，则放入“当前路径”，并继续朝“下一位置”探索，即切换“下一位置”为“当前位置”，如此重复直至到达出口；若当前位置“不可通”，则应顺着“来向”退回到“前一通道块”，然后朝着除“来向”之外的其他方向继续探索；若该通道块的四周 4 个方块均“不可通”，则应从“当前路径”上删除该通道块。所谓“下一位置”，指的是当前位置四周 4 个方向（东、南、西、北）上相邻的方块。假设以栈 S 记录“当前路径”，则栈顶存放的是当前路径上最后一个通道块。由此，“放入路径”的操作即为“当前位置入栈”，“从当前路径上删除前一通道块”的操作即为“出栈”。

代码如下：

```
#include <stdio.h>
#include <conio.h>
#include <windows.h>
#include <time.h>
#define Height 25                                    //迷宫的高度，必须为奇数
#define Width 25                                     //迷宫的宽度，必须为奇数
#define Wall 1
#define Road 0
#define Start 2
#define End 3
#define Esc 5
#define Up 1
#define Down 2
#define Left 3
#define Right 4
int map[Height+2][Width+2];
void gotoxy(int x,int y){
    COORD coord;
    coord.X=x;
    coord.Y=y;
    SetConsoleCursorPosition( GetStdHandle( STD_OUTPUT_HANDLE ), coord );}
void hidden(){
    HANDLE hOut = GetStdHandle(STD_OUTPUT_HANDLE);
    CONSOLE_CURSOR_INFO cci;
    GetConsoleCursorInfo(hOut,&cci);
    cci.bVisible=0;                                  //赋 1 为显示，赋 0 为隐藏
    SetConsoleCursorInfo(hOut,&cci);}
void create(int x,int y){
    int c[4][2]={0,1,1,0,0,-1,-1,0};                //四个方向
    int i,j,t;
    for(i=0;i<4;i++){
        j=rand()%4;
        t=c[i][0];c[i][0]=c[j][0];c[j][0]=t;
        t=c[i][1];c[i][1]=c[j][1];c[j][1]=t;}
    map[x][y]=Road;
    for(i=0;i<4;i++)
        if(map[x+2*c[i][0]][y+2*c[i][1]]==Wall){
            map[x+c[i][0]][y+c[i][1]]=Road;
            create(x+2*c[i][0],y+2*c[i][1]);}}
int get_key(){
    char c;
    while(c=getch()){
        if(c==27)  return Esc;
        if(c!=-32)  continue;
        c=getch();
        if(c==72)  return Up;                        //上
        if(c==80)  return Down;                      //下
```

```
        if(c==75)  return Left;                      //左
        if(c==77)  return Right;                     //右}
    return 0;}
  void paint(int x,int y){
    gotoxy(2*y-2,x-1);
    switch(map[x][y]){
        case Start: printf("入");break;              //画入口
        case End: printf("出");break;                //画出口
        case Wall: printf("■");break;                //画墙
        case Road: printf(" ");break; }}
  void game(){
    int x=2,y=1;                                     //玩家当前位置，刚开始在入口处
    int c;                                           //用来接收按键
    while(1){
        gotoxy(2*y-2,x-1);
        printf("◎");                                 //画出玩家当前位置
        if(map[x][y]==End){
            gotoxy(30,24);
            printf("到达终点，按任意键结束");
            getch();
            break;}
    c=get_key();
    if(c==Esc){
        gotoxy(0,24);
        break;}
    switch(c){
        case Up: //向上走
            if(map[x-1][y]!=Wall){
                paint(x,y);
                x--;}
            break;
        case Down: //向下走
            if(map[x+1][y]!=Wall){
                paint(x,y);
                x++;}
            break;
            case Left: //向左走
            if(map[x][y-1]!=Wall){
                paint(x,y);
                y--;}
            break;
        case Right: //向右走
            if(map[x][y+1]!=Wall){
                paint(x,y);
                y++;}
            break;}}}
  int main(){
    system("title 迷宫");
    int i,j;
    srand((unsigned)time(NULL));                                  //初始化随即种子
    hidden();                                                     //隐藏光标
    for(i=0;i<=Height+1;i++)
        for(j=0;j<=Width+1;j++)
            if(i==0||i==Height+1||j==0||j==Width+1)               //初始化迷宫
                map[i][j]=Road;
            else map[i][j]=Wall;
                create(2*(rand()%(Height/2)+1),2*(rand()%(Width/2)+1)); //从一个随机点开始
                                                                  //生成迷宫，该点行列都为偶数
        for(i=0;i<=Height+1;i++){
            map[i][0]=Wall;
            map[i][Width+1]=Wall;}
        for(j=0;j<=Width+1;j++){
```

```
        map[0][j]=Wall;
        map[Height+1][j]=Wall;}
    map[2][1]=Start;                             //给定入口
    map[Height-1][Width]=End;                    //给定出口
    for(i=1;i<=Height;i++)
    for(j=1;j<=Width;j++)                        //画出迷宫
    paint(i,j);
    game();                                      //开始游戏
    getch();
return 0;}
```

运行结果如图 5-1 所示。

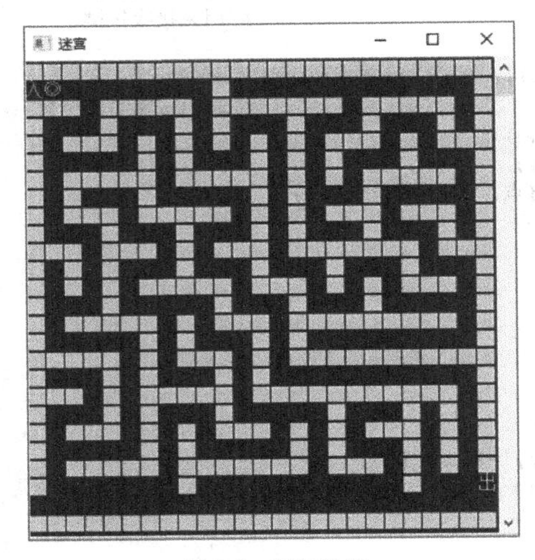

图 5-1　运行结果

5.2.2　六数码问题

例 5-2　现有一串由字母 A，B，C，D，E，F 随机排列组成的串，需判断该串在经过有限次 α 变换和 β 变换后能否转换成串 ABCDEF。

α 变换如图 5-2 所示，β 变换如图 5-3 所示。

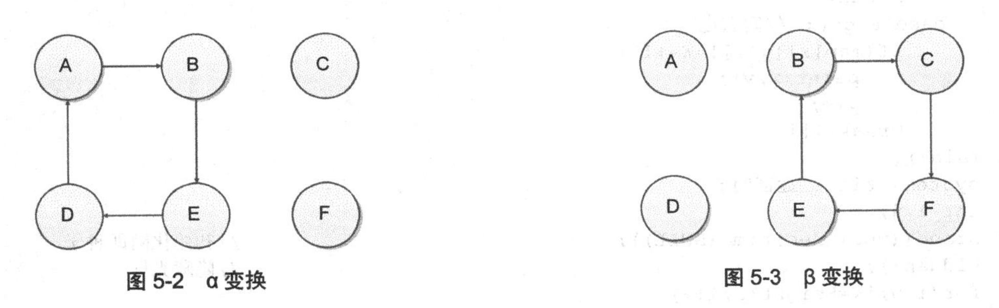

图 5-2　α 变换　　图 5-3　β 变换

算法分析：

6 个字母总的排列组合状态数为 6! = 720 种，这些状态可以构成一个有向图，故可采用图的遍历算法来求解此问题。本程序采用的是有向图的广度优先遍历算法，关键点在于对状态访问的记录以及对新状态的判定。

代码如下：

```
#include <stdio.h>
#include <stdlib.h>
```

```
#include <math.h>
#define MAXSIZE 1000
int visited[700000] = { 0 };          // 定义一个全局访问数组，记录每个状态
typedef struct node{                  // 定义一个节点类型
    int data[6];
    int state_flag;
    int res;
    struct node * pnext;
} Node;
typedef struct{                       // 定义一个队列类型
    Node * state[MAXSIZE];            // 指针数组用于存放各节点指针
    int head;
    int tail;
} Queue;
void state_to_flag(Node * p);
void search_result(Node * p);
void in_queue(Queue * q, Node * p);
void out_queue(Queue * q, Node ** pcur);
void state_transform(Node * pcur, int i, Node * pnew);
void alpha_transform(Node * pcur, Node * pnew);
void beta_transform(Node * pcur, Node * pnew);
void list_tail_insert(Node ** pphead, Node ** pptail, Node * p);
void list_print(Node * phead);
int main(){
    Node * phead = NULL, * ptail = NULL;
    int n, i;
    scanf("%d",&n);
    for(i=0;i<n;i++){
        Node * p = (Node *)calloc(1, sizeof(Node));
        scanf("%d%d%d%d%d%d",  &p->data[5],  &p->data[4],  &p->data[3],  &p->data[2],
&p->data[1], &p->data[0]);
        state_to_flag(p);
        search_result(p);
        list_tail_insert(&phead, &ptail, p);}
    list_print(phead);
    return 0;}
void state_to_flag(Node * p){
    int i, sum = 0;
    for(i = 5; i >= 0; i--){
        sum += p->data[i] * pow(10, i);}
    p->state_flag = sum;
    return;}
void search_result(Node * p){                               // 基于状态的广度优先遍历算法
    Queue * q = (Queue *)calloc(1, sizeof(Queue));          // 申请一个环形队列，并初始化
    q->head = 0;
    q->tail = 0;
    Node * pcur;
    Node * pnew = (Node *)calloc(1, sizeof(Node));
    int i;
    in_queue(q, p);
    visited[p->state_flag] = 1;
    while(q->tail != q->head){ // 当队列非空时
        out_queue(q, &pcur);
        for(i = 0; i < 2; i++){
            state_transform(pcur, i, pnew);
            if(pnew->state_flag == 123456){
                p->res = 1; // 转换成功;
                return;}
            if(visited[pnew->state_flag] == 0){             // 若转换后为新的状态
                in_queue(q, pnew);
                visited[pnew->state_flag] = 1;}}}
    p->res = 0;
```

```
    free(q); q = NULL;
    free(pcur); pcur = NULL;
    free(pnew); pnew = NULL;
    return;}
void in_queue(Queue * q, Node * p){
    if((q->tail + 1) % MAXSIZE == q->head){
        printf("The queue is full!\n");
    }else{
        q->tail = (q->tail + 1) % MAXSIZE;
        q->state[q->tail] = p;}
    return;}
void out_queue(Queue * q, Node ** pcur){
    if(q->tail == q->head){
        printf("The queue is empty!\n");
    }else{
        q->head = (q->head + 1) % MAXSIZE;
        * pcur = q->state[q->head];}
    return;}
void state_transform(Node * pcur, int i, Node * pnew){
    switch(i){
    case 0: alpha_transform(pcur, pnew); break;
    case 1: beta_transform(pcur, pnew); break;}
    return;}
void alpha_transform(Node * pcur, Node * pnew){
    int i;
    for(i = 5; i >= 0; i--){
        pnew->data[i] = pcur->data[i];}
    int temp = pnew->data[5];
    pnew->data[5] = pnew->data[2];
    pnew->data[2] = pnew->data[1];
    pnew->data[1] = pnew->data[4];
    pnew->data[4] = temp;
    state_to_flag(pnew);
    return;}
void beta_transform(Node * pcur, Node * pnew){
    int i;
    for(i = 5; i >= 0; i--){
        pnew->data[i] = pcur->data[i];}
    int temp = pnew->data[4];
    pnew->data[4] = pnew->data[1];
    pnew->data[1] = pnew->data[0];
    pnew->data[0] = pnew->data[3];
    pnew->data[3] = temp;
    state_to_flag(pnew);
    return;}
void list_tail_insert(Node ** pphead, Node ** pptail, Node * p){
    if(* pphead == NULL){
        * pphead = p;
        * pptail = p;
    }else{
        (* pptail)->pnext = p;
        * pptail = p;}
    return;}
void list_print(Node * phead){
    while(phead != NULL){
        if(phead->res == 1){
            printf("Yes\n");}
        phead = phead->pnext;}
    return;}
```

运行结果如图 5-4 所示。

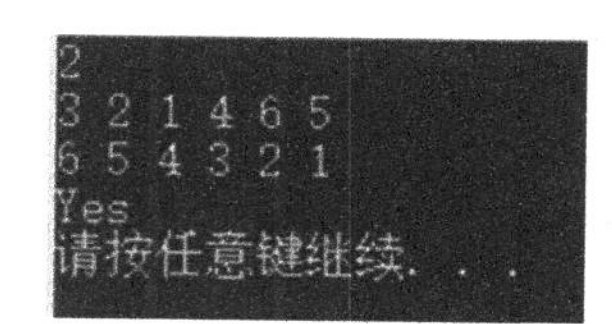

图 5-4　运行结果

5.2.3　旅行商问题

例 5-3　用分支限界法解决旅行商问题（Traveling Salesman Problem，TSP）。旅行商问题是数学领域中的著名问题之一。假设有一个旅行商要拜访 N 个城市，他必须选择所要走的路径，路径的限制是每个城市只能拜访一次，而且最后要回到原来出发的城市，要求路径的总和最小。

算法分析：

（1）按广度优先策略遍历解空间树。

（2）在遍历过程中，对处理的每个节点 vi，根据限界函数，估计沿该节点向下搜索所可能达到的完全解的目标函数的可能取值范围——bound(vi)=[downi, upi]。

（3）从中选择使目标函数取极值（最大、最小）的节点进行广度优先搜索，从而不断调整搜索方向，尽快找到问题解。

代码如下：

```
#include<iostream>
#include<cstring>
#include<cmath>
#include<algorithm>
#include<cstdio>
#include<queue>
#define INF 100000
#define MAX 100
using namespace std;
int result;
int weight[MAX][MAX];
class City{
public:
    City(){}
    int m_iUpWeight;                    //上界
    int m_iDownWeight;                  //下界
    int m_iCount;                       //输入的总城市数量
    int visitedCitys[MAX];              //已走过的城市
};
City city;
class Nodes{
public:
    int visitedCity[MAX];               //已走过的城市
    int numbers;                        //已走过的城市数量
    int endCity;                        //已走过的最后一个城市
    int startCity;                      //已走过的第一个城市
    int sumLength;                      //已走过的长度
    int aimFun;                         //当前节点的目标函数值
    Nodes(){
        for(int i=0;i<MAX;++i){
        visitedCity[i]=0; }
        visitedCity[0]=1;
        numbers=1;
        endCity=0;
        startCity=0;
```

```
        sumLength=0;
        aimFun=0;}
    bool operator <(const Nodes &p )const {
        return aimFun>p.aimFun;}
    int calAimFun(){
        int ret=sumLength*2;
        int min1=INF,min2=INF;
        for(int i=0;i<city.m_iCount;++i){
            if(visitedCity[i]==0 && min1>weight[i][startCity]){
                min1=weight[i][startCity];}}
        for(int i=0;i<city.m_iCount;++i){
            if(visitedCity[i]==0 && min2>weight[endCity][i]){
                min2=weight[endCity][i];}}
        ret+=(min1+min2);
        for(int i=0;i<city.m_iCount;++i){
            if(visitedCity[i]==0){
                min1=INF;
                min2=INF;
                for(int j=0;j<city.m_iCount;++j){
                    if(min1>weight[i][j]){
                        min1=weight[i][j];}}
                for(int j=0;j<city.m_iCount;++j){
                    if(min2>weight[j][i]){
                        min2=weight[j][i];}}
                ret+=(min1+min2);        }}
        return ret%2==0?ret/2:(ret/2+1);}};
//优先队列，比较大小，然后输出最先的值
priority_queue<Nodes> q;
void input(){
    scanf("%d",&city.m_iCount);
    for(int i=0;i<city.m_iCount;++i){
        for(int j=0;j<city.m_iCount;++j){
            if(i==j)
                weight[i][j]=INF;
            else
                cin>>weight[i][j];}}}
//确定下界
int getDownWeight(){
    int downWeight=0;
    int temp[city.m_iCount];
    for(int i=0;i<city.m_iCount;++i){
        memcpy(temp,weight[i],sizeof(temp));
        sort(temp,temp+city.m_iCount);
        downWeight+=(temp[0]+temp[1])/2;}
    return downWeight;}
int dfs(int now_p,int count,int sumLength){
    if(count==city.m_iCount-1){
        return sumLength+weight[now_p][0];}
    int min=INF;
    int next_p=-1;
    for(int i=0;i<city.m_iCount;++i){
        if(city.visitedCitys[i]==0&&min>weight[now_p][i]){
            min=weight[now_p][i];
            next_p=i;}}
    city.visitedCitys[next_p]=1;
    return dfs(next_p,count+1,sumLength+min);}
int getUpWeight(){
    memset(city.visitedCitys,0,sizeof(city.visitedCitys));   //标记已走过的城市
    city.visitedCitys[0]=1;
    return dfs(0,0,0);}
int solve(){
```

```
        city.m_iUpWeight=getUpWeight();
        city.m_iDownWeight=getDownWeight();
        Nodes node;
        node.aimFun=city.m_iDownWeight;
        int ret=INF;
        q.push(node);
        while(!q.empty()){
            Nodes temp=q.top();
            //cout<<"拿出: "<<temp.endCity<<endl;
            q.pop();
            if(temp.numbers==city.m_iCount-1){
                int p=-1;
                for(int i=0;i<city.m_iCount;++i){
                    if(0==temp.visitedCity[i]){
                        p=i;
                        break;}}
           int ans=temp.sumLength+weight[temp.endCity][p]+weight[p][temp.startCity];
                Nodes judge=q.top();
                if(ans<=judge.aimFun){
                    ret=min(ans,ret);
                    break;
                }else{
                    city.m_iUpWeight=min(city.m_iUpWeight,ans);
                    ret=min(ret,ans);
                    continue;     }}
            Nodes next;
            for(int i=0;i<city.m_iCount;++i){
                if(temp.visitedCity[i]==0){
                    next.endCity=i;
                    next.startCity=temp.startCity;
                    next.numbers=temp.numbers+1;
                    next.sumLength=temp.sumLength+weight[temp.endCity][i];
                    for(int k=0;k<city.m_iCount;++k)next.visitedCity[k]=temp.visitedCity[k];
                    next.visitedCity[i]=1;
                    next.aimFun=next.calAimFun();
                    //cout<<next.endCity<<" 的目标函数是 "<<next.aimFun<<endl;
                    if(next.aimFun>=city.m_iUpWeight)continue;
                    q.push(next);
                    //cout<<next.endCity<<" 添加"<<endl;}}}
        return ret;}
    int main(){
        memset(weight,0,sizeof(weight));
        input();
        city.m_iDownWeight=getDownWeight();
        city.m_iUpWeight=getUpWeight();
        //cout<<"city.m_iDownWeight "<<city.m_iDownWeight<< "city.m_iUpWeight"
        //<<city.m_iUpWeight<<endl;
        int ret=solve();
        //cout<<"最优解为: "<<endl;
        cout<<ret<<endl;
        return 0; }
```

运行结果如图 5-5 所示。

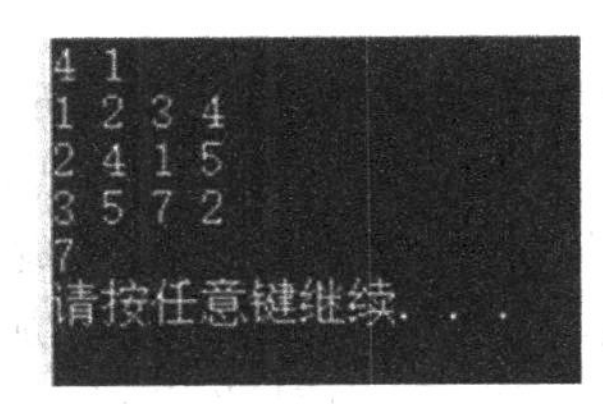

图 5-5　运行结果

5.2.4 背包问题

例 5-4 用分支限界法解决背包问题。设有 n 个物品和一个背包，物品 i 的重量为 w_i，价值为 p_i，背包的载荷为 M，若将物体 i（1≤i≤n）装入背包，则价值为 p_i，找到一个方案，使得能放入背包的物品总价值最高。

设 n=3，W={16,15,15}，P={45,25,25}，M=30（背包容量）（如图 5-6 所示）。

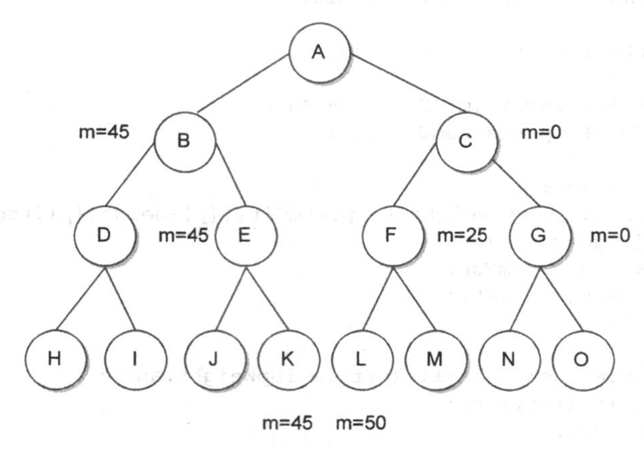

图 5-6 背包问题

算法分析：

1．队列式分支限界法

可以通过画分支限界法状态空间树的搜索图来理解具体思想和流程，每一层按顺序对应一个物品放入背包（1）还是不放入背包（0）。

执行步骤如下：

（1）用一个队列存储活节点表，初始为空。

（2）A 为当前扩展节点，其子节点 B 和 C 均为可行节点，将其按从左到右的顺序加入活节点队列，并舍弃 A。

（3）按 FIFO 原则，下一扩展节点为 B，其子节点 D 不可行，舍弃；E 可行，加入。舍弃 B。

（4）C 为当前扩展节点，子节点 F 和 G 均为可行节点，加入活节点表，舍弃 C。

（5）扩展节点 E 的子节点 J 不可行，舍弃；K 为可行的叶子节点，是问题的一个可行解，价值为 45。

（6）当前活节点队列的队首为 F，子节点 L 和 M 为可行叶子节点，价值为 50 和 25。

（7）G 为最后一个扩展节点，子节点 N、O 均为可行叶子节点，其价值为 25 和 0。

（8）活节点队列为空，算法结束，其最优值为 50。

2．优先队列式分支限界法

方法一：以活节点价值为优先级准则

执行步骤如下：

（1）用一个极大堆表示活节点表的优先队列，其优先级定义为活节点所获得的价值。初始为空。

（2）由 A 开始搜索解空间树，其子节点 B 和 C 为可行节点，加入堆中，舍弃 A。

（3）B 获得价值 45，C 为 0。B 为堆中价值最大元素，并成为下一扩展节点。

（4）B 的子节点 D 是不可行节点，舍弃。E 是可行节点，加入堆中。舍弃 B。

（5）E 的价值为 45，是堆中最大元素，为当前扩展节点。

（6）E 的子节点 J 是不可行叶子节点，舍弃。K 是可行叶子节点，为问题的一个可行解，价值为 45。

（7）继续扩展堆中唯一活节点 C，直至存储活节点的堆为空，算法结束。

（8）算法搜索得到最优值为 50，最优解为从根节点 A 到叶子节点 L 的路径（0,1,1）。

方法二：以限界函数为优先级准则

假设有 4 个物品，其重量分别为(4,7,5,3)，价值分别为(40,42,25,12)，背包容量为 W=10。首先，对物品按单位重量价值从大到小进行排序，如表 5-1 所示。

表 5-1　背包问题

物品	重量	价值	价值/重量
1	4	40	10
2	7	42	6
3	5	25	5
4	3	12	4

应用贪心算法求得近似解为(1,0,0,0)，获得的价值为 40，这可以作为背包问题的下界。

如何求得背包问题的一个合理上界呢？考虑最好情况，背包中装入的全部是第 1 个物品且可以将背包装满，则可以得到一个非常简单的上界的计算方法：

$$b=W\times(v_1/w_1)=10\times10=100$$

于是，得到了目标函数的界[40, 100]。

所以，我们定义限界函数为：

$$ub = v + (W - w) \times (v_{i+1}/w_{i+1})$$

接下来画状态树，如图 5-7 所示。

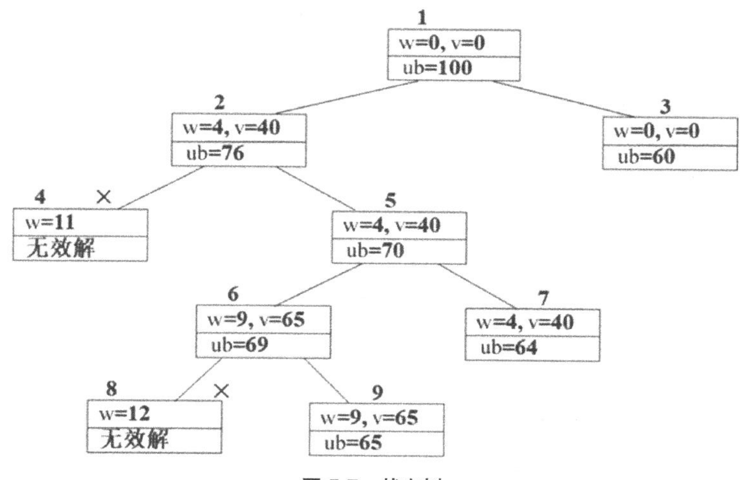

图 5-7　状态树

执行步骤如下：

（1）在根节点 1，没有将任何物品装入背包，因此，背包的重量和获得的价值均为 0，根据限界函数计算节点 1 的目标函数值为 10×10=100。

（2）在节点 2，将物品 1 装入背包，因此，背包的重量为 4，获得的价值为 40，目标函数值为 40 + (10−4)×6=76，将节点 2 加入待处理节点表 PT 中；在节点 3，没有将物品 1 装入背包，因此，背包的重量和获得的价值仍为 0，目标函数值为 10×6＝60，将节点 3 加入表 PT 中。

（3）在表 PT 中选取目标函数值取得极大的节点 2 优先进行搜索。

（4）在节点 4，将物品 2 装入背包，因此，背包的重量为 11，不满足约束条件，将节点 4 丢弃；

在节点 5，没有将物品 2 装入背包，因此，背包的重量和获得的价值与节点 2 相同，目标函数值为 40 + (10–4)×5=70，将节点 5 加入表 PT 中。

（5）在表 PT 中选取目标函数值取得极大的节点 5 优先进行搜索。

（6）在节点 6，将物品 3 装入背包，因此，背包的重量为 9，获得的价值为 65，目标函数值为 65 + (10–9)×4=69，将节点 6 加入表 PT 中；在节点 7，没有将物品 3 装入背包，因此，背包的重量和获得的价值与节点 5 相同，目标函数值为 40 + (10–4)×4＝64，将节点 6 加入表 PT 中。

（7）在表 PT 中选取目标函数值取得极大的节点 6 优先进行搜索。

（8）在节点 8，将物品 4 装入背包，因此，背包的重量为 12，不满足约束条件，将节点 8 丢弃；在节点 9，没有将物品 4 装入背包，因此，背包的重量和获得的价值与节点 6 相同，目标函数值为 65。

（9）由于节点 9 是叶子节点，同时节点 9 的目标函数值是表 PT 中的极大值，所以，节点 9 对应的解即是问题的最优解，搜索结束。

代码如下（用 C++编写）：

```
#include<iostream>
#include<queue>
#include<vector>
#include<string>
#include<algorithm>
using namespace std;
#define ll long long
#define inf 0x3f3f3f3f
const int maxn = 1001;
struct Object {
    int id;
    int w;
    int v;
    double d;                              //单位物品的重量
}a[maxn];
int n, maxw, bestx[maxn], bestv;
bool cmp1(Object a, Object b){
    return a.d>b.d;}
void init() {
    memset(bestx, 0, sizeof(bestx));
    bestv = 0;
    sort(a + 1, a + 1 + n, cmp1);}
struct node{
    double cv, lv;                         //当前价值，价值上界
    int lw;                                //剩余容量
    int id;
int x[maxn];
node() {
    memset(x, 0, sizeof(x));
    lv = 0;}
node(int ccv, int llv, int llw, int iid) {
    memset(x, 0, sizeof(x));
    cv = ccv;
    lv = llv;
    lw = llw;
    id = iid;}};
struct cmp2 {                              //节点优先级，价值上界高的优先级高
    bool operator ()(node a, node b){
        return a.lv < b.lv;}};
double bound(node t) {
    int num = t.id;
    double maxv = t.cv;
    int sheng = t.lw;
    while (num <= n&&sheng >= a[num].w) {
```

```
        sheng -= a[num].w;
        maxv += a[num].v;
        ++num;}
    if (num <= n&&sheng>0) maxv += 1.0*a[num].v / a[num].w*sheng;
        return maxv;}
void bfs() {
    priority_queue<node, vector<node>, cmp2> mq;
    int sumv = 0;
    int i;
    for (i = 1; i <= n; ++i) {
        sumv += a[i].v;}
    mq.push(node(0, sumv, maxw, 1));
    while (!mq.empty()) {
        node live, lchild, rchild;
        live = mq.top(); mq.pop();
        int nd = live.id;                       //当前处理的物品序号
        if (nd > n || live.lw == 0) {
            if (live.cv >= bestv) {
                bestv = live.cv;
                for (int i = 1; i <= n; ++i) {
                    bestx[i] = live.x[i];}}
            continue;}
        if (live.lv < bestv) continue;          //不满足界限条件
        if (live.lw >= a[nd].w) {               //左子树满足约束条件
            node p;
            lchild.cv = live.cv + a[nd].v;
            lchild.lw = live.lw - a[nd].w;
            lchild.id = live.id + 1;
            lchild.lv = bound(lchild);
            for (int i = 1; i <= n; ++i) lchild.x[i] = live.x[i];
            lchild.x[nd] = 1;
            if (lchild.cv > bestv) bestv = lchild.cv;
            mq.push(lchild);}
        rchild.cv = live.cv;
        rchild.lw = live.lw;
        rchild.id = nd + 1;
        rchild.lv = bound(rchild);
        if (bestv <= rchild.lv) {
            for (int i = 1; i <= n; ++i) rchild.x[i] = live.x[i];
            rchild.x[nd] = 0;
            mq.push(rchild);}}}
void print(){
    cout << "选取物品的最大价值为" << bestv << endl;
    cout << "装入的物品为:" << endl;
    for (int i = 1; i <= n; ++i){
        if (bestx[i]) cout << i << " ";}
    cout << endl;}
int main() {
    cout << "请输入节点个数和背包容量:";
    cin >> n >> maxw;
    cout << "请依次输入物品的重量和价值:" << endl;
    for (int i = 1; i <= n; ++i) {
        cin >> a[i].w >> a[i].v;
        a[i].d = a[i].v*1.0 / a[i].w;
        a[i].id = i;}
    init();
    bfs();
    print();
    system("pause");
    return 0;}
```

运行结果如图 5-8 所示。

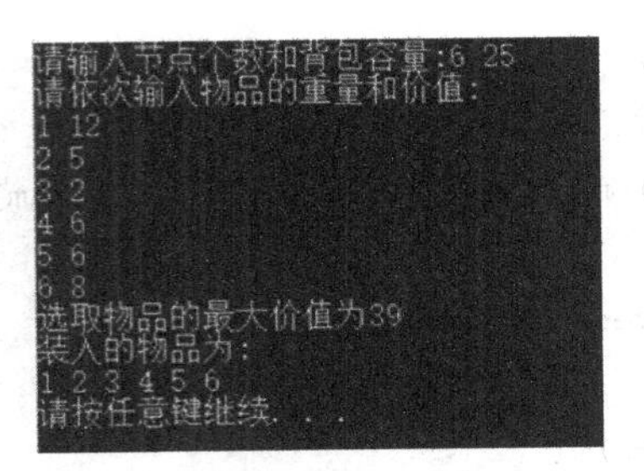

图 5-8 运行结果

5.3 回溯法与分支限界法的比较

回溯法和分支限界法的区别：都是建立解空间树，然后按照一定的约束条件进行遍历，找到解，不同之处在于：

（1）回溯法按照深度优先搜寻建立解空间树；分支限界法按照广度优先搜寻建立解空间树。

（2）回溯法是穷举法的改进，穷举法构造全部解，而回溯法每次只构造可能解的一部分，然后评估这个部分解，如果这个部分解有可能导致一个完整解，则对其进一步构造，否则，就不必继续构造这个部分解了；分支限界法在遍历过程中，对已经处理的每一个节点根据限界函数估算目标函数的可能取值，从中选取使目标函数取得极值（极大或极小）的节点进行广度优先搜索，从而不断调整搜索方向，尽快找到问题的解。

例如，对于 n= 3 的 0-1 背包问题，3 个物品的重量为{20, 15, 10}，价值为{20, 30, 25}，背包容量为 25，从解空间树的根节点开始搜索，回溯法的搜索过程如下：

（1）从节点 1 选择左子树到达节点 2，由于选取了物品 1，故在节点 2 处背包剩余容量是 5，获得的价值为 20。

（2）从节点 2 选择左子树到达节点 3，由于节点 3 需要背包容量为 15，而现在背包仅有容量 5，因此节点 3 导致不可行解，对以节点 3 为根的子树实行剪枝。

（3）从节点 3 回溯到节点 2，从节点 2 选择右子树到达节点 6，节点 6 不需要背包容量，获得的价值仍为 20。

（4）从节点 6 选择左子树到达节点 7，由于节点 7 需要背包容量为 10，而现在背包仅有容量 5，因此节点 7 导致不可行解，对以节点 7 为根的子树实行剪枝。

（5）从节点 7 回溯到节点 6，在节点 6 选择右子树到达节点 8，而节点 8 不需要容量，构成问题的一个可行解(1, 0, 0)，背包获得价值 20。

按此方式继续搜索，即可得到如图 5-9 所示的搜索空间树。

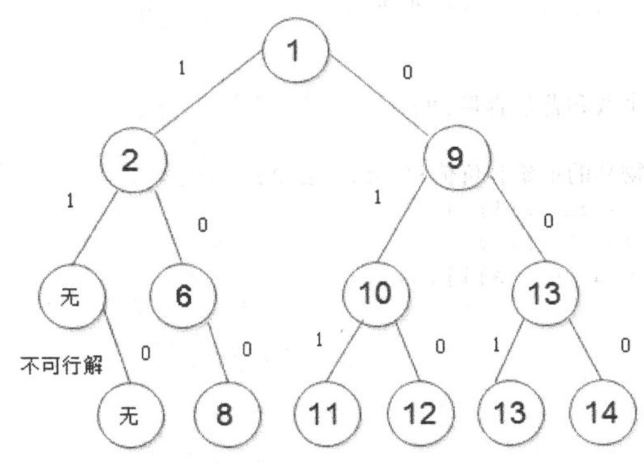

图 5-9 搜索空间树

分支限界法的具体搜索过程如图 5-10 所示。

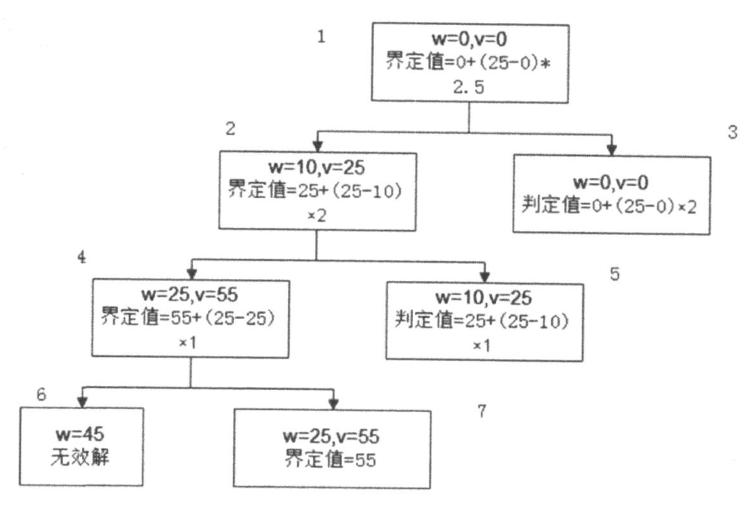

图 5-10　分支限界法的具体搜索过程

假设限界函数为：界定目标值=现有价值+背包剩余容量×剩余物品的最大单位重量价值。

（1）在根节点 1，没有将任何物品装入背包，因此，背包的重量和获得的价值均为 0，根据限界函数计算节点 1 的目标函数值为 0+(25−0)×2.5。

（2）在节点 2，将物品 1 装入背包，因此背包的重量为 10，获得的价值为 25，目标函数值为 25+(25−10)×2，将节点 2 加入待处理节点表中；在节点 3，没有将物品 1 装入背包，因此背包的重量和获得的价值仍为 0，目标函数值为 0+(25−0)×2，将节点 3 加入待处理节点表 中。

（3）在待处理节点表中选取目标函数值取得极大值的节点 2 优先进行搜索。

（4）在节点 4，将物品 2 装入背包，因此背包的重量为 25，价值为 55，目标函数值为 55+(25−25)×1，将节点 4 加入待处理节点表中；在节点 5，没有将物品 2 装入背包，因此背包的重量和获得的价值与节点 2 相同，目标函数值为 25 + (25−10) ×1 = 40，将节点 5 加入待处理节点表中。

（5）在待处理节点表中选取目标函数值取得极大值的节点 4 优先进行搜索。

（6）在节点 6，将物品 3 装入背包，因此背包的重量为 45，不满足约束条件，将节点 6 丢弃；在节点 7，没有将物品 3 装入背包，因此背包的重量和获得的价值与节点 4 相同，目标函数值为 55+(25−25)×0 = 55。

（7）由于节点 7 是叶子节点，同时节点 7 的目标函数值是待处理节点表中的极大值，所以节点 7 对应的解即是问题的最优解，搜索结束。

习题

1. 已知一组数（其中无重复元素），求这组数可以组成的所有子集。例如 nums = [1,2,3]，结果为[1]，[2]，[3]，[1,2]，[1,3]，[2,3]，[1,2,3]。
2. 输入一个字符串，打印出该字符串中字符的所有排列。求整个字符串的排列可以分两步：第一步，求所有可能出现在第一个位置的字符，即把第一个字符和后面所有的字符交换；第二步，固定第一个字符，求后面所有字符的排列。

第 6 章 递归法

6.1 递归法概述

6.1.1 递归法的基本思想

递归法（Recursion Algorithm）在计算机科学中是指一种通过重复将问题分解为同类的子问题而解决问题的方法。递归法在程序设计中广泛应用，指函数（过程、子程序）在运行过程中直接或间接调用自身而产生的重入现象。

6.1.2 递归法的实施步骤和算法描述

递归法并不是简单的自己调用自己，也不是简单的交互调用。递归法在于把问题分解成规模更小、具有与原来问题相同解法的问题，如二分查找以及求集合的子集问题，这些都是不断地把问题规模变小，新问题与原问题有着相同的解法。但并不是所有可以分解的子问题都能使用递归法来求解。一般来说，使用递归法求解问题需要满足以下条件：

可以把要解决的问题转化为子问题；子问题的解决方法仍与原来的问题相同，只是问题的规模变小了，原问题可以通过解决子问题而解决；递归可退出。

例如斐波那契数列问题：一个数列满足 1,1,2,3,5…的形式，即当前项为前两项之和，那么称这个数列为斐波那契数列。假设现在要求第 n 项的值。f(n)可以通过 f(n−1) 和 f(n−2) 所得，原问题可以转化为两个子问题，满足条件 1；假设我们现在得到 f(n−1)，f(n−2)，f(n)=f(n−1)+f(n−2)，原问题可以通过解决子问题而解决，满足条件 2；已知 f(1)=1，f(2)=1，即存在简单情境使得递归退出，满足条件 3。因此，此问题解法如下：

```
int f(n){
    if(n==1)
        return 1;
    if(n==2)
        return 1;
    return f(n-1)+f(n-2);}
```

了解了递归的基本思想及其数学模型之后，总结一下，递归的要素主要有以下三个。

1. 明确递归终止条件

我们知道，递归就是由已知条件求结果求不出来，但是根据所求结果可以推出与已知条件的联系，然后根据这个联系再求结果。既然这样，那么必然应该有一个明确的临界点，也就是递归终止条件；程序一旦到达这个临界点，就不用继续往下递归，而是根据这个临界点递推结果。换句话说，该临界点就是一种简单情境，可以防止无限递归。

2. 给出递归终止时的处理办法

我们刚刚说到，在递归的临界点存在一种简单情境，在这种简单情境下，应该直接给出问题的解决方案。一般地，在这种情境下，问题的解决方案是直观的、容易的。

3. 提取重复的逻辑，缩小问题规模

递归问题必须可以分解为若干个规模较小、与原问题形式相同的子问题，这些子问题可以用相同的解题思路来解决。从程序实现的角度而言，需要抽象出一个干净利落的重复逻辑，以便使用相同的方法解决子问题。

6.2 递归法的应用

在程序设计中，递归法是通过直接或者间接不断反复调用自身来达到解决问题的目的的，要求原问题可以分解为具有相同解法的子问题。

递归有两个要素：

（1）递归边界。

（2）自身调用。

递归法常用于阶乘、斐波那契数列、汉诺塔问题、整数划分问题、枚举排列问题、图的搜索问题等。

6.2.1 整数划分问题

例 6-1 将正整数 n 表示成一系列正整数之和：$n=n_1+n_2+\cdots+n_k$，其中 $n_1\geqslant n_2\geqslant\cdots\geqslant n_k\geqslant 1$，$k\geqslant 1$，n 的这种表示称为正整数 n 的划分，求正整数 n 的不同划分个数。

例如，正整数 6 有如下 11 种不同的划分：

```
6
5+1
4+2, 4+1+1
3+3, 3+2+1, 3+1+1+1
2+2+2, 2+2+1+1, 2+1+1+1+1
1+1+1+1+1+1
```

算法分析：

该问题是求出 n 的所有划分个数，即 f(n, n)。下面我们考虑求 f(n, m) 的方法，采用递归法，根据 n 和 m 的关系，考虑以下几种情况。

（1）当 n =1 时，不论 m 的值为多少（m>0），只有一种划分，即{1}。

（2）当 m =1 时，不论 n 的值为多少，只有一种划分，即 n 个 1{1,1,1,…,1}。

（3）当 n=m 时，根据划分中是否包含 n，可以分为两种情况：

1）划分中包含 n，只有一个，即{n}。

2）划分中不包含 n，这时划分中最大的数字也一定比 n 小，即 n 的所有(n−1)划分，因此 f(n, n) = 1 + f(n, n−1)。

（4）当 n＜m 时，由于划分中不可能出现负数，因此就相当于 f(n, n)。

（5）当 n＞m 时，根据划分中是否包含最大值 m，可以分为两种情况：

1）划分中包含 m，即{m,{x1,x2,…,xi}}，其中{x1,x2,…,xi}的和为 n–m，因此个数为 f(n–m, m)。

2）划分中不包含 m，则划分中所有值都比 m 小，即 n 的(m–1)划分，个数为 f(n, m-1)，因此 f(n, m) = f(n–m, m)+f(n, m–1);

综上所述，可以得出以下公式：

$$f(n,m)=\begin{cases}1 & n=1,m=1\\ f(n,n) & n<m\\ 1+f(n,n-1) & n=m\\ f(n,m-1)+f(n-m,m) & n>m>1\end{cases}$$

代码如下：

```
#include<stdio.h>
int resolve(int a,int max){
    if(a == 1||max ==1)  return 1;
    if(a == max)  return resolve(a,max-1)+1;
    if(a > max)  return resolve(a,max-1)+resolve(a-max,max);
    if(a < max)  return resolve(a,a);
    else return 0;}
int main(){
    int n;
    int sum;
    printf("输入 n:\n");
    scanf("%d",&n);
    sum = resolve(n,n);
    printf("%d 的划分方式一共有%d 种。\n",n,sum);
    return 0;  }
```

运行结果如图 6-1 所示。

图 6-1　运行结果

6.2.2　汉诺塔问题

例 6-2　用递归实现汉诺塔（Tower of Hanoi）问题。

汉诺塔源于印度传说：大梵天创造世界时造了三根金刚石柱子，其中一根柱子自底向上叠着 64 个黄金圆盘。大梵天命令婆罗门把圆盘从下面开始按大小顺序重新摆放在另一根柱子上，并且规定在小圆盘上不能放大圆盘，在三根柱子之间一次只能移动一个圆盘。

如图 6-2 所示，从左到右依次是 A，B，C 柱，A 是起始柱，C 是目标柱，B 起中转作用。在进行转移操作时，必须确保大圆盘在小圆盘下面，且每次只能移动一个圆盘，最终 C 柱上所有的圆盘从上到下按从小到大的顺序排列。

算法分析：

当 A 柱上只有一个圆盘时，只要把这个圆盘直接移到 C 柱就行了；有两个圆盘时，把 1 号先移到 B 柱，再把 2 号圆盘移到 C 柱，最后把 B 柱上的 1 号圆盘移到 C 柱就行了。但现在要移动的是 64 个圆盘，假设先把上方的 63 个圆盘看成整体，就等于只有两个圆盘——63 个圆盘是整体，第 64 个圆盘是整体，只要完成两个圆盘的移动就可以了。假设 A 柱只有 63 个圆盘，与之前一样的解决方法，先完成前 62 个圆盘的移动目标，就这样一步步向前找到可以直接移动的圆盘，62，61，60，…，2，1。最终，最上方的圆盘是可以直接移动到 C 柱的，这样就简单了，2 号圆盘能完成向 C 柱的转移，这时

C 柱上已经转移成功了 2 个圆盘，于是 3 号圆盘也可以转移了，一直到第 64 号圆盘。

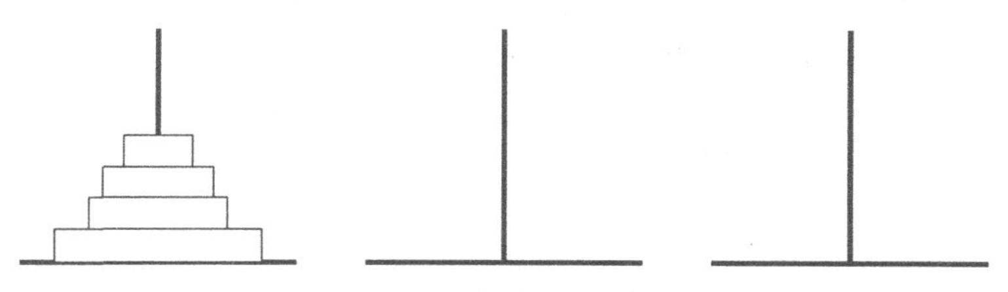

图 6-2　汉诺塔示意图

代码如下：

```
#include <stdio.h>
int main(){
    int hanoi(int,char,char,char);
    int n,counter;
    printf("输入盘子的个数：\n");
    scanf("%d",&n);
    printf("执行过程如下：\n");
    counter=hanoi(n,'A','B','C');
    return 0;}
int hanoi(int n,char x,char y,char z){
    int move(char,int,char);
    if(n==1)
        move(x,1,z);
    else{
        hanoi(n-1,x,z,y);
        move(x,n,z);
        hanoi(n-1,y,x,z);}
    return 0;}
int move(char getone,int n,char putone){
    static int k=1;
    printf("%2d:%3d # %c---%c\n",k,n,getone,putone);
    if(k++%3==0)
        printf("\n");
    return 0;}
```

运行结果如图 6-3 所示。

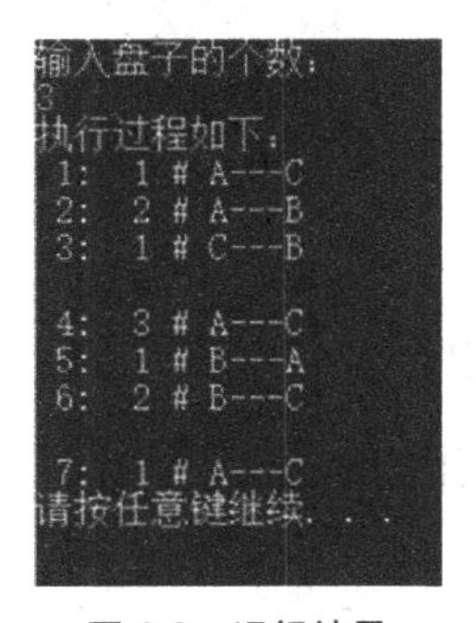

图 6-3　运行结果

6.2.3　枚举排列问题

例 6-3　输出 n 个数的枚举排列或者一个序列的全排列（用递归法实现）。

算法分析：

输入一个整数 n，按照大小输出 1～n 的所有排列。例如，n=3 时所有的排列结果为 123，132，213，231，312，321，先输出以 1 开头的排列，再输出以 2 开头的排列……最后输出以 n 开头的排列；因此，这需要一个 1～n 的循环，循环内部是排列生成过程。

以 i 开头的排列的特点是：第一位是 i，后面是(1,2,…,i−1,i+1,…,n)的排列，按照定义(1,2,…,i−1,i+1,…,n)也必须按照大小顺序排列，故可以采用递归法。

代码如下：

```
#include<stdio.h>
#include<string.h>
int a[1000];
void print_permutation(int n,int *a,int cur){
    int i,j;
    if(cur==n) /*递归边界*/{
        for(i=0;i<n;i++)
           printf("%d ",a[i]);
        printf("\n");}
    else{
        for(i=1;i<=n;i++){
            int ok=1;
            for(j=0;j<cur;j++)
             if(a[j]==i){
                 ok=0;
                 break;}
            if(ok){
                a[cur]=i;
                print_permutation(n,a,cur+1);}}}}
int main(){
    int n;
    while(~scanf("%d",&n))
       print_permutation(n,a,0);
    return 0;}
```

运行结果如图 6-4 所示

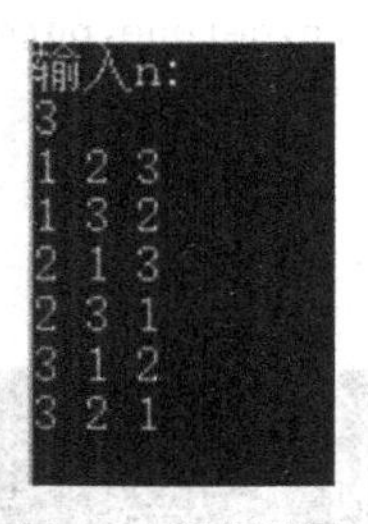

图 6-4 运行结果

6.2.4 用递归法求斐波那契数列

例 6-4 用递归法输出斐波那契数列的前 n 项。

算法分析：

斐波那契数列（Fibonacci Sequence）又称黄金分割数列，是指这样一个数列：1，1，2，3，5，8，13，21，…，这个数列的前两项是 1，从第三项开始，每一项都等于前两项之和。

代码如下：

```
#include<stdio.h>                     //递归调用 fibonacci 函数
int fibonacci(int n){
    if(n<=1)                          //如果小于 1，则结束递归直接返回
        return 1;
```

```
    else
        return fibonacci(n-1)+fibonacci(n-2); }
int main(){
    int n,i;
    int sum;
    printf("输入斐波那契数列的项数 n:\n");
    scanf("%d",&n);
    printf("斐波那契数列:\n%5d",1);
    for(i=1;i<n;i++){
        sum=fibonacci(i);
        printf("%5d",sum);   }
    printf("\n");   }
```

运行结果如图 6-5 所示。

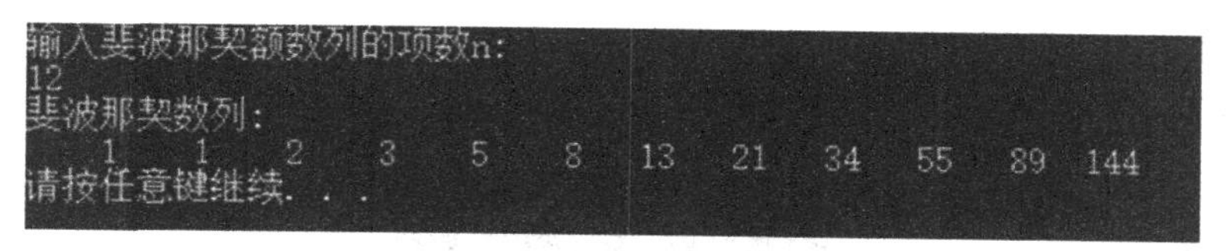

图 6-5　运行结果

6.2.5　排队买票问题

例 6-5　一场球赛开始前，售票工作正在紧张进行中。每张球票为 50 元，有 m+n 个人排队等待购票，其中有 m 个人手持 50 元的钞票，另外 n 个人手持 100 元的钞票，求使售票处不至于出现找不开钱的局面的不同排队种数。（约定开始售票时，售票处没有零钱，拿同样面值钞票的人对换位置为同一种排队。）

算法分析：

用 f(m, n)表示有 m 个人手持 50 元的钞票、n 个人手持 100 元的钞票时共有的排队总数，分以下三种情况来讨论。

1. n = 0

n = 0 意味着排队购票的所有人手中拿的都是 50 元的钞票。注意，拿同样面值钞票的人对换位置为同一种排队，那么这 m 个人的排队总数为 1，即 f(m, 0)=1。

2. m<n

当 m<n 时，持 50 元钞票的人数少于持 100 元钞票的人数，即使把 m 张 50 元钞票都找出去，仍会出现找不开钱的局面，这时排队总数为 0，即 f(m, n)=0。

3. 其他情况

（1）第 m+n 个人手持 100 元的钞票，则在他之前的 m+n−1 个人中有 m 个人手持 50 元的钞票，有 n−1 个人手持 100 元的钞票，此种情况共有 f(m, n−1)。

（2）第 m+n 个人手持 50 元的钞票，则在他之前的 m+n−1 个人中有 m−1 个人手持 50 元的钞票，有 n 个人手持 100 元的钞票，此种情况共有 f(m−1, n)。

由加法原理得到 f(m, n)的递归关系：

$$f(m, n)=f(m, n-1)+f(m-1, n)$$

初始条件为：

当 m<n 时，f(m, n)=0。

当 n=0 时，f(m, n)=1。

代码如下：

```
#include<stdio.h>
int f(int m,int n){
    if(n==0)
        return 1;
    else if(m<n)
        return 0;
    else
        return(f(m,n-1)+f(m-1,n));}
int main(){
    int m,n;
    printf("输入m,n:\n");
    scanf("%d%d",&m,&n);
    printf("%d\n",f(m,n));}
```

运行结果如图 6-6 所示。

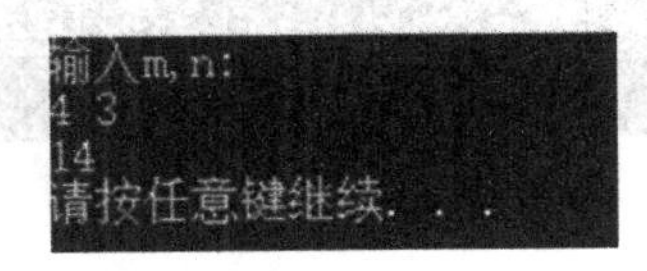

图 6-6　运行结果

6.2.6　猴子吃桃子问题

例 6-6　猴子第一天摘下 n 个桃子，当时吃了一半还不过瘾，就又多吃了一个；第二天又将剩下的桃子吃掉一半，又多吃了一个；以后每天都吃前一天剩下的一半零一个；到第 10 天再想吃的时候就剩一个桃子了，问第一天共摘下来多少个桃子？每一天有多少个桃子？

算法分析：

假设用 peach(n)表示第 n 天的桃子数，那么有以下公式：

$$peach(2)= peach(1)/2-1$$
$$peach(1)=2\times(peach(2)+1)$$

即：

$$peach(n)=2\times(peach(n+1)+1)$$

代码如下：

```
#include<stdio.h>
int peach(int day){
  int x;
  if(day==10)
    x=1;                                    //注意递归出口
  else
    x=(peach(day+1)+1)*2;
  return x;}
int main(void) {
  int i;
  for(i=1;i<=10;i++)
    printf("第%d 天的桃子数为%d 个\n",i,peach(i));
  return 0; }
```

运行结果如图 6-7 所示。

第1天的桃子数为1534个
第2天的桃子数为766个
第3天的桃子数为382个
第4天的桃子数为190个
第5天的桃子数为94个
第6天的桃子数为46个
第7天的桃子数为22个
第8天的桃子数为10个
第9天的桃子数为4个
第10天的桃子数为1个
请按任意键继续. . .

图 6-7　运行结果

6.2.7　RPG 涂色问题

例 6-7　有排成一行的 n 个方格，用红（Red）、粉（Pink）、绿（Green）三种颜色涂每个格子，每个格子涂一种色，要求任何相邻的方格都不能同色且首尾两格也不同色。编写一个程序，输入方格数 n（0<n≤30），输出满足要求的全部涂色方案的种数。

算法分析：

设满足要求的 n 个方格的涂色方案数为 F(n)。因为 RPG 有三种颜色，可以先枚举出当方格数为 1，2，3 时的涂色方案数。

显然，F(1)=3（即 R，P，G 3 种），F(2)=6（即 RP，RG，PR，PG，GR，GP 6 种），F(3)=6（即 RPG，RGP，PRG，PGR，GRP，GPR 6 种）。

当 n=3 时，方格的涂色方案如图 6-8 所示。

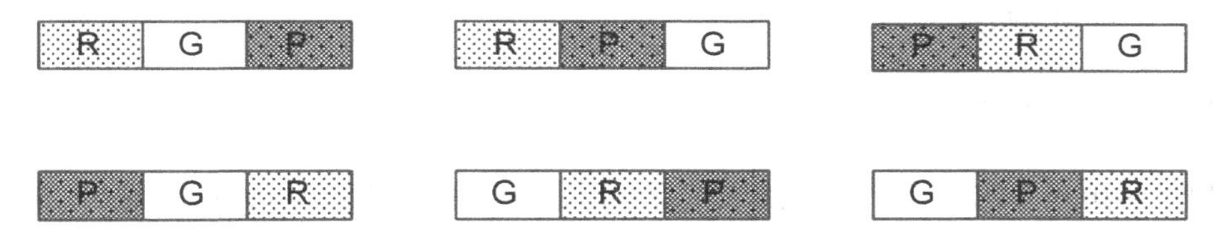

图 6-8　n=3 时的涂色方案

当方格的个数大于 3 时，n 个方格的涂色方案可以由 n–1 方格的涂色方案追加最后一个方格的涂色方案得出，分两种情况：

（1）对于已按要求涂好颜色的 n–1 个方格，在 F(n–1)种合法的涂色方案后追加一个方格（第 n 个方格），由于合法方案的首尾颜色不同（即第 n–1 个方格的颜色不与第 1 个方格的颜色相同），这样，第 n 个方格的颜色也是确定的，它必定是原 n–1 个方格的首尾两种颜色之外的一种，因此，在这种情况下的涂色方案数为 F(n–1)。

（2）对于已按要求涂好颜色的 n–2 个方格，可以在第 n–1 个方格中涂与第 1 个方格相同的颜色，此时由于首尾颜色相同，为不合法的涂色方案，但可以在第 n 个方格中涂上一个合法的颜色，使其成为方格个数为 n 的合法涂色方案（注意：当 n 等于 3 时，由于第 1(3–2)个方格与第 2(3–1)个方格颜色相同，第 3 个方格不论怎样涂都不会合法，因此递推的前提是 n 大于 3）。在第 n 个方格中可以涂上两种颜色（即首格外的两种颜色，因为与它相连的第 n–1 个方格和第 1 个方格的颜色是一样的），因此，这种情况下的涂色方案数为 2×F(n–2)。

由此，可得递推公式：F(n)= F(n–1) + 2×F(n–2) （n≥4）。

在程序中定义 3 个变量 f1，f2 和 f3，分别表示 F(n–2)，F(n–1)和 F(n)，初始时 f1=6，f2=6。

当 n<4 时，根据初始情况直接输出结果。

当 n≥4 时，用循环递推计算 F(n)。程序段描述为：

```
for(i=4;i<=n;i++){
   f3=f1+f2;           // 计算当前F(i)
   f1=f2;    f2=f3; }
```

为了更清晰地描述递推过程并保存中间结果，可以定义一个一维数组 f[31]，数组元素 f[i]保存总数为 i 个方格的涂色方案数。初始值 f[1]=3，f[2]=6，f[3]=6。

代码如下：

```
#include <stdio.h>
int main(){
   int i,n,f[31];
   f[0]=0; f[1]=3; f[2]=6; f[3]=6;
   for(i=4;i<31;i++)
      f[i]=f[i-1]+2*f[i-2];
   printf("请输入方格的数目 n  (n<=30)\n");
   scanf("%d",&n);
   printf("%d 个方格的正确涂色方案一共有%d 种。\n",n,f[n]);
   return 0;}
```

运行结果如图 6-9 所示。

```
请输入方格的数目 n  (n<=30)
12
12个方格的正确涂色方案一共有4098种。
请按任意键继续. . .
```

图 6-9　运行结果

6.2.8　二叉树的遍历

例 6-8　二叉树的遍历。

算法分析：

对于如图 6-10 所示的二叉树，遍历分为先序遍历、中序遍历、后序遍历和层次遍历。对于递归法，我们只研究前三种。

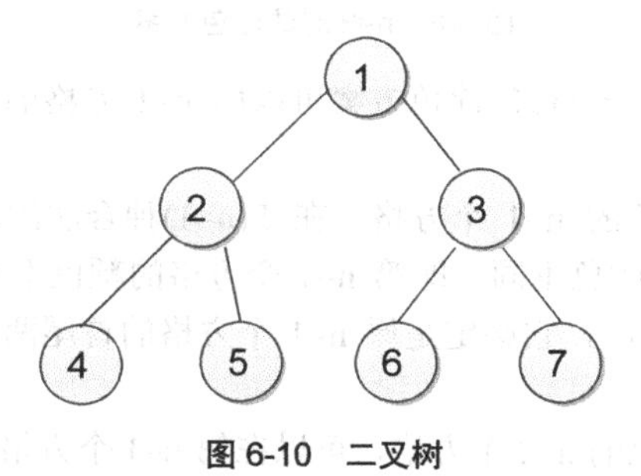

图 6-10　二叉树

1. 先序遍历

先序遍历先输出根节点，再输出左子树，最后输出右子树。以图 6-10 为例，采用先序遍历的思想遍历该二叉树的过程为：

先访问该二叉树的根节点，找到 1；再访问节点 1 的左子树，找到节点 2；再访问节点 2 的左子树，找到节点 4；由于访问节点 4 的左子树失败，也没有右子树，因此以节点 4 为根节点的子树遍历完成。但还没有遍历节点 2 的右子树，因此现在开始遍历，即访问节点 5；由于节点 5 无左右子树，因此节点 5 遍历完成，以节点 2 为根节点的子树也遍历完成。现在回到节点 1，开始遍历该节点的右子树，即访问节点 3；访问节点 3 的左子树，找到节点 6；由于节点 6 无左右子树，因此节点 6 遍历完成，回到节点 3 并遍历其右子树，找到节点 7；节点 7 无左右子树，因此以节点 3 为根节点的子树遍历完成，回归节点1。由于节点1的左右子树全部遍历完成，因此整个二叉树遍历完成。得到的序列为：

1 2 4 5 3 6 7

2. 中序遍历

中序遍历先输出左子树，再输出根节点，最后输出右子树。以图6-10为例，采用中序遍历的思想遍历该二叉树得到的序列为：

4 2 5 1 6 3 7

3. 后序遍历

后序遍历先输出左子树，再输出右子树，最后输出根节点。以图6-10为例，采用后序遍历的思想遍历该二叉树得到的序列为：

4 5 2 6 7 3 1

其中，后序遍历的非递归法是最复杂的。

代码如下：

```
#include<stdio.h>
#include<stdlib.h>
typedef struct BiTNode{
    char data;
    struct BiTNode *lchild,*rchild;
}BiTNode,*BiTree;
void PreOrderTraverse(BiTree T){
    if(T==NULL)
        return ;
    printf("%c ",T->data);
    PreOrderTraverse(T->lchild);
    PreOrderTraverse(T->rchild);}
void InOrderTraverse(BiTree T){
   if(T==NULL)
       return ;
   InOrderTraverse(T->lchild);
    printf("%c ",T->data);
   InOrderTraverse(T->rchild);}
void PostOrderTraverse(BiTree T){
    if(T==NULL)
        return;
    PostOrderTraverse(T->lchild);
    PostOrderTraverse(T->rchild);
    printf("%c ",T->data);}
void CreateBiTree(BiTree *T){
    char ch;
    scanf("%c",&ch);
    if(ch=='#')
        *T=NULL;
    else{
        *T=(BiTree  )malloc(sizeof(BiTNode));
        if(!*T)
            exit(-1);
        (*T)->data=ch;
        CreateBiTree(&(*T)->lchild);
        CreateBiTree(&(*T)->rchild);}}
int main(){
    BiTree T;
    CreateBiTree(&T);
    printf("先序遍历：\n");
    PreOrderTraverse (T);
```

```
    printf("\n 中序遍历：\n");
    InOrderTraverse(T);
    printf("\n 后序遍历：\n");
    PostOrderTraverse(T);
    printf("\n");
    return 0;}
```

运行结果如图 6-11 所示。

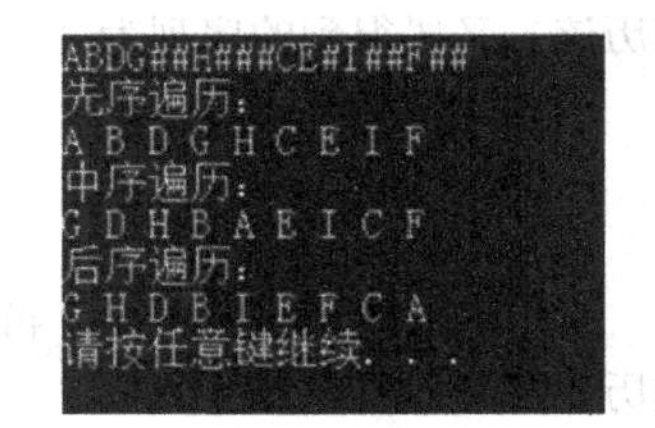

图 6-11　运行结果

6.3　回溯法与递归法的比较

很多人认为回溯法和递归法是一样的，其实不然。在回溯法中，可以看到递归的身影，但是两者是有区别的。

回溯法从问题本身出发，寻找可能实现的所有情况，和穷举法的思想相近，不同之处在于穷举法是将所有的情况都列举出来以后再一一筛选，而回溯法在列举过程如果发现当前情况根本不可能存在，就停止后续的所有工作，返回上一步进行新的尝试。

递归法从问题的结果出发。例如求 n!，要想知道 n!的结果，就需要知道 n×(n-1)! 的结果，而要想知道(n-1)!的结果，就需要知道(n−1)×(n−2)!的结果。这样不断地向自己提问、不断地调用自己的思想就是递归法。

回溯法和递归法的唯一联系就是回溯法可以用递归思想实现。

习题

1. 用插入排序的方法对 10 个数进行递减排序。
   插入排序的基本思想是：有 n 个数，如果前面 n−1 个都已排序，那么只要把最后一个数插入到正确的位置即可。如何让前 n−1 个都已排序呢，如果前 n−2 个都已排序就好了……一直到第 1 个已排序。第 1 个肯定是已排序的，那么这就是停止条件。例如，sort(a, n−1)就代表前 n−1 个数都已排序。
2. 有 5 个人坐在一起，问第 5 个人多少岁，他说比第 4 个人大 2 岁；问第 4 个人，他说比第 3 个人大 2 岁；问第 3 个人，他说比第 2 个人大 2 岁；问第 2 个人，说比第 1 个人大 2 岁；最后问第 1 个人，他说 10 岁。请问第 5 个人多大，用递归法实现。
3. 猴子分桃。海滩上有一堆桃子，5 只猴子来分。第 1 只猴子把这堆桃子平均分为 5 份，多了 1 个，这只猴子把多的 1 个扔入海中，拿走了 1 份。第 2 只猴子把剩下的桃子又平均分成 5 份，又多了 1 个，它同样把多的 1 个扔入海中，拿走了 1 份，第 3～5 只猴子都是这样做的，问海滩上原来最少有多少个桃子。
4. 有 A，B，C，D，E 5 个人，每个人额头上都贴了一张黑纸或白纸。5 个人对坐，每个人都可以看到其他人额头上纸的颜色。5 人相互观察后：
   A 说，“我看见有 3 个人额头上贴的是白纸，1 个人额头上贴的是黑纸。”
   B 说，“我看见其他 4 个人额头上贴的都是黑纸。”
   C 说，“我看见 1 个人额头上贴的是白纸，其他 3 个人额头上贴的是黑纸 。”
   D 说，“我看见 4 个人额头上贴的都是白纸。”
   E 什么也没说。
   已知额头上贴黑纸的人说的都是谎话，额头贴白纸的人说的都是实话。问这 5 个人中谁的额头上贴的是白纸、谁的额头上贴的是黑纸。

第 7 章 分治法

7.1 分治法概述

在计算机科学中，分治法是一种很重要的算法，字面上的解释是“分而治之”，就是把一个复杂的问题分成两个或更多的相同或相似的子问题，再把子问题分成更小的子问题，直到最后子问题可以直接求解，原问题的解就是子问题的解的合并。

任何一个可以用计算机求解的问题所需的计算时间都与其规模有关。问题的规模越小，越容易直接求解，求解所需的计算时间也越短。例如，对于 n 个元素的排序问题，n=1 时，不需任何计算；n=2 时，只要做一次比较即可排好序；n=3 时，只要做 3 次比较即可……而当 n 较大时，问题就不那么容易处理了。要想直接解决一个规模较大的问题，有时是相当困难的。

可以将规模为 n 的问题分为 k 个规模较小的子问题，子问题和原问题类型相同且相互独立，递归地解决子问题并将子问题的解合并为原问题的解。

一般而言，将问题分为大小相近的子问题是最有效率的。通常将问题一分为二。

从设计模式可以看出，分治法一般用递归实现。所以，分治法的效率可以通过递归表达式进行分析：

$$T(n)=\begin{cases}O(1) & n=1\\ kT\left(\frac{n}{m}\right)+f(n) & n>1\end{cases}$$

7.1.1 分治法的基本思想

分治法的设计思想是：将一个难以直接解决的大问题分成一些规模较小的相同问题，以便各个击破，分而治之。

如果原问题可分成 k（1<k≤n）个子问题，这些子问题都可解，并且可利用这些子问题的解求出原问题的解，那么分治法就是可行的。由分治法产生的子问题往往是原问题的较小模式，这就为使用递归提供了方便。在这种情况下，反复应用分治手段，可以使子问题与原问题类型一致而其规模却不断缩小，最终使子问题缩小到很容易直接求出其解。这自然会导致递归过程的产生。分治与递归像一对孪生兄弟，经常同时应用在算法设计之中，并由此产生许多高效算法。

7.1.2 分治法的实施步骤和算法描述

分治法所能解决的问题一般具有以下几个特征：

（1）该问题的规模缩小到一定的程度就可以容易地解决。

（2）该问题可以分解为若干个规模较小的相同问题，即该问题具有最优子结构性质。

（3）利用该问题分解出的子问题的解可以合并为该问题的解。

（4）该问题所分解出的各个子问题是相互独立的，即子问题之间不包含公共的子问题。

第一个特征是绝大多数问题都可以满足的，因为问题的计算复杂性一般是随着问题规模的增加而增加的；第二个特征是应用分治法的前提，也是大多数问题可以满足的，此特征反映了递归思想的应用；第三个特征是关键，能否利用分治法完全取决于问题是否具有第三个特征，如果具备了第一个和第二个特征，而不具备第三个特征，则可以考虑用贪心算法或动态规划法；第四个特征涉及分治法的效率，如果各子问题是不独立的，则分治法要做许多不必要的工作，重复地解公共的子问题，此时虽然可用分治法，但一般用动态规划法更好。

分治法的基本步骤如图 7-1 所示。

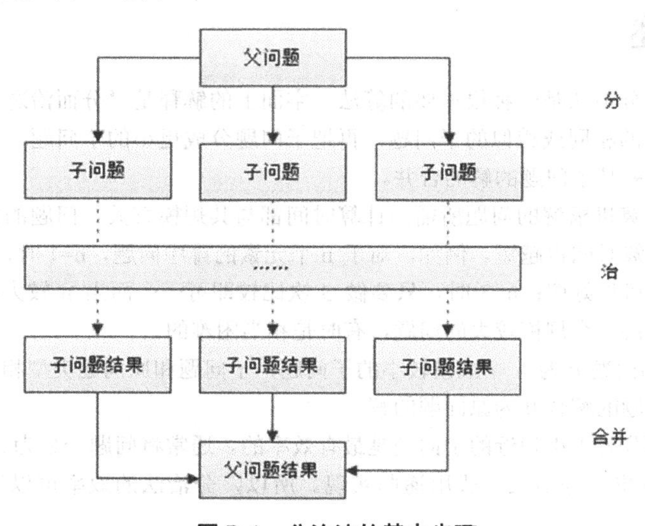

图 7-1 分治法的基本步骤

分治法在每一层递归上都有三个步骤。

（1）分解：将原问题分解为若干个规模较小、相互独立、与原问题类型相同的子问题。

（2）解决：若子问题规模较小而容易被解决，则直接解决，否则递归地解决各个子问题。

（3）合并：将各个子问题的解合并为原问题的解。

分治法的一般算法描述如下：

```
    Divide-and-Conquer(P)
    if |P|≤n0
    then return(ADHOC(P))
    将 P 分解为较小的子问题 P1, P2,...,Pk
    for i←1 to k
    do yi ← Divide-and-Conquer(Pi)  递归解决 Pi
    T ← MERGE(y1, y2,...,yk)  合并子问题
return(T)
```

其中，|P|表示问题 P 的规模；n_0为阈值，表示当问题 P 的规模不超过 n_0时，问题已容易直接解出，不必再继续分解。ADHOC(P)是该分治法中的基本子算法，用于直接解决小规模的问题 P。因此，当 P

的规模不超过 n_0 时，直接用算法 ADHOC(P)求解。算法 MERGE($y_1,y_2,...,y_k$)是该分治法中的合并子算法，用于将 P 的子问题 P_1，P_2，…，P_k 相应的解 y_1，y_2，…，y_k 合并为 P 的解。

分治法将规模为 n 的问题分成 k 个规模为 n/m 的子问题去解，设阈值 n_0=1，且 ADHOC 解规模为 1 的问题耗费 1 个单位时间。再设将原问题分解为 k 个子问题以及用 MERGE 将 k 个子问题的解合并为原问题的解需要 f(n) 个单位时间。用 T(n)表示该分治法解规模为|P|=n 的问题所需的计算时间，则有：

$$T(n) = kT(n/m)+f(n)$$

递归方程及其解只给出 n 等于 m 的方幂时 T(n)的值，但是如果认为 T(n)足够平滑，那么由 n 等于 m 的方幂时 T(n)的值可以估计 T(n)的增长速度。通常假定 T(n)是单调上升的，从而当 $m_i \leqslant n < m_i+1$ 时，$T(m_i) \leqslant T(n) < T(m_i+1)$。

分治法的问题规模最小为 1，此时求解所耗费的时间为常数单位。规模大于 1 时，将问题分解为 k 个规模为 n/m 的子问题，将这 k 个子问题的解合并耗费的时间为 f(n)，则展开上式可得：

$$T(n) = n^{\log_m k} + \sum_{j=0}^{\log_m n-1} k^j f(n/m^j)$$

在一般情况下，这种算法的时间复杂度为 O(n)，最坏情况下为 $O(n^2)$。

7.2 分治法的应用

7.2.1 二分查找法

以有序表表示静态查找表时，查找函数可以用二分查找法（Binary Search 或 Half-Interval Search）来实现。这种算法基于分治法。

一般情况下，二分查找法的时间复杂度是 O(log(n))，最坏情况下的时间复杂度是 O(n)。

二分查找法的查找过程是：先确定待查记录所在的区间，然后逐步缩小区间直到找到或找不到该记录为止。

假设 low 指向区间下界，high 指向区间上界，mid 指向区间的中间位置，则 mid = (low + high) / 2。具体过程如下：

（1）将关键字与 mid 指向的元素比较，如果相等，则返回 mid。

（2）关键字小于 mid 指向的元素关键字，则在[low, mid−1]区间中继续进行二分查找。

（3）关键字大于 mid 指向的元素关键字，则在[mid +1, high]区间中继续进行二分查找。

例 7-1 用二分查找法在已知数组中查找一个数。如果找到，输出其位序；如果找不到，输出−1。

算法分析：

例如，在静态查找表{5,13,19,21,37,56,64,75,80,88,92}，采用二分查找法查找关键字 21 的过程为：

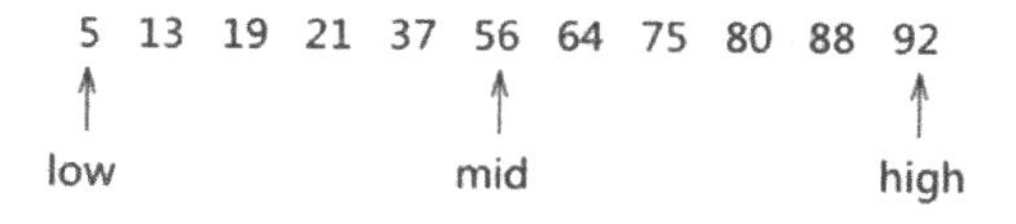

图 7-2 二分查找步骤 1

如图 7-2 所示，指针 low 和 high 分别指向查找表的第一个关键字和最后一个关键字，指针 mid 指向处于 low 和 high 指针中间位置的关键字。在查找的过程中，每次都与 mid 指向的关键字进行比较，由于整个表中的数据是有序的，因此在比较之后就可以知道要查找的关键字的大致位置。

在查找关键字 21 时，首先同 56 做比较，由于 21 < 56，而且这个查找表是按照升序进行排序的，因此可以判定如果静态查找表中有 21 这个关键字，就一定存在于 low 和 mid 指向的区域之间。

再次遍历时需要更新 high 指针和 mid 指针的位置，令 high 指针移动到 mid 指针左侧的一个位置上，同时令 mid 重新指向 low 指针和 high 指针的中间位置，如图 7-3 所示。

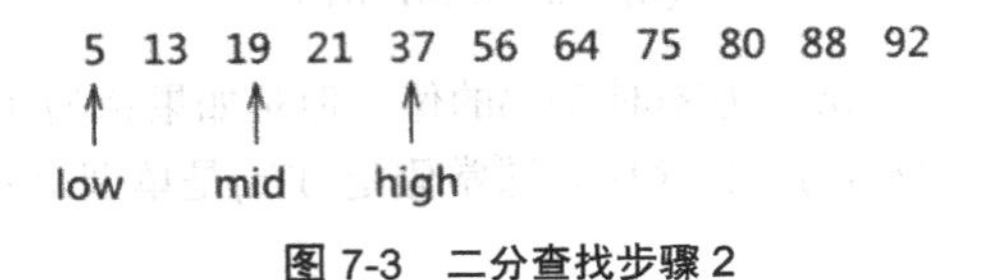

图 7-3 二分查找步骤 2

同样，用 21 与 mid 指针指向的 19 做比较，19 < 21，所以可以判定 21 如果存在，肯定处于 mid 和 high 指向的区域之间。令 low 指向 mid 右侧的一个位置，同时更新 mid 的位置。当第三次做判断时，发现 mid 就是关键字 21（如图 7-4 所示），查找结束。

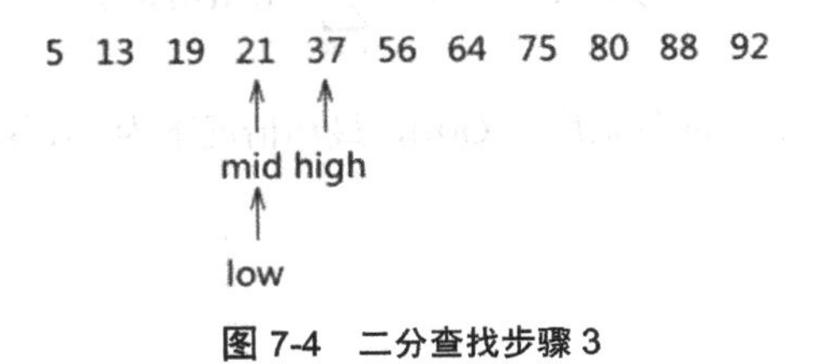

图 7-4 二分查找步骤 3

注意

在查找的过程中，如果计算时发现 low 指针和 high 指针的中间位置位于两个关键字中间，即求得 mid 的位置不是整数，则需要统一进行取整操作。

代码如下：

```
#include <stdio.h>
#include <stdlib.h>
#define keyType int
typedef struct {
    keyType key;
}ElemType;
typedef struct{
    ElemType *elem;
    int length;
}SSTable;
void Create(SSTable **st,int length){
    (*st)=(SSTable*)malloc(sizeof(SSTable));
    (*st)->length=length;
    (*st)->elem = (ElemType*)malloc((length+1)*sizeof(ElemType));
    printf("输入表中的数据元素：\n");
    for (int i=1; i<=length; i++) {
        scanf("%d",&((*st)->elem[i].key));}}
int Search_Bin(SSTable *ST,keyType key){
    int low=1;
    int high=ST->length;
    int mid;
    while (low<=high) {
        mid=(low+high)/2;//int//mid
        if (ST->elem[mid].key==key){
            return mid;}
```

```
        else if(ST->elem[mid].key>key){
            high=mid-1;}
        else{
            low=mid+1;}}
        return 0;}
int main(int argc, const char * argv[]) {
    SSTable *st;
    Create(&st, 11);
    getchar();
    printf("请输入查找数据的关键字：\n");
    int key;
    scanf("%d",&key);
    int location=Search_Bin(st, key);
    if (location==0) {
        printf("查找表中无该元素\n");}
    else{
        printf("数据在查找表中的位置为：%d\n",location);}
    return 0;}
```

运行结果如图 7-5 所示。

```
输入表中的数据元素：
5 13 19 21 37 56 64 75 80 88 92
请输入查找数据的关键字：
88
数据在查找表中的位置为：10
请按任意键继续. . .
```

图 7-5　运行结果

7.2.2　大整数乘法

例 7-2　大整数乘法。

算法分析：

在程序设计语言中，数字有范围限制，大整数相乘会产生数据溢出。但是我们发现存在一个乘法规律：一个数的第 i 位和另一个数的第 j 位相乘，一定会累加到结果的第 i+j 位，存放结果的数组中一个数组元素存 2 位数，并对结果处理进位，最后打印出来。简单来说，就是先不算任何进位，将每一位相乘或相加的结果保存到同一个位置，最后再计算进位。例如，用 result[100]来保存结果，计算 99×21，如图 7-6 所示。

```
        99
    x   21
  ------------
    (18x18)
         (9x9)
  ------------
(0) (18) (27) (9)
```

图 7-6　大整数乘法示意图

可以看出，result[100] = {0, 18, 27, 9}

接下来处理进位。注意看，构造巧妙的地方来了，由 result 末位到首位进行计算。

（1）第一次：result[3] = 9，result[2] = 27，先将 result[3]除个位以外的数加给前一位，也就是 result[2]，result[2] = result[2]+result[3]/10 = 27 + [9/10]=27。注意，这里的[]为取整符。例如，[0.9] = 0。然后，把 result[3]的个位保存到 result[3]，即 result[3] = result[3]%10 = 9。

（2）第二次：向前一位，result[2] = 27，result[1] = 18，重复第一次的步骤，求得 result[1] = result[1]+result[2]/10=18+[27/10] = 20，result[2] = result[2]%10 = 7。

（3）第三次：再向前一位，result[1] = 20， result[0] = 0，重复之前的步骤，求得 result[0] = result[0]+result[1]/10=0+[20]/10=2， result[1] = result[1] % 10 = 0。

至此，已经算到首位，此时的结果为：result[100] = {2, 0, 7, 9}，即 99×21=2079。

代码如下：

```
#include<stdio.h>
#include<string.h>
#include<malloc.h>                          //为了动态分配内存
#define and &&
#define or ||
#define not !
#define Int(X) (X - '0')
int *multiBigInteger(const char *, const char *);
int checkNum(const char *);
int main(void){
   char num1[100] = {'\0'}, num2[100] = {'\0'};
   printf("输入两个数（100 位以下）:\n> ");
   while(scanf("%s%s", num1, num2) != EOF){
      int *result = NULL;
      int i, change = 0;
      if(strlen(num1) > 100 or strlen(num2) > 100){
         printf("输入 100 位以下的数: \n");
         return 1;}
      if(checkNum(num1) or checkNum(num2)){
         printf("ERROR: input must be an Integer\n");
         return 1;}
      printf("num1:\t%s\nnum2:\t%s\n", num1, num2);
      result = multiBigInteger(num1, num2);
      printf("result:\t");
      for(i = 1; i <= result[0]; i++){
         if(result[i] != 0)
            change = 1;
         if(not change){
            if(i > 1){
               printf("0");
               break;}
            continue;}
         printf("%d", result[i]);}
         printf("\n");
         printf("\nPlease input two nunber(less than 100 digits):\n> ");}
      return 0;}
 int checkNum(const char *num){
    int i;
    for(i = 0; (size_t)i < strlen(num); i++){
       if(num[i] < '0' or num[i] > '9'){
          return 1;}}
    return 0;}
 int *multiBigInteger(const char *num1, const char *num2){
    int *result = NULL;
    int num1Len = strlen(num1);
    int num2Len = strlen(num2);
    int resultLen;
    int i, j;
    resultLen = num1Len + num2Len;
    result = (int *)malloc((resultLen+1)*sizeof(int));
```

```
    memset(result, 0, (resultLen+1)*sizeof(int));
    result[0] = resultLen;
    for(j = 0; j < num2Len; j++){
        for(i = 0; i < num1Len; i++){
            result[i+j+2] += Int(num1[i]) * Int(num2[j]);}}
    for(i = resultLen; i > 1; i--){
        result[i-1] += result[i]/10;
        result[i] = result[i]%10;}
    printf("num1Len:%d\nnum2Len:%d\n", num1Len, num2Len);
    return result;}
```

运行结果如图 7-7 所示。

```
输入两个数（100位以下）：
> 12354
345678
num1:    12354
num2:    345678
num1Len:5
num2Len:6
result: 4270506012
```

图 7-7　运行结果

7.2.3　斯特拉森矩阵乘法

例 7-3　矩阵乘法。

斯特拉森矩阵乘法是德国数学家沃尔克·斯特拉森（Volker Strassen）于 1969 年提出的，该算法的主要思想是分治，即将一个 2n 的方阵分解成 4 个 2n−1 的小方阵。

借助这种办法，任何有穷方阵都可以简化为有限个 2×2 方阵，所以这里主要介绍斯特拉森矩阵乘法在 2×2 方阵上的应用。假设有两个 2×2 矩阵 A 和 B：

$$a = \begin{bmatrix} a_{11} & a_{12} \\ a_{21} & a_{22} \end{bmatrix} \quad b = \begin{bmatrix} b_{11} & b_{12} \\ b_{21} & b_{22} \end{bmatrix}$$

我们设这两个矩阵相乘的结果矩阵为 C：

$$c = \begin{bmatrix} c_{11} & c_{12} \\ c_{21} & c_{22} \end{bmatrix}$$

由斯特拉森矩阵乘法可得 7 个小矩阵：

```
m1 = (a12 - a22)(b21 + b22)
m2 = (a11 + a22)(b11 + b22)
m3 = (a21 - a11)(b11 + b12)
m4 = (a11 + a12) * b22
m5 = a11 * (b12 - b22)
m6 = a22 * (b21 - b11)
m7 = (a21 + a22) * b11
```

得出：

```
c11 = m6 + m1 + m2 - m4
c12 = m5 + m4
c21 = m6 + m7
c22 = m5 + m3 + m2 - m7
```

应用该种方法可将花费的时间由最开始的 Ω(n3)变成 O(nlg7)，又因为 lg7 在 2.80 和 2.81 之间，所以其运行时间为 O(n2.81)。

代码如下：

```
#include<stdio.h>
int main(){
    int i,j;
    int a[2][2] = { 2,3,4,5 };int b[2][2] = { 1,7,2,6 };int c[2][2];
    int m1 = (a[0][1] - a[1][1]) * (b[1][0] + b[1][1]);
    int m2 = (a[0][0] + a[1][1]) * (b[0][0] + b[1][1]);
    int m3 = (a[1][0] - a[0][0]) * (b[0][0] + b[0][1]);
    int m4 = (a[0][0] + a[0][1]) * b[1][1];
    int m5 = a[0][0] * (b[0][1] - b[1][1]);
    int m6 = a[1][1] * (b[1][0] - b[0][0]);
    int m7 = (a[1][0] + a[1][1]) * b[0][0];
    c[0][0] = m6 + m2 + m1 - m4;c[0][1] = m5 + m4;
    c[1][0] = m6 + m7;c[1][1] = m5 + m3 + m2 - m7;
    for(i=0;i<2;i++){
        for(j=0;j<2;j++)
            printf("%5d",c[i][j]);
        printf("\n");}
        return 0;}
```

运行结果如图 7-8 所示。

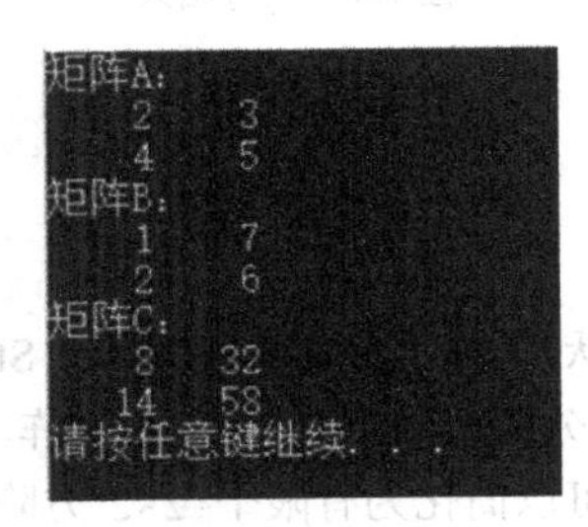

图 7-8 运行结果

7.2.4 棋盘覆盖问题

例 7-4 在一个$(2^k)\times(2^k)$个方格组成的棋盘上，有一个方格与其他方格不同，称为特殊方格，这样的棋盘称为特殊棋盘。设计一种算法，使用 4 种不同的 L 型骨牌覆盖给定的特殊棋盘上除特殊方格以外的所有方格，且任何两个 L 型骨牌不得重叠覆盖（如图 7-9 所示）。

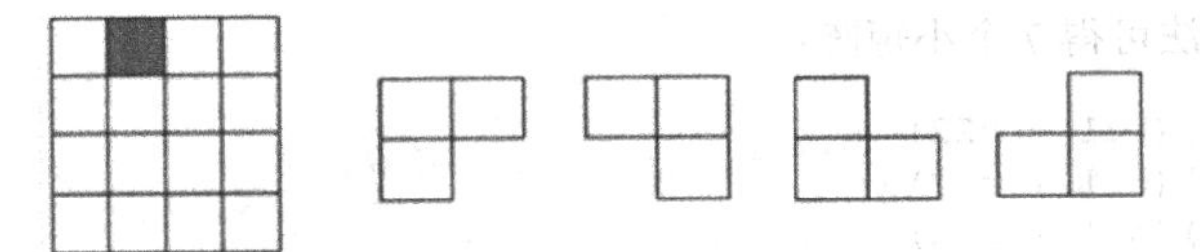

图 7-9 棋盘覆盖情况图

算法分析：

采用分治策略，具体步骤如下：

（1）把解决规模为 K 的棋盘问题分为解决 4 个规模为 K-1 的子棋盘问题。若 K=1，则返回。

（2）对于含有特殊方格的子棋盘，返回第一步；

（3）将其余子棋盘靠近父棋盘中心的方格设为特殊棋盘，且给予这 3 个棋盘的特殊方格一个唯一的编号，并返回步骤（1）。

代码如下：

```
#include<stdio.h>
int matrix[100][100]={0};
```

```
int t=0;
void chessboard(int tr,int tc,int dr,int dc,int size);
int main(){
    int size;
    int tr=0,tc=0,dr,dc;
    int i,j;
    scanf("%d",&size);
    scanf("%d %d",&dr,&dc);
    chessboard(0,0,dr,dc,size);
    for(i=0;i<size;i++){
        for(j=0;j<size;j++){
            printf("%2d ",matrix[i][j]);}
        printf("\n");}
    return 0;}
void chessboard(int tr,int tc,int dr,int dc,int size){
    if(size==1)return;int s=size/2;
    int cnt;cnt=t+1;t++;
    if(dr<tr+s&&dc<tc+s){
        chessboard(tr,tc,dr,dc,s);}
    else {
        matrix[tr+s-1][tc+s-1]=cnt;
        chessboard(tr,tc,tr+s-1,tc+s-1,s);}
    if(dr<tr+s&&dc>=tc+s){
        chessboard(tr,tc+s,dr,dc,s);}
    else {
        matrix[tr+s-1][tc+s]=cnt;
        chessboard(tr,tc+s,tr+s-1,tc+s,s);}
    if(dr>=tr+s&&dc<tc+s){
        chessboard(tr+s,tc,dr,dc,s);}
    else {
        matrix[tr+s][tc+s-1]=cnt;
        chessboard(tr+s,tc,tr+s,tc+s-1,s);}
    if(dr>=tr+s&&dc>=tc+s){
        chessboard(tr+s,tc+s,dr,dc,s);}
    else {
        matrix[tr+s][tc+s]=cnt;
        chessboard(tr+s,tc+s,tr+s,tc+s,s);}}
```

运行结果如图 7-10 所示。

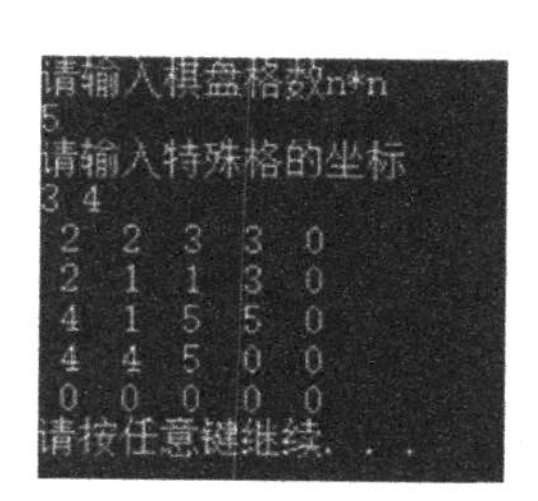

图 7-10　运行结果

7.2.5　合并排序

例 7-5　合并排序也称归并排序，其算法思想是将待排序序列分为两个部分，依次对分得的两个部分再次使用归并排序，之后再对其进行合并。仅从算法思想上了解归并排序会觉得很抽象，接下来就以对序列 A[0], A[l], …, A[n−1]进行升序排列来进行讲解，在此采用自顶向下的实现方法，操作步骤如下：

（1）将所要进行的排序序列分为左右两个部分，如果要进行排序的序列的起始元素下标为 first，最后一个元素的下标为 last，那么左右两个部分之间的临界点为 mid=(first+last)/2，这两部分分别是 A[first … mid] 和 A[mid+1 … last]。

（2）将所分得的两部分序列继续按照步骤（1）进行划分，直到划分的区间长度为 0。

（3）将划分结束后的序列进行归并排序，排序方法为对所分的 n 个子序列进行两两合并，得到 n/2 或 n/2+1 个含有两个元素的子序列，再对得到的子序列进行合并，直至得到一个长度为 n 的有序序列为止。

假设待排序序列中元素个数为 n。当 n=1 时，合并排序一个元素需要常数时间，因而 T(n)=O(1)。

当 n>1 时，将时间 T 进行如下分解。

分解：这一步仅仅计算出子序列的中间位置，需要常数时间 O(1)。

解决子问题：递归求解两个规模为 n/2 的子问题，所需时间为 2T(n/2)。

合并：对于一个含有 n 个元素的序列，合并算法可在 O(n)时间内完成。

将以上阶段所需的时间相加，即得到合并排序算法对 n 个元素进行排序的时间。在最坏情况下，所需运行时间 T(n)的递归形式为：

$$T(n)=2T(n/2)+O(n)=2(2T(n/4)+O(n/2))+O(n)=4T(n/4)+2O(n)$$
$$=4(2T(n/8)+O(n/4))+2O(n)=8T(n/8)+3O(n)=\cdots$$

即：

$$T(n)=2xT(n/2x)+xO(n)$$

令 n=2x，则 x=logn。由此可得，T(n)=nT(1)+nlogn=n+nlogn，即合并排序算法的时间复杂度为 O(nlogn)。

合并排序算法所使用的工作空间取决于合并算法，每调用一次合并算法，便得到一个适当大小的缓冲区，退出合并便释放它。在最后一次调用合并算法时，所分配的缓冲区最大，它把两个子序列合并成一个长度为 n 的序列，需要 O(n)个工作单元。所以，合并排序算法的空间复杂度为 O(n)。

例如，对 7 个数进行合并排序的过程如图 7-11 所示。

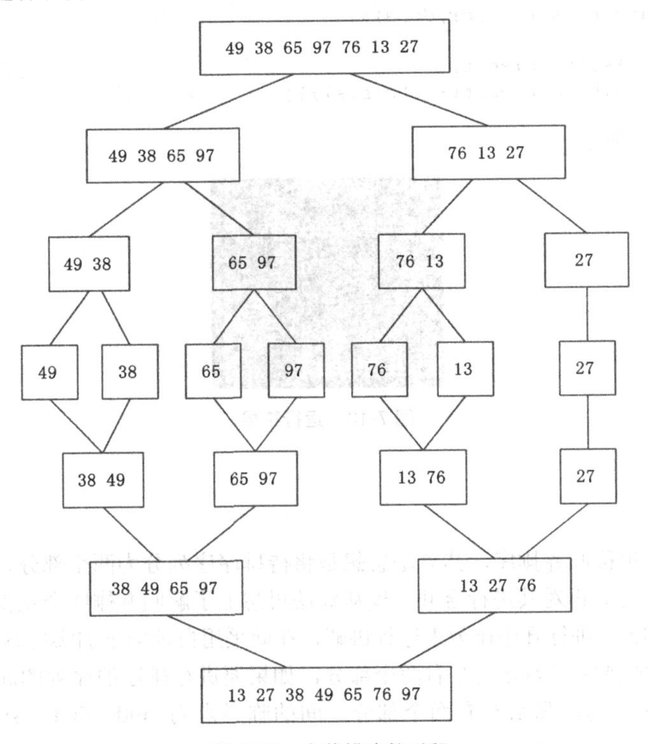

图 7-11 合并排序的过程

对 10 个数进行递增排序的代码如下：

```
#include <stdio.h>
#include <stdlib.h>
#define N 10
void merge(int arr[], int low, int mid, int high){
    int i, k;
    int *tmp = (int *)malloc((high-low+1)*sizeof(int));
    int left_low = low;
    int left_high = mid;
    int right_low = mid + 1;
    int right_high = high;
    for(k=0; left_low<=left_high && right_low<=right_high; k++){
        if(arr[left_low]<=arr[right_low]){
            tmp[k] = arr[left_low++];
        }else{
            tmp[k] = arr[right_low++];}}
    if(left_low <= left_high){
    //memcpy(tmp+k, arr+left_low, (left_high-left_low+1)*sizeof(int));
    for(i=left_low;i<=left_high;i++)
        tmp[k++] = arr[i];}
    if(right_low <= right_high){
    //memcpy(tmp+k, arr+right_low, (right_high-right_low+1)*sizeof(int));
        for(i=right_low; i<=right_high; i++)
            tmp[k++] = arr[i];}
    for(i=0; i<high-low+1; i++)
        arr[low+i] = tmp[i];
    free(tmp);
    return;}
void merge_sort(int arr[], unsigned int first, unsigned int last){
    int mid = 0;
    if(first<last){
        mid = (first+last)/2; //注意溢出
        //mid = first/2 + last/2;
        //mid = (first & last) + ((first ^ last) >> 1);
        merge_sort(arr, first, mid);
        merge_sort(arr, mid+1,last);
        merge(arr,first,mid,last);}
    return;}
int main(){
    int i;
    int a[N]={32,12,56,78,76,45,36,55,89,345};
    printf ("排序前 \n");
    for(i=0;i<N;i++)
        printf("%d ",a[i]);
    merge_sort(a,0,N-1);  // 排序
    printf ("\n 排序后 \n");
    for(i=0;i<N;i++)
        printf("%d ",a[i]); printf("\n");
    return 0;}
```

运行结果如图 7-12 所示。

```
排序前
32 12 56 78 76 45 36 55 89 345
 排序后
12 32 36 45 55 56 76 78 89 345
请按任意键继续. . .
```

图 7-12　运行结果

7.2.6 快速排序

快速排序由 C. A. R. Hoare 在 1962 年提出。快速排序是对冒泡排序的一种改进，采用了一种分治的策略，尤其适用于对大数据的排序。它的高速和高效无愧于“快速”两个字。虽然说它是“最常用”的，可对于初学者而言，用它的人却非常少。因为虽然很快，但它也是逻辑最复杂、最难理解的算法，因为它要用到递归算法和函数调用。

算法分析：

快速排序所采用的思想是分治思想。所谓分治，就是以一个数为基准，将序列中的其他数往它两边“扔”。以从小到大排序为例，比它小的都“扔”到它的左边，比它大的都“扔”到它的右边，然后左右两边再分别重复这个操作，不停地分，直至分到每一个分区的基准数的左边或者右边都只剩一个数为止。这时排序也就完成了。

快速排序的最好时间复杂度为 O(nlogn)，最坏时间复杂度为 $O(n^2)$，平均时间复杂度为 O(nlogn）。

具体处理过程如图 7-13 所示。图 7-13 中的这组数以 5 为基准，经过第一趟排序后，比 5 小的数都排在 5 之前，比 5 大的数都排在 5 之后。以此类推，直到将这组数排序完成。

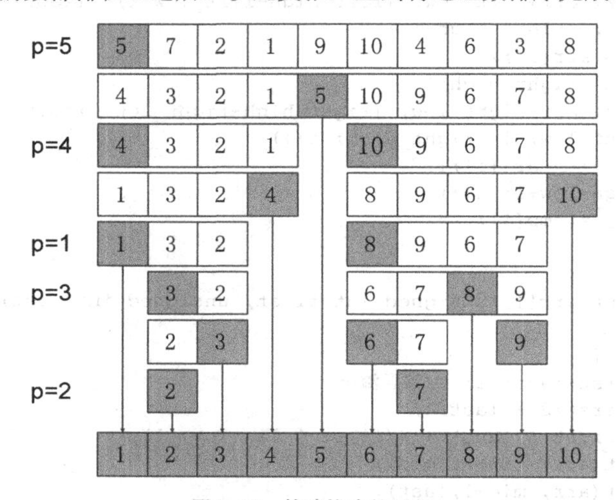

图 7-13 快速排序的过程

例 7-6 对 10 个数进行快速排序。

代码如下：

```
#include <stdio.h>
#include <stdlib.h>
#define BUF_SIZE 10
void display(int array[], int maxlen){
    int i;
    for(i=0;i<maxlen;i++){
        printf("%-3d",array[i]);}
    printf("\n");
    return ;}
void QuickSort(int *arr,int low,int high){
    if (low<high){
        int i = low;
        int j = high;
        int k = arr[low];
        while (i<j){
            while(i<j && arr[j]>=k)       // 从右向左找第一个小于 k 的数
                j--;
            if(i<j)
                arr[i++] = arr[j];
```

```
            while(i<j && arr[i]<k)         // 从左向右找第一个大于等于 k 的数
                i++;
            if(i < j)
          arr[j--] = arr[i];}
        arr[i] = k;
        QuickSort(arr, low, i - 1);      // 排序 k 左边
        QuickSort(arr, i + 1, high);}}   // 排序 k 右边
int main(){
    int array[BUF_SIZE] = {12,85,25,16,34,23,49,95,17,61};
    int maxlen = BUF_SIZE;
    printf("排序前的数组\n");
    display(array, maxlen);
    QuickSort(array, 0, maxlen-1);
    printf("排序后的数组\n");
    display(array, maxlen);
return 0;}
```

运行结果如图 7-14 所示。

```
排序前的数组
12 85 25 16 34 23 49 95 17 61
排序后的数组
12 16 17 23 25 34 49 61 85 95
请按任意键继续. . .
```

图 7-14　运行结果

7.2.7　线性时间选择

线性时间选择是基于快速排序的一种延伸，本质上和快速排序具有类似的地方。它的目的是找出这个数组中第 k 小的值。既然只需找出 1 个值，那么就不必对整个数组排序，只需通过分治法和分区（Partition）对 k 所在范围内的值进行查找即可。当然，也可以使用二分法确定 k 的范围，但是这里不讨论二分法，而是介绍两种算法：随机选择和中位数选择。

1. 随机选择

随机选择是在当前处理的数组中随机挑选一个数，以这个数为基准对数组进行分区操作，判断 k 与这个数的位置 p 的关系，如果 k≤p，则对左边进行当前操作，反之则对右边进行操作，这体现了分治的思想。

例如，查找下面这组数中第 3 小的数字：

1，5，7，2，4，8，6

选择 7 作为基准，分区后：

1，5，6，2，4，7，8

因为 7 的位置是 6，3<6，所以对其左边 1，5，6，2，4，7 再次进行分区操作，直到数组只剩下一个数，即为所求的数。

可以得知，随机选择在最坏情况下（例如找最大值时总是在最小值处划分）需要将所有元素都遍历一遍，需要花费 $O(n^2)$时间。尽管如此，该算法的平均性能还是很好。可以证明，随机选择算法可以在 O(n)的平均时间内找出 n 个输入元素中第 k 小的元素。

例 7-7　求 20 个数中第 5 小的数（随机选择法）。

代码如下：

```
#include <stdio.h>
```

```
#include <stdlib.h>
#define NUM 20
int arr[NUM] = { 0 };
void init(){
int i;time_t tm;time(&tm);
    srand((unsigned int)tm);int max_item = 100;
    for (i = 0; i != NUM; i++)
        arr[i] = rand() % max_item;}
void swap(int * pa, int * pb){
    int aa = *pa;int bb = *pb;aa = aa ^ bb;bb = aa ^ bb;
    aa = aa ^ bb;*pa = aa;*pb = bb;}
void display(int * arr){
int i;
    for (i = 0; i != NUM; i++)
        printf("%d ", arr[i]);
    printf("\n");}
int Partition(int low, int high){
int j;int privot = arr[high];
    int i = low - 1;
    for (j = low; j != high; j++){
        if (arr[j] <= privot)
            swap(&arr[j], &arr[++i]);}
    swap(&arr[i + 1], &arr[high]);
    return i + 1;}
int RandomPartition(int low, int high){
    time_t tm;time(&tm);
    srand((unsigned int)tm);
    int id = rand() % NUM;
    swap(&arr[id], &arr[NUM - 1]);
    return Partition(low, high);}
int RandomSelect(int low, int high, int id){
    if (low >= high)
        return arr[low];
    int mid = RandomPartition(low, high);
    int k = mid - low + 1;
    if (k == id)
        return arr[mid];
    if (id > k)
        return RandomSelect(mid + 1, high, id - k);
    else
        return RandomSelect(low, mid - 1, id);}
int  main(){
    init();
    display(arr);
    int k = 5;
    int res = RandomSelect(0, NUM - 1, k);
    printf("数组中第%d 个小数是%d\n", k, res);
    return 0;}
```

运行结果如图 7-15 所示。

```
33 6 88 81 80 34 39 23 74 54 94 48 55 0 23 48 93 97 18 79
数组中第5个小数是23
请按任意键继续. . .
```

图 7-15 运行结果

2. 中位数选择

将数按大小顺序排列起来，形成一个数列，居于数列中间位置的那个数就是中位数。

中位数选择算法可以在最坏情况下用 O(n)时间完成选择任务。

这个算法的步骤如下：

（1）将数组分为若干组，每5个一组（最后一组可能会不满5个）。
（2）将各个组排序，取出中位数。
（3）找出这些中位数的中位数，以这个结果为标准进行划分。
针对这个算法，我们举一个例子：

1，4，2，5，10，7，3，11，6，14，18，8，9，13

首先，对这14个数按5个一组进行分组，最后一组只有四个，单独列出来：

{1，4，2，5，10}，{7，3，11，6，14}，{18，8，9，13}

对每组进行排序操作，得：

{1，2，4，5，10}，{3，6，7，11，14}，{8，9，13，18}

将每组的中位数取出来，得：

4，7，9

再对中位数进行排序。这个例子中数字已经排好序了，将中位数7取出，以7为基准对原数组进行分区。判断k与7的位置关系，k在左边就对左边继续操作，反之对右边操作，体现了分治思想。

例7-8 输入一组数，求这组数的中位数。
代码如下：

```
#include <stdio.h>
void exch (int *array, int i, int j){
    if (i!=j){
        array[i] ^= array[j];
        array[j] = array[i] ^ array[j];
        array[i] ^= array[j];}}
double select_middle (int *array, int beg, int end, int n){
    if (n == 1)
        return array[1];
    int i = beg, j;
    for (j=i+1; j<=end; ++j)
        if (array[j]<=array[beg]){
            ++i;
            exch (array, i, j);;}
    exch (array, beg, i);
    if (i < n/2)
        return select_middle (array, i+1, end, n);
    else if (i > n/2)
        return select_middle (array, beg, i-1, n);
    else{
        if (n%2)
            return array[i];
        else{
            int j, m=array[0];
            for (j=1; j<i; ++j)
                if (array[j] > m)
                    m=array[j];
            return (double)(array[i]+m)/2;}}}
int main (){
    int n=0;
    int array[256];
    printf ("请输入数据，输入 9999 结束输入:\n");
    while (1){
        scanf ("%d", &array[n]);
        if (array[n] == 9999)
```

```
            break;
        ++n;}
    printf ("您要找的数是%lf\n", select_middle(array, 0, n-1, n));
    return 0;}
```

运行结果如图 7-16 所示。

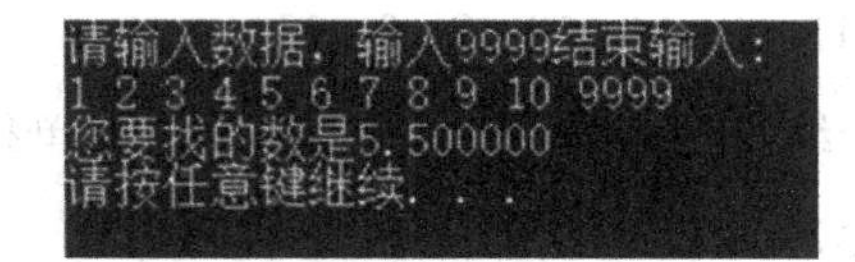

图 7-16 运行结果

7.2.8 最近点对问题

例 7-9 最近点对问题。

算法分析：

最近点对问题是针对一个点的集合，找出当中距离最近的两个点。最原始的做法就是算出每个点和其余 n–1 个点的距离，然后找出距离最近的那个点对。这种做法的时间复杂度为 $O(n^2)$。

这个问题其实可以用分治法来得到更好的解决。将点集分为两半，递归地对两个点集找到其中的最近点对。但问题在于，如何将两个点集的解合并。如果最近点对的两个点都在同一个子点集中，那么解的合并很容易，但如果两个点分属不同的子点集呢？

先看一维空间中的问题解法。将点按坐标排序后，以点 m 为基准把点集分为规模相等的两半。递归求出第一个子点集中的最近点对 p1 和 q1，第二子点集中的最近点对 p2 和 q2，那么对于原点集，其最近点对可能是 p1q1，p2q2 或者 p3q3，其中 p3 和 q3 分属两个不同的子点集。假设 p1q1 和 p2q2 中距离更近的一对的距离为 d。如果存在分属两个子点集的最近点对 p3q3 的距离小于 d，则可知 p3 与 q3 各自和分割点 m 的距离都小于 d 。又对于 p3 所在子集，p3 与任意点的距离都大于 d，即其子点集中除 p3 外任意点和分割点 m 的距离都大于 d。q3 同理。故在以分割点 m 为中心、半径为 d 的区域内，只存在 p3 与 q3 两个点。如此就可以通过计算每个点与分割点的距离，判断是否存在 p3q3 点对。这一判断的时间复杂度为 O(n)。可得到以下递归方程：

$$T(n)=\begin{cases}O(1) & n<4\\ 2T\left(\frac{n}{2}\right)+O(n) & n\geqslant 4\end{cases}$$

可解此递归方程得到 T(n) = O(nlogn)。

接下来把算法推广至二维，点集分布在平面上，每个点都有二维坐标 x 和 y。为了将点集分割为规模相等的两个子点集，选取垂线 x=m 为分割直线。m 为点集中所有点的 x 坐标的中位数。和一维情况一样，递归求子点集的解，求得 p1q1 和 p2q2，然后判断是否存在两个点分属两个子点集为最近点对的情况。

在一维情况下，以分割点为中心、半径为 d 的区域内只会存在一个点对，所以可以简单确定最近点对。但二维情况复杂得多，两个子点集中的每个点都可能是 p3q3 的组成。

同样假设两个子点集的解中距离更近的一对的距离为 d，如果存在 p3q3，其距离必然小于 d。那么，对于其中一个子点集中的任一点 p，另一子点集中可能与 p 组成最近点对的点必然处在以分割线为边、直线 y=yp 为中线、长为 2d、宽为 d 的长方形中。

由于第二子点集中任意点对的距离都大于 d，故长为 2d、宽为 d 的长方形中最多只会存在 6 个点。如此一来，检查第一个子点集中每一个与分割线距离小于 d 的点与其对应在第二子点集区域内最多 6 个点的距离即可，最大需要检查的点对数量为 6×n/2=3n。

而对于特定点 p，要找出与其匹配的最多 6 个点，可以先把整个点集按 y 坐标排序，然后检查点 p 时，只要检查这个有序序列上 p 相邻的 y 坐标差小于 d 的点即可。如此，可以在 O(n)时间内完成检查。递推公式同一维，解得时间复杂度为 O(nlogn)，而点集基于 y 轴排序的时间复杂度也是 O(nlogn)，则总的时间复杂度就是 O(nlogn)。

代码如下：

```
#include<stdio.h>
#include<math.h>
#include<stdlib.h>
#define MAX 100
struct {
int x,y;
}zuobiao[MAX];
double zuijin(){
    int i,j,t;
    int d=100;
    int n=rand()%100+1;
    printf("随机生成的点数为: %d\n",n);
    for(i=0;i<n;i++){
        zuobiao[i].x=rand()%100+1;
        zuobiao[i].y=rand()%100+1;
        printf("(%d,%d)\t",zuobiao[i].x,zuobiao[i].y);}
    for (i = 0; i <n+1; i++)
        for (j=i+1; j < n; j++) {
            t=(zuobiao[i].x-zuobiao[j].x)*(zuobiao[i].x-zuobiao[j].x)+(zuobiao[i].y-
zuobiao[j].y)*(zuobiao[i].y-zuobiao[j].y);
            if(d*d>t)d=t;}
        return sqrt(d);}
int main() {
    printf("\n最近的距离为: %lf\n",zuijin());
    return 0;}
```

运行结果如图 7-17 所示。

```
随机生成的点数为: 42
(68,35) (1,70)  (25,79) (59,63) (65,6)  (46,82) (28,62) (92,96) (43,28) (37,92) (5,3)   (54,93) (83,22) (17,19) (96,48)
        (27,72) (39,70) (13,68) (100,36)        (95,4)  (12,23) (34,74) (65,42) (12,54) (69,48) (45,63) (58,38) (60,24)
        (42,30) (79,17) (36,91) (43,89) (7,41)  (43,65) (49,47) (6,91)  (30,71) (51,7)  (2,94)  (49,30) (24,85) (55,57)

最近的距离为: 1.414214
请按任意键继续. . .
```

图 7-17　运行结果

7.2.9　循环赛日程表

例 7-10　循环赛日程表。一年一度的欧洲冠军联赛马上就要打响，在初赛阶段采用循环制，设共有 n 队参加，初赛共进行 n–1 天，每队要和其他各队进行一场比赛。要求每队每天只能进行一场比赛，并且不能轮空。请按照上述要求安排比赛日程，决定每天各队的对手。

算法分析：

根据排列组合，n 个队伍总共要比赛 n(n–1)/2 场，初赛共进行 n-1 天，那么每天要比赛 n/2 场，这样的话，n 必须为偶数（因为比赛的场数得为整数）

若 n 为奇数会怎么样？首先，n 队参加，由于每队每天只能进行一场比赛，则至少要比赛 n–1 天，这个很容易理解；已知 n 为奇数，比赛天数不能是 n–1 天，那么，若比赛天数为 n 天，则每天要比赛

(n−1)/2 场，这样就没问题了。

循环赛日程有这么一个规律：若比赛队数 n 恰好为 2 的 k 次方，则可以直接使用分治法解决这个问题。n = 2 时的循环赛日程表如表 7-1 所示，第 1 列是队伍名，第 2 列表示第 1 天，第 1 行第 2 个表示 1 打 2，第 2 行第 2 个表示 2 打 1。

表 7-1　循环赛日程表（n=2）

1	2
2	1

n = 4 时的循环赛日程表如表 7-2 所示，第 1 列是队伍名，第 2 列到第 4 列分别代表第 1 天到第 3 天，比如第 1 行第 4 个表示在第 3 天 1 打 4。

表 7-2　循环赛日程表（n=4）

1	2	3	4
2	1	4	3
3	4	1	2
4	3	2	1

可以看出，在表格中：左上角 = 右下角，左下角 = 右上角。

规律从 n = 2 时开始成立，所以可以用分治法解决该问题。

代码如下（此代码只适用于队伍数等于 2 的幂次方的情况）：

```
#include<stdio.h>
#include<math.h>
void gametable(int k){
    int a[100][100];
    int n,temp,i,j,p,t;
    n=2;                                        //两个参赛选手日程可以直接求得
    a[1][1]=1;a[1][2]=2;
    a[2][1]=2;a[2][2]=1;
    for(t=1;t<k;t++){                           //迭代处理
        temp=n;n=n*2;                           //填左下角元素
        for(i=temp+1;i<=n;i++)
            for(j=1;j<=temp;j++)
                a[i][j]=a[i-temp][j]+temp;//左下角和左上角元素的对应关系
        for(i=1;i<=temp;i++)                    //将左下角元素抄到右上角
            for(j=temp+1;j<=n;j++)
                a[i][j]=a[i+temp][(j+temp)%n];
        for(i=temp+1;i<=n;i++)                  //将左上角元素抄到右下角
            for(j=temp+1;j<=n;j++)
                a[i][j]=a[i-temp][j-temp];}
    printf("参赛人数为:%d\n(第 i 行第 j 列表示和第 i 个选手在第 j 天比赛的选手序号)\n",n);
    for(i=1;i<=n;i++)
        for(j=1;j<=n;j++){
            printf("%d ",a[i][j]);
                if(j==n)
                    printf("\n");}}
void main(){
    int k;
    printf("比赛选手个数为 n(n=2^k)，请输入参数 k(k>0):\n");
    scanf("%d",&k);
    if(k!=0)
    gametable(k);}
```

运行结果如图 7-18 所示。

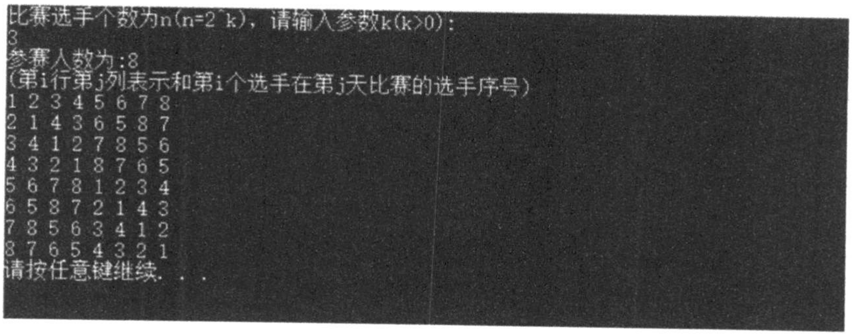

```
比赛选手个数为n(n=2^k)，请输入参数k(k>0):
3
参赛人数为:8
(第i行第j列表示和第i个选手在第j天比赛的选手序号)
1 2 3 4 5 6 7 8
2 1 4 3 6 5 8 7
3 4 1 2 7 8 5 6
4 3 2 1 8 7 6 5
5 6 7 8 1 2 3 4
6 5 8 7 2 1 4 3
7 8 5 6 3 4 1 2
8 7 6 5 4 3 2 1
请按任意键继续. . .
```

图 7-18　运行结果

7.3　递归转化

7.3.1　一般的递归转非递归

递归是程序设计中很重要的技巧，简单易于实现；但递归程序的效率较非递归程序低得多。递归函数要直接或间接地调用自身，系统栈要频繁操作，时间、空间消耗很大。在要求高效的很多场合，需要将递归程序改写成非递归程序。

递归程序转非递归程序的通用方法是用自定义栈结构模拟递归过程，几乎所有递归都适用。如果从系统角度看递归，栈模拟能解决所有问题。对于具体问题，可以有其他方法，包括直接迭代、动态规划等。例如，斐波那契数列就可以用直接迭代写成非递归的。动态规划也是直接迭代的一种，但是需要转换算法思想，提取问题的最优子结构，合并排序等就属于这种类型的问题。对于这类问题，可视具体题目而定，发现问题的结构，寻找状态转移方程。

这里主要介绍栈模拟。以下所有代码重在说明算法，没有考虑爆栈、溢出等涉及程序的鲁棒性因素。

例 7-11　汉诺塔问题（用非递归实现）。

有三根杆子 A，B，C。A 杆上有 n（n>1）个穿孔圆盘，圆盘的尺寸由下到上依次变小。要求按下列规则将所有圆盘移至 C 杆：

（1）每次只能移动一个圆盘。

（2）大圆盘不能叠在小圆盘上面。

问：如何移动这些圆盘？最少要移动多少次？

提示

可将圆盘临时置于 B 杆，也可将从 A 杆移出的圆盘重新移回 A 杆，但都必须遵循上述两条规则。

算法分析：

先将 A 杆上面的 n–1 个圆盘借助 C 杆移到 B 杆，然后将 A 杆最下面的一个圆盘直接移到 C 杆，再将 n–1 个圆盘借助 A 杆从 B 杆移到 C 杆。其中隐含着递归思想，将问题逐渐减小，最后递推到原问题。

此时注意，栈中元素不是单一的，要保留当前状态，可以用结构体，也可以多维数组，下面给出结构体做法。

代码如下：

```
#include<iostream>
using namespace std;
```

```
const int MAXN=10000;
int m_Move=0;
void recurHanoi(char from,char use,char to,int n){
    if(0==n)
        return;
    recurHanoi(from,to,use,n-1);
    cout<<n<<"号圆盘从"<<from<<"移到"<<to<<endl;
    ++m_Move;
    recurHanoi(use,from,to,n-1);}
void recurHanoi(int n){
    cout<<"--------递归算法--------"<<endl;
    m_Move=0;
    recurHanoi('A','B','C',n);
    cout<<"总共移动"<<m_Move<<"次"<<endl;}
struct Node{
    int number;
    int id;
    char from;
    char use;
    char to;};
void print(Node now){
    ++m_Move;
    cout<<now.id<<"号圆盘从"<<now.from<<"移到"<<now.to<<endl;}
void notRecurHanoi(int n){
    cout<<"--------非递归算法--------"<<endl;
    Node myStack[MAXN];
    Node now;
    int top=0;
    m_Move=0;
    now.from='A';now.use='B';now.to='C';now.number=n;now.id=n;
    myStack[++top]=now;
    char from,use,to,number,id;
    while(top>0){
        if(1==myStack[top].number){
            print(myStack[top]);
            --top;}
        else {
            from=myStack[top].from;use=myStack[top].use;to=myStack[top].to;number=
myStack[top].number;id=myStack[top].id;
            --top;
            now.from=use;now.use=from;now.to=to;now.number=number-1;now.id=id-1;
            myStack[++top]=now;
            now.from=from;now.use=use;now.to=to;now.number=1;now.id=id;
            myStack[++top]=now;
            now.from=from;now.use=to;now.to=use;now.number=number-1;now.id=id-1;
            myStack[++top]=now;     }}
    cout<<"总共移动"<<m_Move<<"次"<<endl;}
int main(){
    int n;
    cout<<"输入圆盘的个数："<<endl;
    while(cin>>n){
        recurHanoi(n);
        notRecurHanoi(n);}
    return 0;}
```

运行结果如图 7-19 所示。

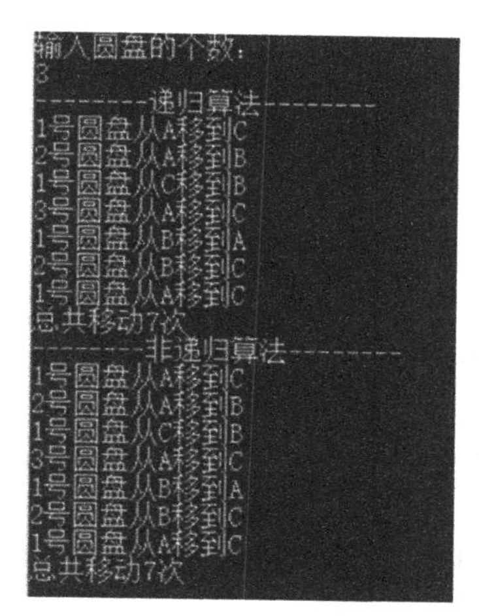

图 7-19　运行结果

7.3.2　分治法中的递归转化

例 7-12　将例 7-4 改为用递归法求解棋盘覆盖问题，并且用 c++语言实现。

算法分析：

（1）把棋盘等分成四个正方形，分别是左上、左下、右上、右下四个子棋盘。

（2）对于每一个子棋盘，如果存在特殊方格，则将它再分成四个子棋盘，并且使用同样的方法对子棋盘进行递归。

（3）对于不存在特殊方格的子棋盘，假定与另外三个子棋盘相接的为特殊方格，有了特殊方格之后，对这个子棋盘进行递归。

（4）直到子棋盘为 1×1 的正方形。

代码如下：

```
#include<iostream>
#include<vector>
#include<stack>
using namespace std;
typedef struct Node{
    public:
        int startx;
        int starty;
        int msize;
        int x;
        int y;};
vector< vector<int> > a;//存放棋盘
stack<Node> s;//存放临时变量
void chessBoard(int startx,int starty,int msize,int x,int y){
    Node temp;//临时变量
    int g=1;
    temp.startx=startx;
    temp.starty=starty;
    temp.msize=msize;
    temp.x=x;
    temp.y=y;
    s.push(temp);//初始状态压栈
    while(!s.empty()){
        Node temp2=s.top();
        s.pop();
        if(temp2.msize==1)
```

```
        continue;
        if((temp2.x-temp2.startx)<temp2.msize/2&&(temp2.y-temp2.starty)<temp2.msize/2){
            temp.startx=temp2.startx;
            temp.starty=temp2.starty;
            temp.msize=temp2.msize/2;
            temp.x=temp2.x;
            temp.y=temp2.y;
            s.push(temp);}
        else{
            temp.startx=temp2.startx;
            temp.starty=temp2.starty;
            temp.msize=temp2.msize/2;
            temp.x=temp2.startx+temp2.msize/2-1;
            temp.y=temp2.starty+temp2.msize/2-1;
            s.push(temp);
            if(a[temp2.startx+temp2.msize/2-1][temp2.starty+temp2.msize/2-1]==-1)
                a[temp2.startx+temp2.msize/2-1][temp2.starty+temp2.msize/2-1]=g;}
        if((temp2.x-temp2.startx)<temp2.msize/2&&(temp2.y-temp2.starty)>temp2.msize/2){
            temp.startx=temp2.startx;
            temp.starty=temp2.starty+temp2.msize/2;
            temp.msize=temp2.msize/2;
            temp.x=temp2.x;
            temp.y=temp2.y;
            s.push(temp);}
        else{
            temp.startx=temp2.startx;
            temp.starty=temp2.starty+temp2.msize/2;
            temp.msize=temp2.msize/2;
            temp.x=temp2.startx+temp2.msize/2-1;
            temp.y=temp2.starty+temp2.msize/2;
            s.push(temp);
            if(a[temp2.startx+temp2.msize/2-1][temp2.starty+temp2.msize/2]==-1)
                a[temp2.startx+temp2.msize/2-1][temp2.starty+temp2.msize/2]=g;}
        if((temp2.x-temp2.startx)>temp2.msize/2&&(temp2.y-temp2.starty)<temp2.msize/2){
            temp.startx=temp2.startx+temp2.msize/2;
            temp.starty=temp2.starty;
            temp.msize=temp2.msize/2;
            temp.x=temp2.x;
            temp.y=temp2.y;
            s.push(temp);}
        else{
            temp.startx=temp2.startx+temp2.msize/2;
            temp.starty=temp2.starty;
            temp.msize=temp2.msize/2;
            temp.x=temp2.startx+temp2.msize/2;
            temp.y=temp2.starty+temp2.msize/2-1;
            s.push(temp);
            if(a[temp2.startx+temp2.msize/2][temp2.starty+temp2.msize/2-1]==-1)
                a[temp2.startx+temp2.msize/2][temp2.starty+temp2.msize/2-1]=g;}
        if((temp2.x-temp2.startx)>temp2.msize/2&&(temp2.y-temp2.starty)>temp2.msize/2){
            temp.startx=temp2.startx+temp2.msize/2;
            temp.starty=temp2.starty+temp2.msize/2;
            temp.msize=temp2.msize/2;
            temp.x=temp2.x;
            temp.y=temp2.y;
            s.push(temp);}
        else{
            temp.startx=temp2.startx+temp2.msize/2;
            temp.starty=temp2.starty+temp2.msize/2;
            temp.msize=temp2.msize/2;
            temp.x=temp2.startx+temp2.msize/2;
            temp.y=temp2.starty+temp2.msize/2;
            s.push(temp);
```

```
            if(a[temp2.startx+temp2.msize/2][temp2.starty+temp2.msize/2]==-1)
                a[temp2.startx+temp2.msize/2][temp2.starty+temp2.msize/2]=g;}
        g++;}
    return;}
int main(){
    int n;
    cout<<"输入棋盘格数 (n*n) "<<endl;
    cin>>n;
    vector<int> temp;
    for(int j=0;j<n;j++)
        temp.push_back(-1);
    for(int i=0;i<n;i++)
        a.push_back(temp);
    cout<<"输入特殊方格 (x y) "<<endl;
    int x,y;
    cin>>x>>y;
    a[x][y]=0;
    chessBoard(0,0,n,x,y);
    for(int i=0;i<n;i++){
        for(int j=0;j<n;j++)
            cout<<a[i][j]<<"\t";
        cout<<endl;}
    return 0;}
```

运行结果如图 7-20 所示。

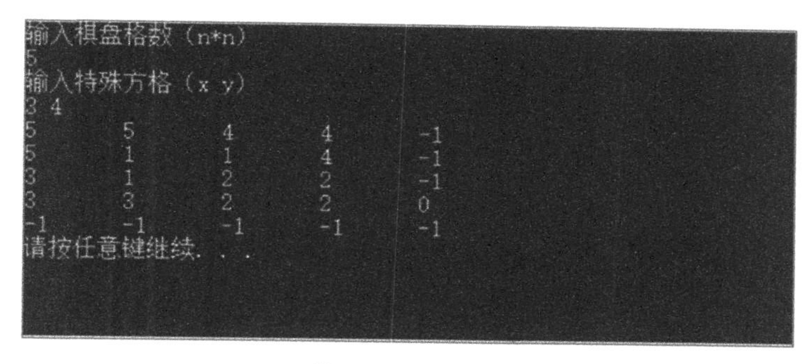

图 7-20　运行结果

习题

1. 用分治法实现树（如图 7-21 所示）的先序、中序和后序遍历。

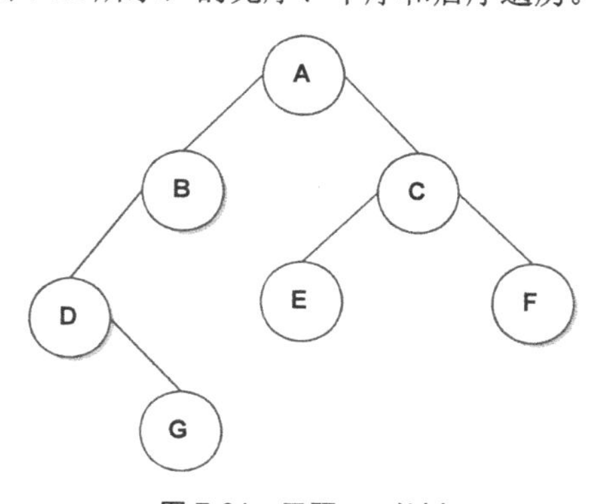

图 7-21　习题 7-1 的树

树是 n（n>0）个节点的有限集，这个集合满足下面条件：

（1）有且仅有一个节点没有前驱（父亲节点），该节点称为树的根。

（2）除根外，其余的每一个节点都有且仅有一个前驱。

（3）除根外，每个节点都通过唯一的路径连到根上（否则有环）。

所谓树的遍历，是指依照一定的规律不反复地访问（或取出节点中的信息，或对节点做其他的处理）树中的每个节点，遍历过程实质上是将树这样的非线性结构按一定规律转化为线性结构。

2. 用二分法在一个已排好序的数组（从小到大排序）中查找某个数字 x。
3. 计算某个自然数的乘方，即 x^n。
4. 用快速排序对一组数进行降序排序。
5. 分析快速排序和合并排序的异同点。

第 8 章
贪心算法

8.1 贪心算法概述

贪心算法又称“贪婪算法”，是指在对问题求解时，总是做出在当前看来最好的选择。也就是说，不从整体最优上加以考虑，所做出的仅是某种意义上的局部最优解。贪心算法不是对所有问题都能得到整体最优解，但对范围相当广泛的许多问题能产生整体最优解或者整体最优解的近似解。

8.1.1 贪心算法的基本思想

贪心算法的基本思想如下：

第一步，建立数学模型来描述问题。

第二步，把求解的问题分成若干个子问题。

第三步，对每一子问题求解，得到子问题的局部最优解，然后把子问题的局部最优解合成原来问题的一个解。

该算法不能保证最后求得的解是最优的，也不能用来求最大或最小解问题，只能求满足某些约束条件的可行解的范围。

8.1.2 贪心算法的实施步骤与算法描述

一般来说，设计贪心算法涉及下面几个步骤：

（1）确定问题的最优子结构。

（2）基于问题的最优子结构设计一个递归算法。

（3）证明我们做出的贪心选择，只剩下一个子问题。

（4）证明贪心选择总是安全的。

（5）设计一个递归算法实现贪心策略。

（6）将贪心算法转化为迭代算法。

例如，在活动安排问题里面，我们就是确定了活动最优子结构的性质，在子问题 S_j 里面选出一个基于上次选择 a_j 的最早结束活动 a_m，使得 S_j 的最优解是由 a_m 和 S_m 的最优解组成的。

贪心算法的一般流程为：

```
Greedy(C) {            //C 是问题的输入集合（即候选集合）
    S={ };             //初始解集合为空集
```

```
    while (not solution(S)) {          //集合 S 没有构成问题的一个解
        x=select(C);                   //在候选集合 C 中做贪心选择
        if feasible(S, x)              //判断集合 S 中加入 x 后的解是否可行
            S=S+{x};
            C=C-{x};}
    return S;}
```

贪心算法有两个重要的性质，即贪心选择性质和最优子结构性质。

贪心选择性质是指：我们可以做出局部最优选择来构造最优解。也就是说，我们在做出选择时，总是以当前的情况为基础做出最优选择的，而不用考虑子问题的解！

这是和动态规划最大的不同之处。我们知道，在动态规划中，在每次做出一个选择的时候总是要对所有选择进行比较以后才能确定到底采用哪一种选择，而这种选择的参考依据是以子问题的解为基础的，所以动态规划总是采用自下而下的方法，先得到子问题的解，再通过子问题的解构造原问题的解；就算是采用自上而下的算法，也是先求出子问题的解，再通过递归调用自下而上地返回每一个子问题的最优解。

在贪心算法中，我们总是在原问题的基础上做出一个选择，然后求解剩下的唯一子问题。贪心算法从来都不依赖子问题的解，不过有可能会依赖上一次做出的选择，所以贪心算法是自上而下的，一步一步地选择，将原问题一步步消减得更小。

当然，必须证明每一个步骤做出的贪心选择都可以生成全局最优解！我们在活动安排问题里面是这样做的，首先假定有一个最优解，然后将做出的选择替换进去得到另外一个最优解！

当一个问题的最优解包含其子问题的最优解时，称此问题具有最优子结构性质。问题的最优子结构性质是该问题可用贪心算法求解的关键特征。

8.2 活动安排问题

例 8-1 设有 n 个活动的集合 E={1,2,…,n}，其中每个活动都要求使用同一资源，如公共会议室等，而在同一时间内只有一个活动能使用这一资源。每个活动 i 都有要求使用该资源的一个起始时间 s_i 和一个结束时间 f_i，且 $s_i<f_i$。如果选择了活动 i，则它在半开时间区间$[s_i,f_i)$内占用资源。若区间$[s_i,f_i)$与区间$[s_j,f_j)$不相交，则称活动 i 与活动 j 是相容的。也就是说，当 $s_i \geq f_j$ 或 $s_j \geq f_i$ 时，活动 i 与活动 j 相容。

因为输入的活动以其结束时间非降序排列，所以算法每次总是选择具有最早完成时间的相容活动加入集合 A 中。直观上，按这种方法选择相容活动可为未安排的活动留下尽可能多的时间。也就是说，该算法的贪心选择的意义是使剩余的可安排时间段极大化，以便安排尽可能多的相容活动。

该算法的效率极高。当输入的活动已按结束时间非降序排列时，算法只需 O(n)的时间安排 n 个活动，使最多的活动能相容地使用公共资源。如果所给出的活动未按结束时间非减序排列，可以用 O(nlogn)的时间重排。

例如，设待安排的 11 个活动的开始时间和结束时间按结束时间非降序排列如表 8-1 所示。

表 8-1 活动安排问题

i	1	2	3	4	5	6	7	8	9	10	11
s_i	1	3	0	5	3	5	6	8	8	2	12
F_i	4	5	6	7	8	9	10	11	12	13	14

算法的计算过程如图 8-1 所示，图中每行对应于算法的一次迭代，阴影长条表示的活动是已选入集合 A 的活动，而空白长条表示的活动是当前正在检查相容性的活动。

若被检查的活动 i 的开始时间 s_i 小于最近选择的活动 j 的结束时间 f_j，则不选择活动 i，否则选择活动 i 加入集合 A 中。

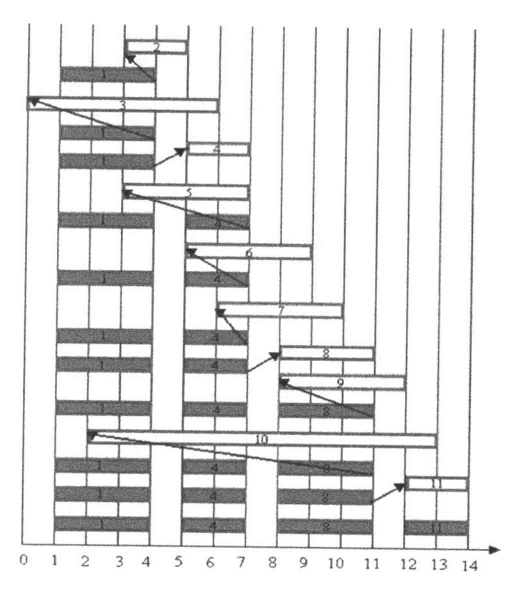

图 8-1 活动安排图

贪心算法并不是总能求得问题的整体最优解。但对于活动安排问题，贪心算法却总能求得整体最优解，即它最终所确定的相容活动集合 A 的规模最大。这个结论可以用数学归纳法证明。

例 8-2 设有 m 台完全相同的机器运行 n 个独立的任务，运行任务 i 所需要的时间为 t_i，要求确定一个调度方案，使得完成所有任务所需要的时间最短。

算法分析：

假设任务已经按照其运行需要的时间从大到小降序排序，算法基于最长运行时间作业优先的策略，按顺序把每个任务分配到一台机器上，然后将剩余的任务一次放入最先空闲的机器。

假设 m 是机器数，n 是任务数。t[]的长度为 n ，其中每个元素表示任务的运行时间。s[][]长度为 mn ，下标从 0 开始，其中 s[i][j] 表示机器 i 运行的任务 j 的编号。d[] 长度为 m ，其中 d[i]表示机器 i 运行的时间。count[]长度为 m，其中元素 count[i] 表示机器 i 运行的任务数。max 为完成所有任务的时间。min , i , j , k 为临时定义变量，无意义。

考虑实例：m=3（编号 0～2），n=7（编号 0～6)，各任务的运行时间为 {16,14,6,5,4,3,2}（这里其实就是指 t[i] 定义为{16,14,6,5,4,3,2}），求从任务开始运行到完成所需要的时间。

代码如下：

```
#include<stdio.h>
void schedule(int m,int n,int *t){           //初始化
    int i,j,k,max=0;
    int d[100],s[100][100],count[100];
    for(i=0;i<m;i++){
        d[i]=0;
        for(j=0;j<n;j++){
            s[i][j]=-1;}}
    for(i=0;i<m;i++){
        s[i][0]=i;
        d[i]=d[i]+t[i];
        count[i]=1;}
    for(i=m;i<n;i++){
        int min=d[0];
        k=0;
        for(j=1;j<m;j++){                    //确定空闲机器，实质是在求当期任务总时间最少的机器
            if(min>d[j]){
```

```
                    min=d[j];
                    k=j;}}
            s[k][count[k]]=i;                    //在机器 k 的执行队列添加第 i 号任务
            count[k]=count[k]+1;                 //机器 k 的任务数+1
            d[k]=d[k]+t[i];}
        for(i=0;i<m;i++){                        //确定完成所有任务需要的时间
            if(max<d[i]){
                max=d[i];}}
        printf("完成所有任务需要的时间: %d\n",max);
        printf("各个机器执行的耗时一览: \n");
        for(i=0;i<m;i++){
            printf("%d:",i);
            for(j=0;j<n;j++){
                if(s[i][j]==-1){
                    break;}
                printf("%d\t",t[s[i][j]]);}
            printf("\n");}}
    void main(){                                 //测试用例
        int time[7]={16,14,6,5,4,3,2};
        schedule(3,7,time);}
```

运行结果如图 8-2 所示。

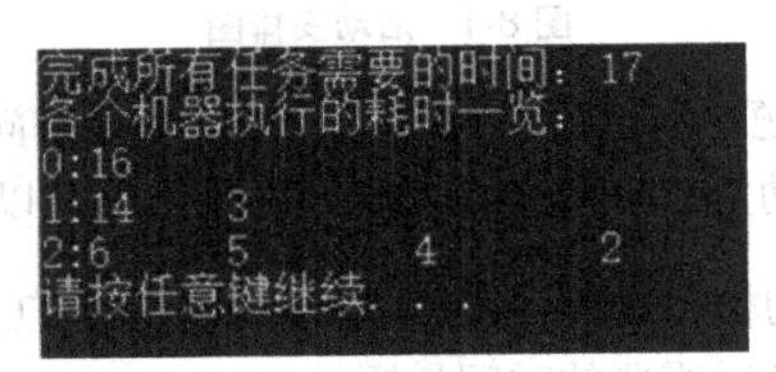

图 8-2 运行结果

8.3 田忌赛马

例 8-3 “田忌赛马”是历史上有名的揭示如何善用自己的长处去对付对手的短处，从而在竞技中获胜的事例。当时田忌和齐王赛马，他们各派出 N 匹马（N≤50），每场比赛输的一方要给赢的一方 200 两黄金，如果是平局的话，双方都不必出钱。每匹马的速度值是固定且已知的，而齐王出马也不管田忌出马的顺序。请问：田忌应该如何安排自己的马去对抗齐王的马，才能赢最多的钱？

算法分析：

为了使得田忌赢得尽可能多的钱，就应该尽可能使田忌的好马对齐王的好马，田忌的劣马尽可能多地消耗齐王更好的马，这就是贪心的本质。本题到底应该如何贪心？

要考虑几件事情：

（1）先把马排一下序，从而使田忌更容易地用最慢的马消耗掉齐王最快的马。

（2）接下来考虑策略。对于每一次比拼的考虑，如果田忌当前最快的马比齐王当前最快的马还快，那么胜利次数加 1，并且移除这两匹马（用过了不能再用）。

（3）如果（2）不成立，那么就考虑让两人当前最慢的马比拼，原理同上。

（4）如果还是比不过，那么就让田忌当前最慢的马和齐王当前最快的马比拼（这样最值得），接下来有两种结果：

1）田忌输了（田忌当前最慢的马比齐王当前最快的马慢)，那么胜利次数减 1，移除这两匹马。

2）万一平局（不可能胜利，因为田忌最快的马赢不过齐王最快的马)，就是在上面三个判断都为否的情况下：田忌最慢的马和齐王最快的马一样，田忌最慢的马赢不过齐王最慢的马。从这两个条件可以知道，只有一种情况，即齐王最快的马等于最慢的马（也就是说只有一匹马了），加之平局，因此什么都不用操作。

代码如下：

```
#include<stdio.h>
#include<stdlib.h>
int comp(const void *a,const void *b){
        return *(int *)b-*(int *)a;}
int main(){
        int num,i,j;
        printf("请输入比较次数\n");
        while(scanf("%d",&num)!=EOF){
            int m[1001],n[1001];
            printf("田忌:\n");
            for(i=0;i<num;i++)
                scanf("%d",&m[i]);
            printf("齐王: \n");
            for(j=0;j<num;j++)
                scanf("%d",&n[j]);
        qsort(m,num,sizeof(m[0]),comp);
        qsort(n,num,sizeof(n[0]),comp);
        int a=0;int b=0;
        int a1=num-1;int b1=num-1;
        int t=0;
        while(a<=a1){
            if(m[a1]>n[b1]){
                a1--;b1--;t++;}
            else if(m[a1]<n[b1]){
                a1--;b++;t--;}
            else if(m[a]>n[b]){
                a++;b++;t++;}
            else{
                if(m[a1]>n[b]){
                    b++;a1--;t++;}
                else if(m[a1]<n[b]){
                    b++;a1--;t--;}
                else{
                    b++;a1--;}}}
            printf("田忌赢了%d 两\n",200*t);}
        return 0;}
```

运行结果如图 8-3 所示。

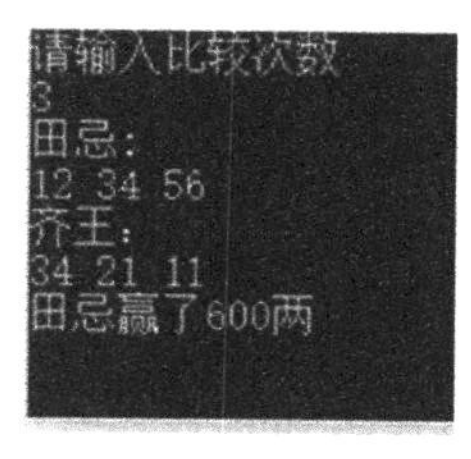

图 8-3　运行结果

8.4　背包问题

例 8-4　有一个背包，背包容量是 M=100。有 7 个物品，物品信息如表 8-2 所示，物品可以分割成任意大小。要求尽可能让装入背包中的物品总价值最大，但不能超过总容量。

表 8-2 物品信息

物品	A	B	C	D	E	F	G
重量	35	30	60	50	40	10	25
价值	10	40	30	50	35	40	30

算法分析：

目标是$\sum p_i$最大；

约束条件是装入的物品总重量不超过背包容量，即$\sum w_i \leqslant M(M=100)$

（1）根据贪心策略，每次挑选价值最大的物品装入背包，得到的结果是否最优？

（2）每次挑选所占重量最小的物品装入背包，是否能得到最优解？

（3）每次选取单位价值最大的物品，是否是解本题的策略？

贪心算法是很常见的算法之一，这是由于它简单易行，构造贪心策略简单。但是，它需要证明后才能真正运用到题目中。一般来说，贪心算法的证明围绕着整个问题的最优解一定由贪心策略中子问题的最优解得来。

我们在选取物品的过程中，每次都选单位价值最大的物品往里放，然后判断剩余空间是否够，不够就退出，够就放进去，直到背包放满为止。必须强调的是：贪心算法求出的不一定是最优解。但是贪心算法并不是完全不可以使用，贪心策略一旦经过证明成立，它就是一种高效的算法。比如，求最小生成树的 Prim 算法和 Kruskal 算法都是很好的贪心算法。

代码如下：

```
#include<iostream>
using namespace std;
const int N=6;
const int W=100;
int weights[N+1]={35,30,60,50,40,10,25};
int values[N+1]={10,40,30,50,35,40,30};
int V[N+1][W+1]={0};
int knapsack(int i,int j){
        int value;
        if(V[i][j]<0){
            if(j<weights[i]){
                value=knapsack(i-1,j);}
            else{
                value=max(knapsack(i-1,j),values[i]+knapsack(i-1,j-weights[i]));}
            V[i][j]=value;}
        return V[i][j];}
int main(){
        int i,j;
        for(i=1;i<=N;i++)
            for(j=1;j<=W;j++)
                V[i][j]=-1;
        cout<<"最大价值："<<knapsack(6,300)<<endl;
        cout<<endl;}
```

运行结果如图 8-4 所示。

图 8-4 运行结果

8.5　覆盖问题

8.5.1　区间覆盖问题

给定一个长度为m的区间，再给出n条线段的起点和终点（注意，这里是闭区间），求最少使用多少条线段可以将整个区间完全覆盖。

例如，区间长度为8，可选的覆盖线段为[2,6]，[1,4]，[3,6]，[3,7]，[6,8]，[2,4]，[3,5]。

（1）将每一条线段间按照左端点进行升序排列，排完序后为[1,4]，[2,4]，[2,6]，[3,5]，[3,6]，[3,7]，[6,8]。

（2）设置一个变量表示已经覆盖到的区域。在剩下的线段中找出所有左端点小于等于当前已经覆盖到的区域的右端点的线段，加入右端点最大的线段，直到已经覆盖全部的区域。

（3）假设第一步加入[1,4]，那么下一步能够选择的有[2,6]，[3,5]，[3,6]，[3,7]，由于7最大，所以下一步选择[3,7]，最后一步只能选择[6,8]，这个时候刚好达到了8，退出，所选区间为3。

（4）贪心证明：需要最少的线段进行覆盖，那么选取的线段必然要尽量长，而已经覆盖到的区域之前的地方已经无所谓了（可以理解成所有的可以覆盖的左端点都是已经覆盖到的地方），那么真正能够使得线段更长的是右端点，左端点没有太大的意义，所以选择右端点来覆盖。

8.5.2　最大不相交覆盖

给定一个长度为m的区间，再给出n条线段的起点和终点（开区间和闭区间处理的方法不同，这里以开区间为例），从中选取尽量多的线段覆盖区间，使得每条线段都是独立的，即每条线段不和其他有任何线段有相交的地方。

假设区间长度为8，可选的覆盖线段为[2,6]，[1,4]，[3,6]，[3,7]，[6,8]，[2,4]，[3,5]。

算法分析：

对线段的右端点进行升序排序，每加入一条线段，选择后面若干条（也有可能是一条）右端点相同的线段中左端点最大的那一条，如果加入以后，不会跟之前的线段产生公共部分，那么就加入，否则就继续判断后面的线段。

（1）将每一条线段按右端点进行升序排列，排完序后为[1,4]，[2,4]，[3,5]，[2,6]，[3,6]，[3,7]，[6,8]。

（2）假设第一步选取[2,4]，会发现后面只能加入[6,8]，所以线段的条数为2。

（3）贪心证明：因为需要尽量多的独立的线段，所以每条线段都要尽可能短，对于同一右端点，左端点越大，线段越短。

那么，为什么要对右端点进行排序呢？

如果对左端点进行排序，那么右端点是多少并不知道，每一条线段都不能对之前所有的线段进行总结，就明显不满足贪心算法的最优子结构性质了。

8.5.3　点覆盖

给定一个长度为m的区间，再给出n条线段和这n条线段需要满足的要求（要求是这n条线段上至少有的被选择的点的个数），问题是整个区间内最少选择几个点，使其满足每一条线段的要求。

（1）算法分析：将每条线段按照右端点坐标进行递增排序，相同右端点的线段按照左端点坐标从大到小排列，一个个将其满足（每次选择的点为该条线段的右端点）。

（2）贪心证明：要想使得剩下的线段上选择的点最少，那么就应该尽量使已经选择了的点在后面的线段中发挥作用，而我们是从左往右选择线段的，要使得选取的点能满足后面线段的要求，那么必须从线段的右端点开始选点。如果按照线段的左端点对线段进行排序、不知道右端点的话，每一条线段都不能对之前已经操作过的所有线段进行总结，无法满足贪心算法的最优子结构性质。

（3）可以解决的实际问题：数轴上面有 n 个闭区间[a,b]，取尽量少的点，使得每个区间内都至少有一个点（不同区间内含的点可以是同一个）。

例如，有一列整数，每一个数各不相同，我们不知道有多少个，但知道在某些区间中至少有多少个整数，用区间（L,R,C）来表示整数序列中至少有C个整数来自子区间[L, R]，有若干个这样的区间，问：这个整数序列的长度最少能为多少？

例 8-5 假设海岸线是一条无限延伸的直线。陆地在海岸线的一侧，而海洋在另一侧。每一个小的岛屿是海洋上的一个点。雷达坐落于海岸线上，只能覆盖 d 距离，所以如果小岛能够被覆盖到的话，它们之间的距离最多为 d。要求计算出能够覆盖给出的所有岛屿的最少雷达数目。

算法分析：

对于每个小岛，我们可以计算出一个雷达所在位置的区间。

代码如下：

```
#include <iostream>
#include <cmath>
#include <algorithm>
using namespace std;
struct Qujian{
    double start, end;};
int radarNum = 1;
int cmp(const void *a, const void *b){
    return (*(Qujian *)a).start>(*(Qujian *)b).start ? 1 : -1;}
int main(void){
    double x, y;
    cout << "请输入岛屿数目和雷达最大探测距离  ";
    int num_island; double DisMax;
    cin >> num_island >> DisMax;
    Qujian qujian[50];
    for (int i = 0; i < num_island; ++i){
        cout << "请输入第"<<i+1<<"个岛屿的横纵坐标:  "<<endl;
        cin >> x >> y;
        if (y > DisMax){
            cout << " 这个岛屿检测不到" << endl;
            exit(-1);}
        qujian[i].start = x - sqrt(DisMax*DisMax -y*y);
        qujian[i].end = x +sqrt(DisMax*DisMax - y*y);}
    qsort(qujian, num_island, sizeof(qujian[0]), cmp);
    for (int j = 1; j <= num_island; ++j){
        if (qujian[j].start >= qujian[0].start&&qujian[j].end <= qujian[0].end){
            qujian[0].end = qujian[j].end;}
        if (qujian[j].start > qujian[0].end){
            //qujian[0].start = qujian[j].start;
            qujian[0].end = qujian[j].end;
            radarNum++;}}
    cout << "需要雷达总数是: " << radarNum << endl;
    return 0; }
```

运行结果如图 8-5 所示。

```
请输入岛屿数目和雷达最大探测距离  5 13
请输入第1个岛屿的横纵坐标:
1 2
请输入第2个岛屿的横纵坐标:
3 6
请输入第3个岛屿的横纵坐标:
4 7
请输入第4个岛屿的横纵坐标:
3 9
请输入第5个岛屿的横纵坐标:
2 7
需要雷达总数是: 2
请按任意键继续. . .
```

图 8-5　运行结果

8.6　教室调度问题

例 8-6　假设要用很多个教室对一组活动进行调度，希望使用尽可能少的教室来调度所有活动。请给出一个算法来确定哪一个活动使用哪一间教室。

算法分析：

这个问题也被称为区间图着色问题，即相容的活动着同色，不相容的活动着不同颜色，使得所用颜色数最少。图着色问题在前面章节已讲过。这里的程序用 C++编写。

代码如下：

```
#include<iostream>
#define N 100
using namespace std;
struct Activity{
    int number;                                              //活动编号
    int begin;                                               //活动开始时间
    int end;                                                 //活动结束时间
    bool flag;                                               //此活动是否被选择
    int roomNum;                                             //此活动在哪间教室举行
void fast_sort(Activity *act,int f,int t){                   //按照结束时间递增排序,使用快速排序
    if(f<t){
        int i = -1,j = f;
        Activity a = act[t];
        while(j<t){
            if(act[j].end<=a.end){
                i++;
                Activity temp1 = act[i];
                act[i] = act[j];
                act[j] = temp1;}
        j++;}
        Activity temp2 = act[t];
        act[t] = act[i+1];
        act[i+1] = temp2;
        fast_sort(act,f,i);
        fast_sort(act,i+2,t);}}
int select_room(Activity *act,int *time,int n){              //把每一个相容的活动集添加到一个教室
    int i = 1;
    int j = 1;
    int sumRoom;
    sumRoom = 1;
    int sumAct;
    sumAct = 1;
    time[1] = act[0].end;
    act[0].roomNum = 1;
```

```
    for(i=1;i<n;i++){
        for(j=1;j<=sumRoom;j++){
            if((act[i].begin>=time[j])&&(!act[i].flag)){
                act[i].roomNum = j;
                act[i].flag = true;
                time[j] = act[i].end;
                sumAct ++;}}
    if(sumAct<n&&i==n-1){                                   //从头开始遍历
        i = 0;
        sumRoom = sumRoom+1;}}
    return sumRoom;}
int main(){
    int cases;
    Activity act[N];
    int time[N];
    cout<<"请输入教室的个数："<<endl;
    cin>>cases;
    while(cases--){
        int n;
        cout<<"请输入活动的数目："<<endl;
        cin>>n;
        int i;
        for(i=0;i<n;i++){
            time[i+1] = 0;                                  //初始化每个教室目前最晚的时间为 0
            act[i].number = i+1;
            act[i].flag = false;                            //初始化每个活动都未被选择
            act[i].roomNum = 0;                             //初始化每个活动都占用教室
            cout<<"活动"<<i+1<<"开始时间：";
            cin>>act[i].begin;
            cout<<"活动"<<i+1<<"结束时间：";
            cin>>act[i].end;}
        fast_sort(act,0,n-1);
        int roomNum =select_room(act,time,n);
        cout<<"所用教室总数为："<<roomNum<<endl;
        cout<<"每个活动在哪一个教室中："<<endl;
        for(i=0;i<n;i++){
        cout<<"活动"<<act[i].number<<"在教室"<<act[i].roomNum<<"中"<<endl;}}
    system("pause");
    return 0;}
```

运行结果如图 8-6 所示。

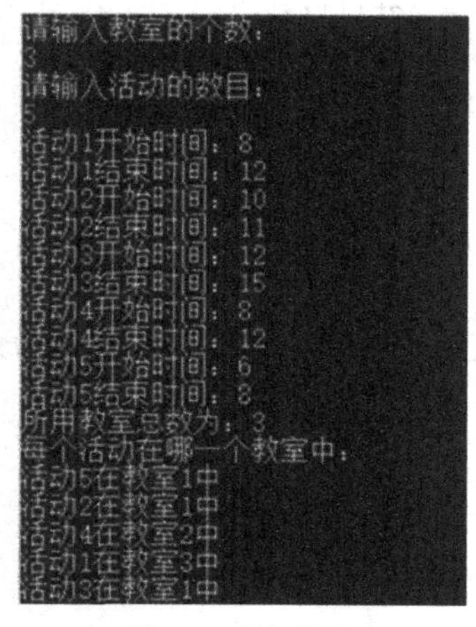

图 8-6 运行结果

8.7　最小生成树——Kruskal 算法

一个有 n 个节点的连通图的生成树是原图的极小连通子图，且包含原图中的所有 n 个节点，并且有保持图连通的最少的边，简单来说就是有且仅有 n 个点、n-1 条边的连通图。而最小生成树是最小权重生成树的简称，即所有边的权值之和最小的生成树。最小生成树问题一般有两种求解算法：Prim 算法和 Kruskal 算法。我们先介绍 Kruskal 算法。

算法分析：

如果图中任意两个顶点都连通并且是一棵树，那么就称之为生成树（Spanning Tree）。如果是带权值的无向图，那么权值之和最小的生成树就称之为最小生成树（MST，Minimum Spanning Tree）。

由最小生成树的定义可以延伸出一个修建道路的问题：把无向图的每个顶点看作村庄，计划修建道路使得可以在所有村庄之间通行。把每个村庄之间修建道路的费用看作权值，就可以得到一个求解修建道路的最少费用的问题。

Kruskal 算法是基于贪心的思想得到的。首先把所有的边按照权值从小到大排列，接着按照顺序选取每条边，如果这条边的两个端点不属于同一集合，那么就将它们合并，直到所有的点都属于同一个集合为止。至于怎么合并到一个集合，可以使用一个工具——并查集。换而言之，Kruskal 算法就是基于并查集的贪心算法。

Kruskal 算法的基本思想是对于图 G(V,E)，输入图 G（由边和顶点构成），输出图 G 的最小生成树。

具体流程如下：

（1）将图 G 看作一个森林，每个顶点为一棵独立的树。

（2）将所有的边加入集合 S，即一开始 S = E’。

（3）从 S 中拿出一条最短的边(u,v)，如果(u,v)不在同一棵树内，则连接 u，v，合并这两棵树，同时将(u,v)加入生成树的边集 E';

（4）重复（3）直到所有点属于同一棵树。边集 E'就是一棵最小生成树。

现在来模拟一下 Kruskal 算法。

例 8-7　给定一个无向图 B（如图 8-7 所示），求它的最小生成树。

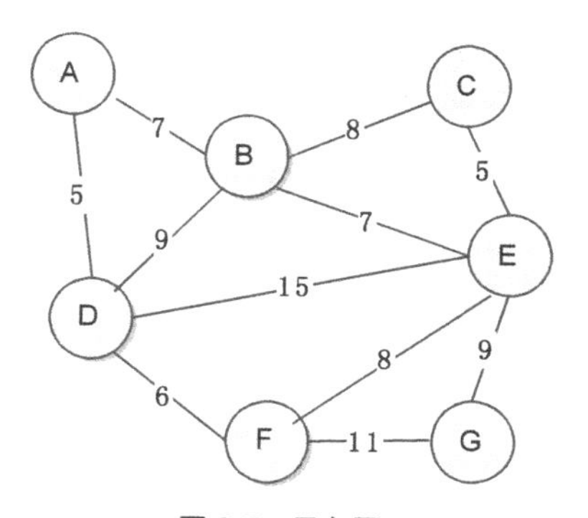

图 8-7　无向图 B

首先，将所有的边都从小到大进行排序。排序之后，根据贪心准则选取权值最小的边(A,D)。我们发现顶点 A 和 D 不在一棵树上，所以合并顶点 A 和 D 所在的树，并将边(A,D)加入边集 E'（如图 8-8 所示）。

然后，在剩下的边中查找权值最小的边，找到(C,E)。我们发现，顶点 C 和 E 仍然不在一棵树上，所以合并顶点 C 和 E 所在的树，并将边(C,E)加入边集 E'（如图 8-9 所示）。

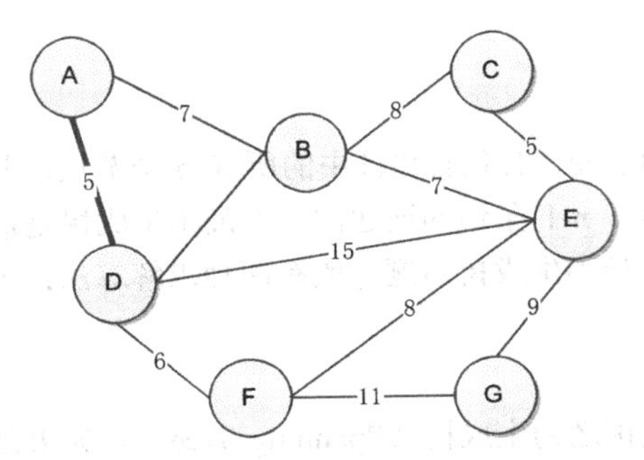

图 8-8　将边(A,D)加入边集 E'

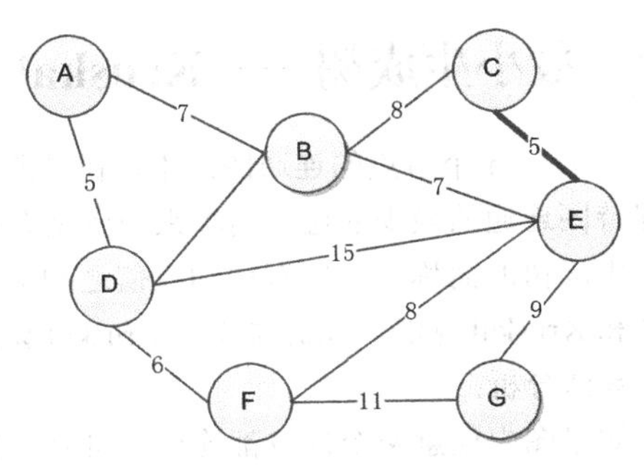

图 8-9　将边(C,E)加入边集 E'

不断重复上述的过程，于是就找到了无向图 B 的最小生成树，如图 8-10 所示。

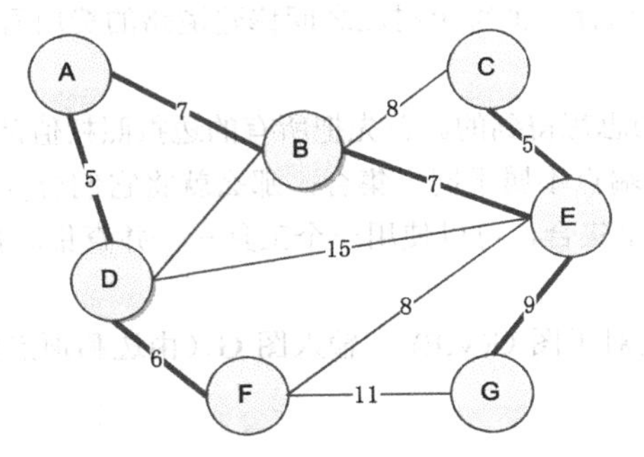

图 8-10　最小生成树

代码如下：

```
#include <cstdio>
#include <cstdlib>
#define MAXN 10000
using namespace std;
int par[MAXN], Rank[MAXN];
typedef struct{
        int a, b, price;
}Node;
Node a[MAXN];
int cmp(const void*a, const void *b){
    return ((Node*)a)->price - ((Node*)b)->price;}
void Init(int n){
    for(int i = 0; i < n; i++){
        Rank[i] = 0;
        par[i] = i;}}
int find(int x){
    int root = x;
    while(root != par[root]) root = par[root];
    while(x != root){
        int t = par[x];
        par[x] = root;
        x = t;}
    return root;}
void unite(int x, int y){
    x = find(x);
    y = find(y);
    if(Rank[x] < Rank[y]){
        par[x] = y;}
    else{
        par[y] = x;
        if(Rank[x] == Rank[y]) Rank[x]++;}}
```

```
int Kruskal(int n, int m){                           //n 为边的数量，m 为顶点数
    int nEdge = 0, res = 0;
    qsort(a, n, sizeof(a[0]), cmp);                  //将边按照权值从小到大排序
    for(int i = 0; i < n && nEdge != m - 1; i++){
        if(find(a[i].a) != find(a[i].b)){ //判断当前这条边的两个端点是否属于同一棵树
            unite(a[i].a, a[i].b);
            res += a[i].price;
            nEdge++;}}
    if(nEdge < m-1) res = -1;                        //如果加入边的数量小于 m - 1，则表明该无向图不连通，
                                                     //等价于不存在最小生成树
    return res;}
int main(){
    int n, m, ans;
    printf("输入边数 n 和顶点数 m:\n");
    while(scanf("%d%d", &n, &m), n){
    printf("输入边的起点、终点和权:\n");
        init(m);
        for(int i = 0; i < n; i++){
            scanf("%d%d%d", &a[i].a, &a[i].b, &a[i].price);
            //将村庄编号变为 0~m-1
            a[i].a--;
            a[i].b--;}
        ans = Kruskal(n, m);
        printf("输出最小生成树:\n");
        if(ans == -1)
      printf("?\n");
        else
      printf("%d\n", ans);}
    return 0;}
```

运行结果如图 8-11 所示。

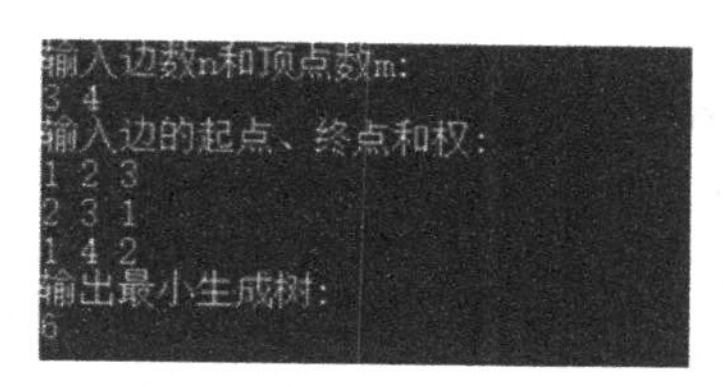

图 8-11　运行结果

最后，我们研究一下 Kruskal 算法的时间复杂度和空间复杂度。如果用 V 代表顶点数量，E 代表边的数量，Kruskal 算法的时间复杂度为：

（1）初始化生成树的边集 E'为空集——O(1)。

（2）对集合中的每一个顶点，都将它的集合初始化为自身——O(v)。

（3）将边按权值进行排序——O(eloge)。

（4）对排序好后的边从小到大进行判断，如果这条边所连的两个顶点不在同一个集合中，则将这条边加入生成树的边集 E'中，并对此边所连的两个顶点 u 和 v 的集合进行操作，如此循环，直到生成树中的边集数量为 n-1 时停止——O(v+e)α(v)。

由于各个子块不是嵌套的而是顺序的，所以时间复杂度取最高的那个，即 O(eloge)。

Kruskal 算法的空间复杂度为：O(e)。

8.8　最小生成树——Prim 算法

例 8-8　用 Prim 算法求图 G（如图 8-12 所示）的最小生成树。

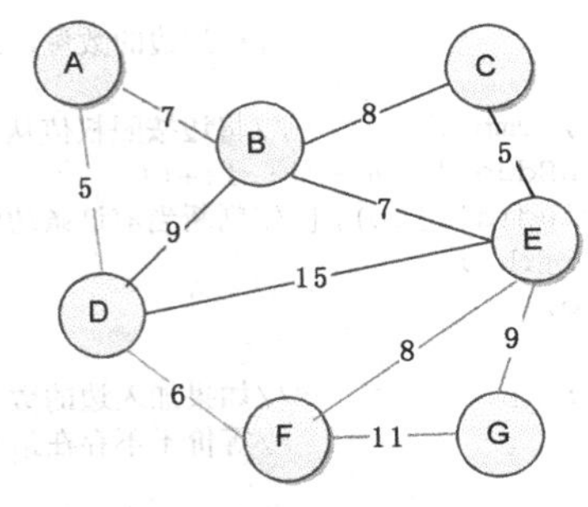

图 8-12 图 G

算法分析：

从任意顶点 v0 开始选择其最近顶点 v1 构成树 T1，再连接与 T1 最近的顶点 v2 构成树 T2，如此重复，直到所有顶点均在所构成的树中为止。

最小生成树（MST），就是权值最小的生成树。生成树和最小生成树的应用：要连通 n 个城市，需要 n–1 条边（线路）。可以把边的权值解释为线路的造价，则最小生成树表示使其造价最低的生成树。构造最小生成树必须解决下面两个问题：

（1）尽可能选取权值小的边，但不能构成回路。

（2）选取 n–1 条恰当的边以连通 n 个顶点。

最小生成树的性质：假设 G=(V,E)是一个连通网，U 是顶点 V 的一个非空子集。若(u,v)是一条具有最小权值的边，其中 u∈U，v∈V–U，则必存在一棵包含边(u,v)的最小生成树。Prim 算法假设 G=(V,E)是连通的，TE 是 G 上最小生成树中边的集合。算法从 U={u0}（u0∈V）、TE={}开始。重复执行下列操作：

在所有 u∈U，v∈V–U 的边(u,v)∈E 中找一条权值最小的边(u0,v0)并入集合 TE 中，同时 v0 并入 U，直到 V=U 为止。

此时，TE 中必有 n–1 条边，T=(V,TE)为 G 的最小生成树。

Prim 算法的核心是始终保持 TE 中的边集构成一棵生成树。

以图 8-12 为例来说明具体的实现方法。

T0 存放生成树的边，初值为空，输入加权图的带权邻接矩阵 C = (Cij)n×n（两点间无边相连，则其大小为无穷），为每个顶点 v 添加属性 L(v)：表 v 到 T0 的最小直接距离。

Prim 算法步骤如下：

（1）T0←∅，V1={v0}，C(T0)=0。

（2）对任意 v ∈ V，L(v)←C(v, v0)。

（3）If V==V1 then stop，else goto next。

（4）在 V-V1 中找点 u 使 L(u) =min{ L(v) | v ∈ (V – V1)}，记 V1 中与 u 相邻的点为 w。

（5）T0←T0∪{(u, w)}，C(T0) ←C(T0)+C(u, w)，V1←V1∪{u}。

（6）对任意 v ∈ (V – V1)，if C(v, u)<L(v) then L(v) = C(v, u)，else L(v)不变。

（7）goto（3）。

代码如下：

```
#include <stdio.h>
#include <stdlib.h>
#define n 5
#define MaxNum 10000
typedef int adjmatrix[n + 1][n + 1];
typedef struct{
    int fromvex, tovex;
    int weight;
```

```
}Edge;
typedef Edge *EdgeNode;
int arcnum;                                          //边的个数
void CreatMatrix(adjmatrix GA){
    int i, j, k, e;
    printf("=============================\n");
    printf("图中有%d个顶点\n", n);
    for(i=1; i<=n; i++){
        for(j=1; j<=n; j++){
            if(i==j)
                GA[i][j]=0;}
            else
                GA[i][j]=MaxNum;}}
    printf("请输入边数：\n");
    scanf("%d", &arcnum);
    printf("输入边的起点 终点 权值：\n");
    for(k=1;k<=arcnum;k++){
        scanf("%d%d%d",&i,&j,&e);                   //读入边的信息
        GA[i][j]=e;
        GA[j][i]=e;}}
void InitEdge(EdgeNode GE,int m){
    int i;
    for(i=1;i<=m;i++){
        GE[i].weight=0;}}
void GetEdgeSet(adjmatrix GA,EdgeNode GE){
    int i, j, k = 1;
    for(i=1;i<=n;i++){
        for(j=i+1;j<=n;j++){
            if(GA[i][j] !=0 && GA[i][j] != MaxNum){
                GE[k].fromvex = i;
                GE[k].tovex = j;
                k++;}}}}
void SortEdge(EdgeNode GE,int m){
    int i,j,k;
    Edge temp;
    for(i=1;i<m;i++){
        k=i;
        for(j=i+1;j<=m;j++){
            if(GE[k].weight > GE[j].weight){
                k=j;}}
        if(k!=i){
            temp = GE[i];
            GE[i]=GE[k];
            GE[k]=temp;}}}
void Prim(adjmatrix GA,EdgeNode T){
    int i,j,k,min,u,m,w;
    Edge temp;
    k=1;
    for(i=1;i<=n;i++){
        if(i!=1){
            T[k].fromvex=1;
            T[k].tovex=i;
            T[k].weight=GA[1][i];
            k++;}}
    for(k=1;k<n;k++){
        min=MaxNum;   m=k;
        for(j=k;j<n;j++){
            if(T[j].weight<min){
                min=T[j].weight;m=j;}}
        temp=T[k];T[k]=T[m];T[m]=temp;j=T[k].tovex;
        for(i=k+1;i<n;i++){
            u=T[i].tovex;
            w=GA[j][u];
```

```
                if(w<T[i].weight){
                    T[i].weight=w;T[i].fromvex=j;}}}}
void OutEdge(EdgeNode GE,int e){
    int i;
    int sum=0;
    printf("最小生成树的起点 终点 权值: \n");
    for(i=1;i<=e;i++){
        printf("%d %d %d\n",GE[i].fromvex,GE[i].tovex,GE[i].weight);
        sum+=GE[i].weight;}
    printf("==============================\n");
    printf("最小生成树为: %d\n",sum);}
int main(){
    adjmatrix GA;
    Edge GE[n*(n-1)/2], T[n];
    CreatMatrix(GA);
    InitEdge(GE,arcnum);
    GetEdgeSet(GA,GE);
    SortEdge(GE,arcnum);
    Prim(GA,T);
    printf("\n");
    OutEdge(T,n-1);
    return 0;}
```

运行结果如图 8-13 所示。

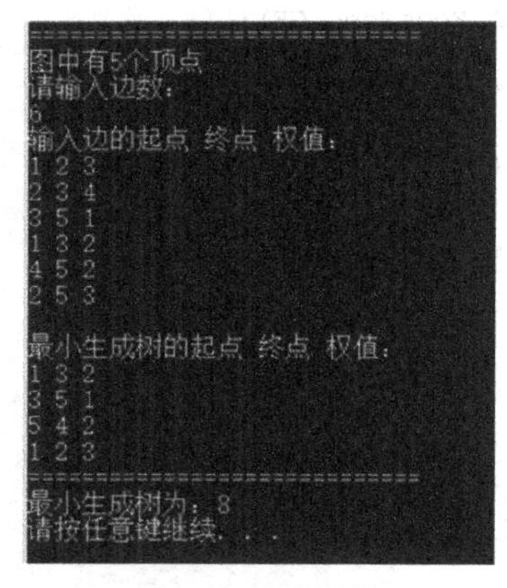

图 8-13 运行结果

Prim 算法和 Kruskal 算法都是求最小生成树，但是它们之间又有不同的地方。Prim 算法在稠密图中优于 Kruskal 算法，在稀疏图中不如 Kruskal 算法。Prim 算法在任何时候都有令人满意的时间复杂度，但是代价是空间消耗极大，并且代码也很复杂。时间复杂度并不能反映一个算法的实际优劣。

Prim 算法适合稠密图，其时间复杂度为 $O(n^2)$，与边的数目无关；而 Kruskal 算法的时间复杂度为 O(eloge)，跟边的数目有关，适合稀疏图。

8.9 哈夫曼编码

例 8-9 输入 10 个节点和权值，构造哈夫曼树，并输出哈夫曼编码。

Huffman 于 1952 年提出一种编码方法，该方法完全依据字符出现概率来构造异字头的平均长度最短的码字，该编码方法有时称为最佳编码，一般就叫作哈夫曼编码，是可变字长编码（VLC）的一种。

哈夫曼树又称为最优二叉树，是一种带权路径长度最短的二叉树。所谓树的带权路径长度，就是树中所有的叶子节点的权值乘以其到根节点的路径长度（若根节点为 0 层，则叶子节点到根节点的路径长度为叶子节点的层数）。树的路径长度是从树根到每一节点的路径长度之和，记为 WPL=W1×

L1+W2×L2+W3×L3+…+Wn×Ln，N 个权值 Wi（i=1,2,…,n）构成一棵有 N 个叶子节点的二叉树，相应的叶子节点的路径长度为 Li（i=1,2,…,n）。可以证明，哈夫曼树的 WPL 是最小的。

构造哈夫曼树的过程如下：

6 个节点（a，b，c，d，e，f）和它们所对应的权值（9，12，6，3，5，15）如图 8-14 所示。

从中选取权值最小的两个节点（d 和 e）构造子树，并计算它们的权值之和——8，如图 8-15 所示。

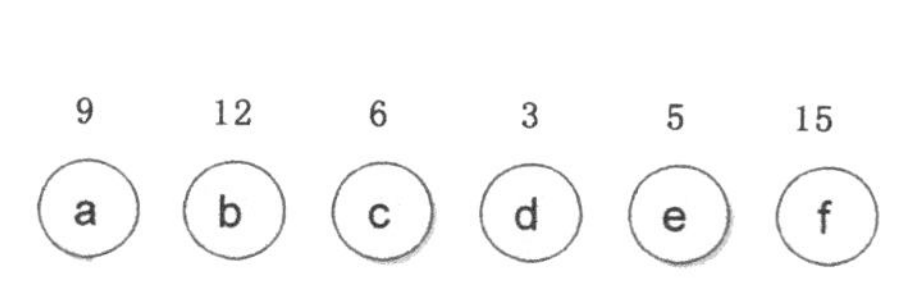

图 8-14　哈夫曼树 1

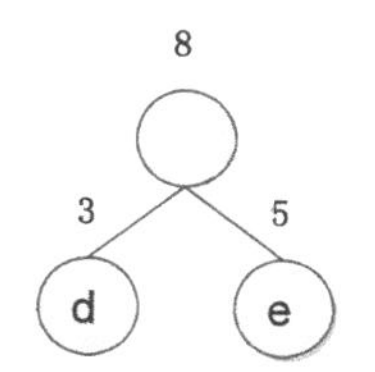

图 8-15　哈夫曼树 2

在剩下的节点中选取权值最小的节点（c）加入子树，同时计算出两个节点的权值之和——14，如图 8-16 所示。

在剩下的节点中选取权值最小的节点（a 和 b）加入子树，同时计算出两个节点的权值之和——21，如图 8-17 所示（这时选出的两个节点都不是已经构造好的二叉树里面的节点，所以要另外开一棵二叉树。或者说，如果两个数的和正好是下一步的两个最小数的其中一个，那么这个树直接往上生长就可以了；如果这两个数的和比较大，不是下一步的两个最小数的其中一个，那么就并列生长。）

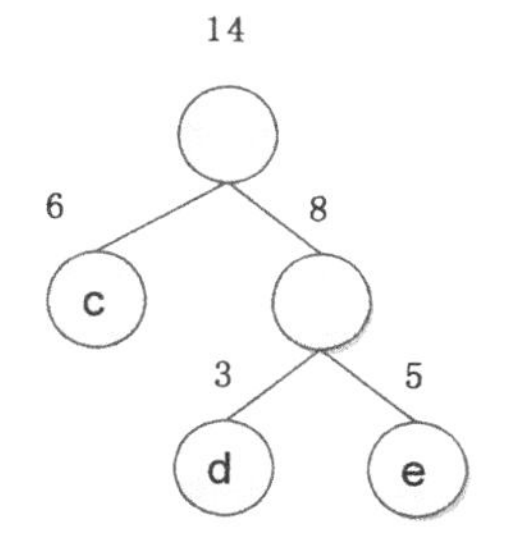

图 8-16　哈夫曼树 3

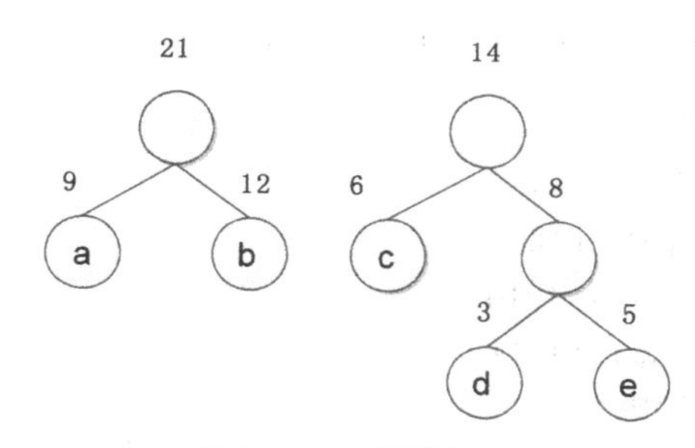

图 8-17　哈夫曼树 4

在剩下的节点中选取权值最小的节点（f）加入子树，同时计算出两个节点的权值之和——29，如图 8-18 所示。

继续构造哈夫曼树，计算出两个节点的权值之和——50，如图 8-19 所示。至此，哈夫曼树构造完毕。

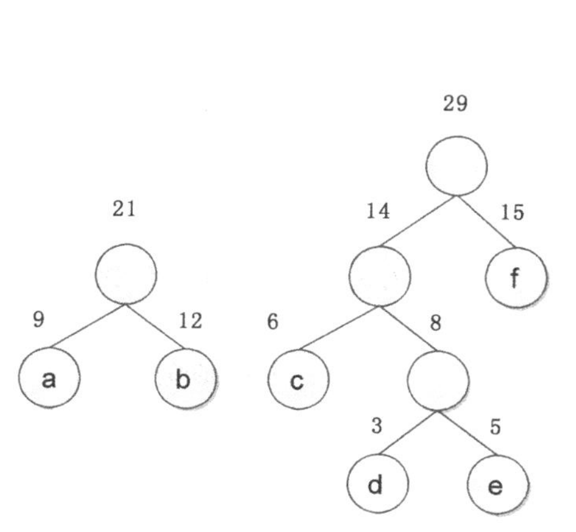

图 8-18　哈夫曼树 5

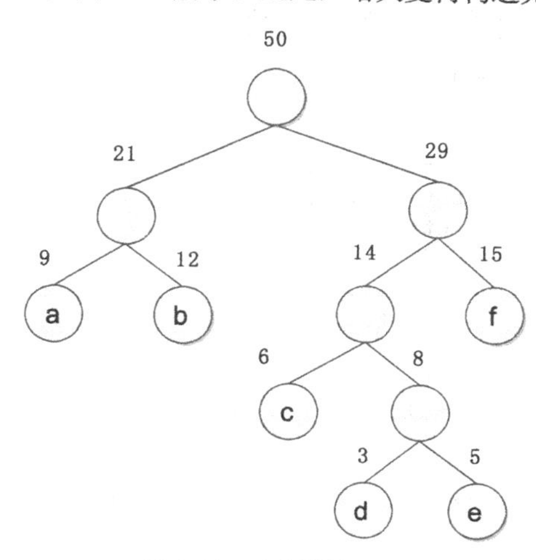

图 8-19　哈夫曼树 6

在电报通信中，电文是以二进制的 0，1 序列传送的，每个字符对应一个二进制编码。为了缩短电文的总长度，采用不等长编码方式，构造哈夫曼树，将每个字符的出现频率作为字符节点的权值赋予叶子节点，每个分支节点的左右分支分别用 0 和 1 编码，从根节点到每个叶子节点的路径上所经分支的 0，1 编码序列等于该叶子节点的二进制编码，如图 8-20 所示。

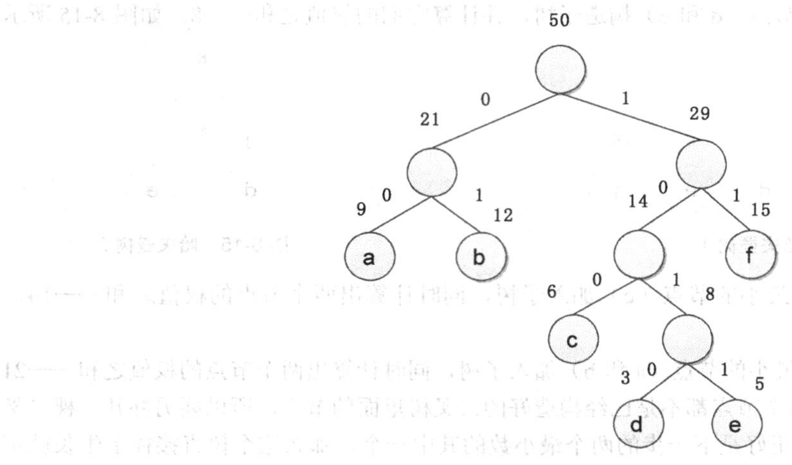

图 8-20 哈夫曼树 7

图 8-20 中所有节点的哈夫曼编码如下：

a 的编码为 00
b 的编码为 01
c 的编码为 100
d 的编码为 1010
e 的编码为 1011
f 的编码为 11

代码如下：

```
#include<stdio.h>
#define n 10                                                    //叶子节点数目
#define m (2*n-1)                                               //总节点数目
#define MAXVALUE 10000                                          //最大权值
#define MAXBIT 20                                               //哈夫曼编码最大长度
typedef struct {
    char ch;
    int weight;
    int parent;
    int Lchild, Rchild;
}Htreetype;
typedef struct{
    int bit[n];                                                 //位串
    int start;                                                  //编码在位串中的起始位置
    char ch;
}Hcodetype;
void select(Htreetype t[], int k, int *p1, int *p2) {           //选择权值最小的节点
    *p1 = *p2 = 0;
    int small1, small2;
    small1 = small2 = MAXVALUE;
    int i;
    for (i = 0; i < k; i++){
        if (t[i].parent == -1){
```

```
            if (t[i].weight < small1) {
                small2 = small1;
                small1 = t[i].weight;
                *p2 = *p1;
                *p1 = i;}
            else if (t[i].weight < small2){
                small2 = t[i].weight;
                *p2 = i;}}}}
        void HuffmanTree(Htreetype t[]){                          //构造哈夫曼树
    int i, j, p1, p2, f;
    p1 = p2 = 0;
    char c;
    for (i = 0; i < m; i++){                                      //初始化
        t[i].weight = 0;
        t[i].Lchild = -1;
        t[i].parent = -1;
        t[i].Rchild = -1;}
    printf("共有%d 个字符\n", n);
    for (i = 0; i < n; i++){                                      //输入字符和对应的权值
        printf("请输入第%d 个字符, 权值\n",i+1);
        scanf("%c,%d", &c,&f);
        getchar();
        t[i].ch = c;
        t[i].weight = f;}
    for (i = n; i < m; i++){                                      //构造哈夫曼树
        select(t, i, &p1, &p2);
        t[p1].parent = i;
        t[p2].parent = i;
        t[i].Lchild = p1;
        t[i].Rchild = p2;
        t[i].weight = t[p1].weight + t[p2].weight;}}
void HuffmanCode(Hcodetype code[],Htreetype t[]){                //哈夫曼编码
    int i, c, p;
    Hcodetype cd;                                                 //缓冲变量，暂时存储
    HuffmanTree(t);
    for (i = 0; i < n; i++){
        cd.start = n;
        cd.ch = t[i].ch;
        c = i;                                                    //从叶子节点向上
        p = t[i].parent;                                          //t[p]是t[i]的双亲
        while (p != -1){
            cd.start--;
            if (t[p].Lchild == c)
                cd.bit[cd.start] = '0';                           //左子树编为0
            else
                cd.bit[cd.start] = '1';                           //右子树编为1
            c = p;                                                //移动
            p = t[c].parent;}
        code[i] = cd; }}                                          //第 i+1 个字符的编码存入code
void show(Htreetype t[], Hcodetype code[]){
    int i, j;
    for (i = 0; i<n; i++){
        printf("%c: ", code[i].ch);
        for (j = code[i].start; j<n; j++)
            printf("%c ", code[i].bit[j]);
        printf("\n");}}
void Print(){
    printf("\n");}
int main(){
    Htreetype t[m];
    Hcodetype code[n];
    HuffmanCode(code, t);
```

```
    show(t,code);
    return 0;}
```

运行结果如图 8-21 所示。

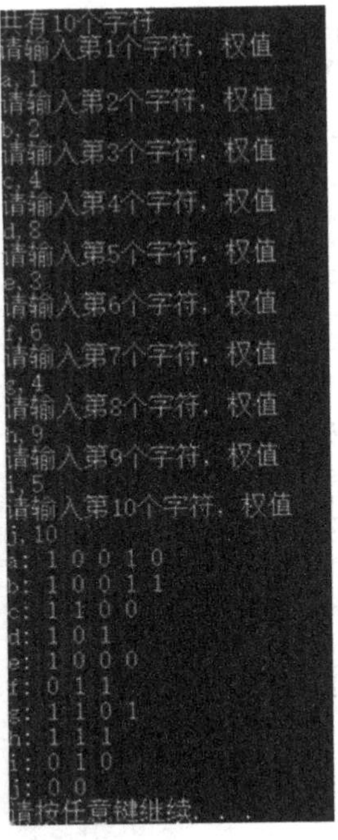

图 8-21 运行结果

8.10 教室分配问题

例 8-10 有 n 个需要在同一天使用同一个教室的活动 a_1，a_2，…，a_n，教室同一时刻只能由一个活动使用。每个活动（a_i）都有开始时间（s_i）和结束时间（f_i）。一旦被选择，活动 a_i 就占据半开时间区间 $[s_i,f_i)$。如果 $[s_i,f_i]$ 和 $[s_j,f_j]$ 互不重叠，那么 a_i 和 a_j 两个活动就可以被安排在同一天。如何安排这些活动，使得尽量多的活动能不冲突地举行？

算法分析：

在如图 8-22 所示的活动集合 S 中，各项活动按照结束时间单调递增排序。

i	1	2	3	4	5	6	7	8	9	10	11
s_i	1	3	0	5	3	5	6	8	8	2	12
f_i	4	5	6	7	8	9	10	11	12	13	14

图 8-22 教室分配 1

考虑使用贪心算法。为了方便，用不同颜色的线条代表不同的活动，图 8-23 中线条的长度就是活动所占据的时间段，灰色的线条表示已经选择的活动，黑色的线条表示没有选择的活动。如果每次都选择开始时间最早的活动，不能得到最优解。

如果每次都选择持续时间最短的活动，也不能得到最优解，如图 8-24 所示。

图 8-23 教室分配 2

图 8-24 教室分配 3

可以用数学归纳法证明，贪心策略应该是每次选取结束时间最早的活动。直观上也很好理解，按这种方法选择相容活动，可为未安排的活动留下尽可能多的时间。这也是把各项活动按照结束时间单调递增排序的原因。

代码如下：

```
#include<cstdio>
#include<iostream>
#include<algorithm>
using namespace std;
int N;
struct Act   {
    int start;
    int end;
}act[10000 ];
bool cmp(Act a,Act b)
    return a.end<b.end;
int greedy_activity_selector(){
    int num=1,i=1;
    for(int j=2;j<=N;j++){
        if(act[j].start>=act[i].end){
            i=j;
            num++; }}
    return num;}
int main(){
    int t;
    cout<<"输入 t:"<<endl;
    scanf("%d",&t);
    cout<<"输入活动个数"<<endl;
    while(t--){
        scanf("%d",&N);
        for(int i=1;i<=N;i++)   {
            cout<<"输入活动"<<i<<"的开始时间和结束时间"<<endl;
            scanf("%lld %lld",&act[i].start,&act[i].end);}
        act[0].start=-1;
        act[0].end=-1;
        sort(act+1,act+N+1,cmp);
        int res=greedy_activity_selector();
        cout<<"最多可以举办的活动有"<<res<<"个"<<endl; } }
```

运行结果如图 8-25 所示。

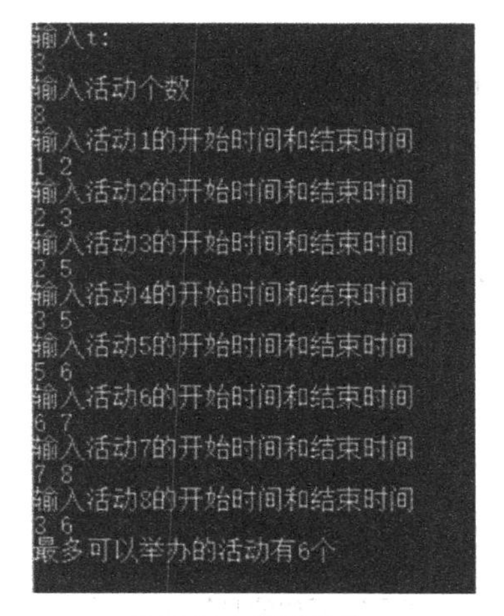

图 8-25　运行结果

8.11 最短路径——弗洛伊德算法

从图中的某个顶点出发到达另外一个顶点所经过的边的权值和最小的一条路径，称为最短路径。求最短路径的算法有迪杰斯特拉算法（Dijkstra 算法）、弗洛伊德算法（Floyd 算法）和 SPFA 算法。

弗洛伊德算法是求解任意两点间的最短路径的一种算法，可以正确处理有向图或无向图（但不可存在负权回路)的最短路径问题，同时也被用于计算有向图的传递闭包。

弗洛伊德算法的基本思想如下：

通过弗洛伊德算法计算图 G=(V,E)中各个顶点的最短路径时，需要引入两个矩阵：D 矩阵是代表顶点与顶点的最短路径权值和的矩阵，P 矩阵是代表对应顶点的最短路径的前驱矩阵。D 矩阵中的元素 a[i][j]表示顶点 i（第 i 个顶点）到顶点 j（第 j 个顶点）的距离。P 矩阵中的元素 b[i][j]表示从顶点 i 到顶点 j 经过了 b[i][j] 记录的值所表示的顶点。

假设图 G 中的顶点个数为 N，则需要对 D 矩阵和 P 矩阵进行 N 次更新。初始时，D 矩阵中的 a[i][j]为顶点 i 到顶点 j 的权值，如果 i 和 j 不相邻，则 a[i][j]=∞；P 矩阵中的 b[i][j]为 j 的值。接下来开始对 D 矩阵进行 N 次更新。第 1 次更新时，如果 a[i][j] > a[i][0]+a[0][j]（假设 a[i][0]+a[0][j]表示 i 与 j 之间经过的第 1 个顶点与 i 和 j 的距离之和），则更新 a[i][j]=a[i][0]+a[0][j]，b[i][j]=b[i][0]。同理，第 k 次更新时，如果 a[i][j] > a[i][k−1]+a[k−1][j]，则更新 a[i][j]=a[i][k−1]+a[k−1][j]，b[i][j]=b[i][k−1]。更新 N 次之后，操作完成。

例 8-11 求图 8-26 的每个点对之间的最短路径。

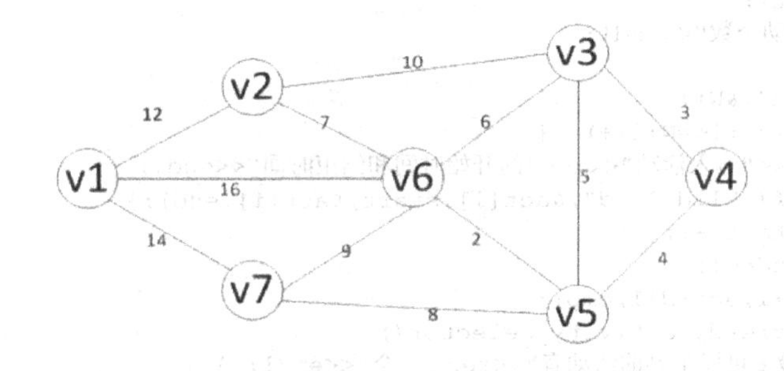

图 8-26 图 G

求解过程如下：

第一步，初始化两个矩阵（D 和 P），如图 8-27 所示。

D矩阵

	v1	v2	v3	v4	v5	v6	v7
v1	∞	12	∞	∞	∞	16	14
v2	12	∞	10	∞	∞	7	∞
v3	∞	10		3	5	6	∞
v4	∞	∞	3	∞	4	∞	∞
v5	∞		5	4		2	8
v6	16	7	6	∞	2	∞	9
v7	14	∞	∞	∞	8	9	∞

图 8-27 初始的 D 矩阵和 P 矩阵

P矩阵

	v1	v2	v3	v4	v5	v6	v7
v1	0	1	2	3	4	5	6
v2	0	1	2	3	4	5	6
v3	0	1	2	3	4	5	6
v4	0	1	2	3	4	5	6
v5	0	1	2	3	4	5	6
v6	0	1	2	3	4	5	6
v7	0	1	2	3	4	5	6

图 8-27　初始的 D 矩阵和 P 矩阵（续）

第二步，以 v1 为中介，更新两个矩阵。

我们发现，a[1][0]+a[0][6] < a[1][6]，a[6][0]+a[0][1] < a[6][1]，所以更新 D 矩阵和 P 矩阵，如图 8-28 所示。

D矩阵

	v1	v2	v3	v4	v5	v6	v7
v1	∞	12	∞	∞	∞	16	14
v2	12	∞	10	∞	∞	7	26
v3	∞	10		3	5	6	∞
v4	∞	∞	3	∞	4	∞	∞
v5	∞		5	4		2	8
v6	16	7	6	∞	2	∞	9
v7	14	26	∞	∞	8	9	∞

P矩阵

	v1	v2	v3	v4	v5	v6	v7
v1	0	1	2	3	4	5	6
v2	0	1	2	3	4	5	0
v3	0	1	2	3	4	5	6
v4	0	1	2	3	4	5	6
v5	0	1	2	3	4	5	6
v6	0	1	2	3	4	5	6
v7	0	0	2	3	4	5	6

图 8-28　以 v1 为中介更新 D 矩阵和 P 矩阵

通过 P 矩阵，我们发现 v2 到 v7 的最短路径是 v2—v1—v7。

第三步，以 v2 作为中介更新两个矩阵。使用同样的原理扫描整个矩阵，得到如图 8-29 的结果。

D矩阵

	v1	v2	v3	v4	v5	v6	v7
v1	∞	12	22	∞	∞	16	14
v2	12	∞	10	∞	∞	7	26
v3	22	10		3	5	6	36
v4	∞	∞	3	∞	4	∞	∞
v5	∞		5	4		2	8
v6	16	7	6	∞	2	∞	9
v7	14	26	36	∞	8	9	∞

图 8-29　以 v2 为中介更新 D 矩阵和 P 矩阵

P矩阵

	v1	v2	v3	v4	v5	v6	v7
v1	0	1	1	3	4	5	6
v2	0	1	2	3	4	5	0
v3	1	1	2	3	4	5	1
v4	0	1	2	3	4	5	6
v5	0	1	2	3	4	5	6
v6	0	1	2	3	4	5	6
v7	0	0	1	3	4	5	6

图 8-29 以 v2 为中介更新 D 矩阵和 P 矩阵（续）

弗洛伊德算法每次都会选择一个中介点，然后遍历整个矩阵，查找需要更新的值。后面还剩下五步，就不继续演示下去了，理解了方法，我们就可以写代码了。

代码如下：

```
#include <stdio.h>
#define MAX_VERtEX_NUM 20                    //图中顶点的个数
#define VRType int                           //表示弧的权值的类型
#define VertexType int                       //图中顶点的数据类型
#define INFINITY 65535
typedef struct {
    VertexType vexs[MAX_VERtEX_NUM];         //存储图中的顶点
    VRType arcs[MAX_VERtEX_NUM][MAX_VERtEX_NUM];
    int vexnum,arcnum;                       //记录图的顶点数和边数
}MGraph;
typedef int PathMatrix[MAX_VERtEX_NUM][MAX_VERtEX_NUM];      //存储最短路径经过的顶点
typedef int ShortPathTable[MAX_VERtEX_NUM][MAX_VERtEX_NUM];  //存储权值和
int LocateVex(MGraph * G,VertexType v){      //根据顶点，判断出顶点在二维数组中的位置
    int i=0;                                 //遍历一维数组，找到变量 v
    for (; i<G->vexnum; i++) {
        if (G->vexs[i]==v) {
            break;}}//如果找不到，输出提示语句，返回-1
    if (i>G->vexnum) {
        printf("no such vertex.\n");
        return -1;}
    return i;}
//构造有向网
void CreateUDG(MGraph *G){
    int i,j;
    printf("输入顶点数,边数：\n");
    scanf("%d,%d",&(G->vexnum),&(G->arcnum));
    printf("输入顶点编号：\n");
    for (i=0; i<G->vexnum; i++) {
        scanf("%d",&(G->vexs[i]));}
    for (i=0; i<G->vexnum; i++) {
        for (j=0; j<G->vexnum; j++) {
            G->arcs[i][j]=INFINITY;}}
    for (i=0; i<G->arcnum; i++) {
        int v1,v2,w;
        printf("输入起点，终点，权值：\n");
        scanf("%d,%d,%d",&v1,&v2,&w);
        int n=LocateVex(G, v1);
        int m=LocateVex(G, v2);
        if (m==-1 ||n==-1) {
            printf("no this vertex\n");
            return;}
        G->arcs[n][m]=w;}}
void ShortestPath_Floyed(MGraph G,PathMatrix *P,ShortPathTable *D){
```

```
    //对 P 数组和 D 数组进行初始化
    int v,k,w;
    for (v=0; v<G.vexnum; v++) {
        for (w=0; w<G.vexnum; w++) {
            (*D)[v][w]=G.arcs[v][w];
            (*P)[v][w]=-1;}}
    for (k=0; k<G.vexnum; k++) {
        for (v=0; v<G.vexnum; v++) {
            for (w=0; w<G.vexnum; w++) {
                if ((*D)[v][w] > (*D)[v][k] + (*D)[k][w]) {
                    (*D)[v][w]=(*D)[v][k] + (*D)[k][w];
                    (*P)[v][w]=k;}}}}}
int main(){
    MGraph G;
    CreateUDG(&G);
    PathMatrix P;
    ShortPathTable D;
    ShortestPath_Floyed(G, &P, &D);
    int i,j;
    printf("输出 P 矩阵: \n");
    for (i=0; i<G.vexnum; i++) {
        for (j=0; j<G.vexnum; j++) {
            printf("%d ",P[i][j]);}
        printf("\n"); }
    printf("输出 D 矩阵: \n");
    for (i=0; i<G.vexnum; i++) {
        for (j=0; j<G.vexnum; j++) {
            printf("%d ",D[i][j]);}
        printf("\n");}
    return 0;}
```

运行结果如图 8-30 所示。

图 8-30　运行结果

8.12　最短路径——迪杰斯德拉算法

迪杰斯特拉（Dijkstra）算法是典型的单源最短路径算法，用于计算一个节点到其他所有节点的最短路径，主要特点是以起始点为中心向外层层扩展，直到扩展到终点为止。

算法步骤如下：

（1）初始时令 S={V0}，T={其余顶点}。若存在<V0,Vi>，d(V0,Vi)为<V0,Vi>弧上的权值；若不存在<V0,Vi>，d(V0,Vi)为∞。

（2）从 T 中选取一个距离值最小的顶点 W（不在 S 中），将其加入 S。

（3）对 T 中顶点的距离值进行修改：若加进 W 做中间顶点，从 V0 到 Vi 的距离值比不加 W 的路径要短，则修改此距离值。

重复上述步骤（2）和（3），直到 S 中包含所有顶点，即 S=T 为止。

例 8-12 用邻接矩阵实现迪杰斯特拉算法。

代码如下：

```
#include <stdio.h>
#include <stdlib.h>
#include <malloc.h>
#include <string.h>
#define MAX         100                             // 矩阵最大容量
#define INF         (~(0x1<<31))                    // 最大值(即 0X7FFFFFFF)
#define isLetter(a) ((((a)>='a')&&((a)<='z')) || (((a)>='A')&&((a)<='Z')))
#define LENGTH(a)   (sizeof(a)/sizeof(a[0]))
typedef struct _graph{                              // 用邻接矩阵实现
    char vexs[MAX];                                 // 顶点集合
    int vexnum;                                     // 顶点数
    int edgnum;                                     // 边数
    int matrix[MAX][MAX];                           // 邻接矩阵
}Graph, *PGraph;
typedef struct _EdgeData{
    char start;                                     // 边的起点
    char end;                                       // 边的终点
    int weight;                                     // 边的权重
}EData;
static int get_position(Graph G, char ch){
    int i;
    for(i=0; i<G.vexnum; i++)
        if(G.vexs[i]==ch)
            return i;
    return -1;}
static char read_char(){
    char ch;
    do {
        ch = getchar();
    } while(!isLetter(ch));
    return ch;}
Graph* create_graph(){
    char c1, c2;
    int v, e;
    int i, j, weight, p1, p2;
    Graph* pG;
    printf("input vertex number: ");
    scanf("%d", &v);
    printf("input edge number: ");
    scanf("%d", &e);
    if ( v<1 || e<1 || (e>(v*(v-1)))){
        printf("input error: invalid parameters!\n");
        return NULL;}
    if ((pG=(Graph*)malloc(sizeof(Graph))) == NULL )
        return NULL;
    memset(pG, 0, sizeof(Graph));
    pG->vexnum = v;
    pG->edgnum = e;
    for (i = 0; i < pG->vexnum; i++){
        printf("vertex(%d): ", i);
        pG->vexs[i] = read_char();}
    for (i = 0; i < pG->vexnum; i++){
        for (j = 0; j < pG->vexnum; j++){
            if (i==j)
                pG->matrix[i][j] = 0;
            else
                pG->matrix[i][j] = INF;}}
```

```
    for (i = 0; i < pG->edgnum; i++){
        printf("edge(%d):", i);
        c1 = read_char();
        c2 = read_char();
        scanf("%d", &weight);
        p1 = get_position(*pG, c1);
        p2 = get_position(*pG, c2);
        if (p1==-1 || p2==-1){
            printf("input error: invalid edge!\n");
            free(pG);
            return NULL;}
        pG->matrix[p1][p2] = weight;
        pG->matrix[p2][p1] = weight;}
    return pG;}
Graph* create_example_graph(){
    char vexs[] = {'A', 'B', 'C', 'D', 'E', 'F', 'G'};
    int matrix[][9] = {
      /*A*//*B*//*C*//*D*//*E*//*F*//*G*/
      /*A*/ {   0,  12, INF, INF, INF,  16,  14},
      /*B*/ {  12,   0,  10, INF, INF,   7, INF},
      /*C*/ { INF,  10,   0,   3,   5,   6, INF},
      /*D*/ { INF, INF,   3,   0,   4, INF, INF},
      /*E*/ { INF, INF,   5,   4,   0,   2,   8},
      /*F*/ {  16,   7,   6, INF,   2,   0,   9},
      /*G*/ {  14, INF, INF, INF,   8,   9,   0}};
    int vlen = LENGTH(vexs);
    int i, j;
    Graph* pG;
    if ((pG=(Graph*)malloc(sizeof(Graph))) == NULL )
        return NULL;
    memset(pG, 0, sizeof(Graph));
    pG->vexnum = vlen;
    for (i = 0; i < pG->vexnum; i++)
        pG->vexs[i] = vexs[i];
    for (i = 0; i < pG->vexnum; i++)
        for (j = 0; j < pG->vexnum; j++)
        pG->matrix[i][j] = matrix[i][j];
    for (i = 0; i < pG->vexnum; i++)
        for (j = 0; j < pG->vexnum; j++)
            if (i!=j && pG->matrix[i][j]!=INF)
                pG->edgnum++;
    pG->edgnum /= 2;
    return pG;}
static int first_vertex(Graph G, int v){
    int i;
    if (v<0 || v>(G.vexnum-1))
        return -1;
    for (i = 0; i < G.vexnum; i++)
        if (G.matrix[v][i]!=0 && G.matrix[v][i]!=INF)
        return i;
    return -1;}
static int next_vertix(Graph G, int v, int w){
    int i;
    if (v<0 || v>(G.vexnum-1) || w<0 || w>(G.vexnum-1))
        return -1;
    for (i = w + 1; i < G.vexnum; i++)
        if (G.matrix[v][i]!=0 && G.matrix[v][i]!=INF)
            return i;
    return -1;}
static void DFS(Graph G, int i, int *visited){
    int w;
    visited[i] = 1;
    printf("%c ", G.vexs[i]);
```

```
    for (w = first_vertex(G, i); w >= 0; w = next_vertix(G, i, w)){
        if (!visited[w])
            DFS(G, w, visited);}}
void dijkstra(Graph G, int vs, int prev[], int dist[]){
    int i,j,k;
    int min;
    int tmp;
    int flag[MAX];  // flag[i]=1 表示“顶点 vs”到“顶点 i”的最短路径已成功获取
    for (i = 0; i < G.vexnum; i++){
        flag[i] = 0;                // 顶点 i 的最短路径还没获取到
        prev[i] = 0;                // 顶点 i 的前驱顶点为 0
        dist[i] = G.matrix[vs][i];// 顶点 i 的最短路径为“顶点 vs”到“顶点 i”的权。
    }
    flag[vs] = 1;
    dist[vs] = 0;
    for (i = 1; i < G.vexnum; i++){// 寻找当前最短路径
        min = INF;
        for (j = 0; j < G.vexnum; j++){
            if (flag[j]==0 && dist[j]<min){
                min = dist[j];
                k = j; }}
        flag[k] = 1;
        for (j = 0; j < G.vexnum; j++){
            tmp = (G.matrix[k][j]==INF? INF: (min + G.matrix[k][j])); // 防止溢出
            if (flag[j] == 0 && (tmp  < dist[j]) ){
                dist[j] = tmp;
                prev[j] = k;}}}
    printf("dijkstra(%c): \n", G.vexs[vs]);
    for (i = 0; i < G.vexnum; i++)
        printf("  shortest(%c, %c)=%d\n", G.vexs[vs], G.vexs[i], dist[i]);}
int main(){
    int prev[MAX] = {0};
    int dist[MAX] = {0};
    Graph* pG;
    pG = create_example_graph();
    dijkstra(*pG, 3, prev, dist);
    return 0;}
```

运行结果如图 8-31 所示。

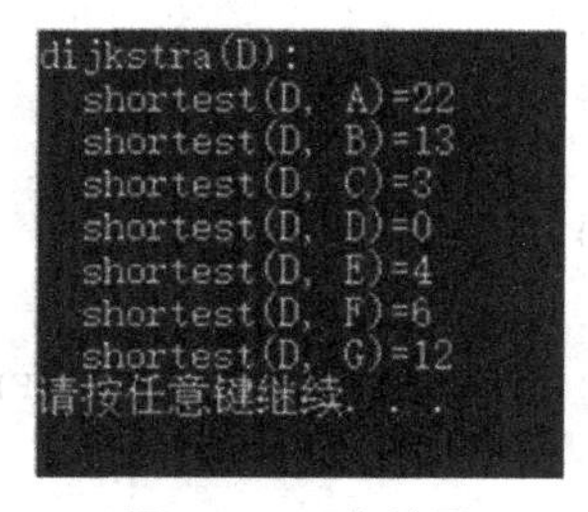

图 8-31 运行结果

8.13 均分纸牌

例 8-13 有 n 堆纸牌，编号分别为 1，2，…，n。每堆有若干张，但纸牌总数必为 n 的倍数。可以在任一堆中取若干张纸牌，然后移动。移牌的规则为：在编号为 1 的堆中取的纸牌，只能移到编号为 2 的堆中；在编号为 n 的堆中取的纸牌，只能移到编号为 n–1 的堆上；在其他堆中取的纸牌，可以移到左边或右边的相邻堆中。要求找出一种移动方法，以最少的移动次数使每堆的纸牌一样多。

例如，n=4，4 堆纸牌数分别为：

①9　②8　③17　④6

移动三次可以达到目的：从③中取 4 张牌放到④中，再从③中取 3 张牌放到②中，最后从②中取 1 张牌放到①中。

算法分析：

设 a[i] 为第 i 堆纸牌的张数（0≤i≤n），v 为均分后每堆纸牌的张数，s 为最小移动次数。

用贪心算法按照从左到右的顺序移动纸牌。如果第 i 堆的纸牌数不等于平均值，则移动一次（即 s 加 1），分两种情况移动：

（1）若 a[i]>v，则将 a[i]−v 张从第 i 堆移动到第 i+1 堆。

（2）若 a[i]< v，则将 v−a[i]张从第 i+1 堆移动到第 i 堆。为了设计方便，把这两种情况统一看作将 a[i]−v 张从第 i 堆移动到第 i+1 堆，移动后有 a[i]=v，a[i+1]=a[i+1]+a[i]−v。

在从第 i+1 堆取出纸牌补充第 i 堆的过程中，可能会出现第 i+1 堆的纸牌小于零的情况。

如 n=3，三堆纸牌数分别为 1，2，27，这时 v=10，为了使第 1 堆为 10，要从第 2 堆移 9 张到第 1 堆，而第 2 堆只有 2 张可以移，这是不是意味着刚才使用贪心算法是错误的呢？

我们继续按规则分析移牌过程，从第 2 堆移出 9 张到第 1 堆后，第一堆有 10 张，第 2 堆剩下−7 张，再从第 3 堆移动 17 张到第 2 堆，刚好三堆纸牌数都是 10，最后结果是对的。我们在移动过程中，只是改变了移动的顺序，而移动次数不变，因此此题使用贪心算法是可行的。

代码如下：

```
#include <iostream>
using namespace std;
int a[1000];
int main(){
    int N;
    cin>>N;
    for(int i=0;i<N;i++){
        cin>>a[i];}
    int sum=0;
    for(int i=0;i<N;i++){
        sum=sum+a[i];}
    int average=sum/N;
    int step=0;
    for(int i=0;i<N-1;i++){
        if(a[i]!=average){
            a[i+1]=a[i+1]+a[i]-average;
            a[i]=average;
            step++;}}
    cout<<step<<endl;
    return 0; }
```

运行结果如图 8-32 所示。

图 8-32　运行结果

8.14　最佳浏览路线问题

例 8-14　某旅游区的街道呈网格状，其中东西向的街道都是旅游街，南北向的街道都是林荫道。

由于游客众多，旅游街被规定为单行道。游客在旅游街上只能从西向东走；在林荫道上既可以由南向北走，也可以从北向南走。

阿隆想到这个旅游区游玩。他的好友阿福给了他一些建议，用分值表示所有旅游街相邻两个路口之间的道路值得浏览的程度，分值为从-100 到 100 的整数。林荫道不打分。所有分值不可能全是负值。

被打分的该旅游区街道图如图 8-33 所示。

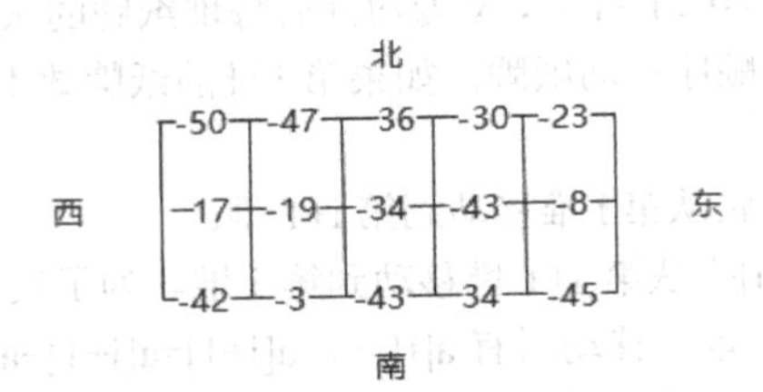

图 8-33 被打分的该旅游区街道图

阿隆可以从任一路口开始浏览，在任一路口结束浏览。请写一个程序，帮助阿隆寻找一条最佳浏览路线（这条路线的所有分值总和最大）。

算法分析：

由于林荫道不打分，也就是说，无论游客在林荫道中怎么走，都不会影响得分。因题可知，若游客需经过某一列的旅游街，则他一定要经过这一列的M条旅游街中分值最大的一条，才会使他所经过路线的分值总和最大。这是一种贪心策略。贪心策略的目的是降维，使题目所给出的一个矩阵变为一个数列。下一步便是对这个数列进行处理。在这一步，很多人用动态规划法求解，这种算法的时间复杂度为 O(n)，当林荫道较多时，效率明显下降。其实，在这一步，我们同样可以采用贪心算法求解。这时的时间复杂度为 O(n)。

输入两个整数 m 和 n，之间用一个空格隔开，表示有 m 条旅游街（1≤m≤100）、n 条林荫道（1≤n≤20000）。M 行依次给出了每条旅游街的分值信息，每行有 n-1 个整数，依次表示旅游街自西向东每一小段的分值。同一行相邻两个数之间用一个空格隔开。输出是一个整数，表示找到的最佳浏览路线的总分值。

代码如下：

```
#include<iostream>
#include<cstring>
using namespace std;
int m,n;                      //m 为旅游街数，n 为林荫道数
int data[20000];              //data 是由相邻两条林荫道所分隔的旅游街的最大分值
int MaxSum(int n, int *a){
    int sum=0;
    int b=0;
    for(int i=1;i<=n;i++){
        b+=a[i];
         if(b>sum) sum=b;
         if(b<0) b=0;}
    return sum;}
int main(){
    int i,j,c;
    while(cin>>m>>n){
      //读取每一段旅游街的分值，并选择到目前位置所在列的最大分值记入数组 data
        for(i=1;i<=n-1;i++)
            cin>>data[i];
        for(i=2;i<=m;i++)
            for(j=1;j<=n-1;j++){
```

```
                cin>>c;
                if(c>data[j])
                    data[j]=c;}}
    cout<<MaxSum(n-1,data)<<endl;
    return 0;}
```

运行结果如图 8-34 所示。

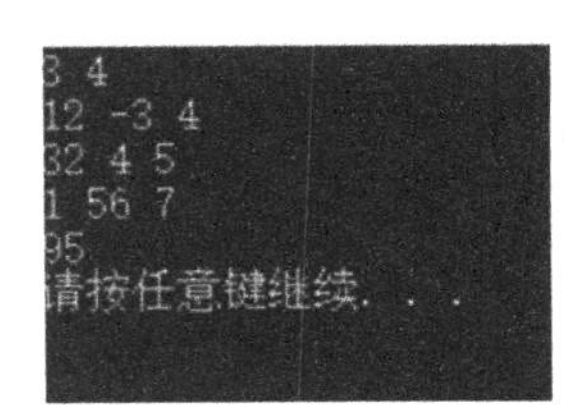

图 8-34　运行结果

8.15　机器调度问题

例 8-15　设有 m 台完全相同的机器运行 n 个独立的任务，运行任务 i 所需要的时间为 ti，要求确定一个调度方案，使得完成所有任务所需要的时间最短。假设任务已经按照其所需的时间从长到短排好序了，算法基于最长运行时间作业优先的策略，按顺序把每个任务分配到一台机器上，然后将剩余的任务一次放入最先空闲的机器。

算法分析：

假设 m 是机器数，n 是任务数。t 数组的长度为 n，其中每个元素表示任务的运行时间。s 数组的长度为 m×n，其中 s[i][j]表示机器 i 运行的任务 j 的编号。d 数组的长度为 m，其中元速 d[i]表示机器 i 运行的时间。count 数组的长度为 m，其中元素 count[i]表示机器 i 运行的任务数。所有数组的下标皆从 0 开始。max 为完成所有任务的时间。min，i，j，k 为临时定义变量。

考虑实例 m=3（编号 0～2），n=7（编号 0～6)，各任务的运行时间为{16,14,6,5,4,3,2}（这里其实就是指 t 定义为{16,14,6,5,4,3,2}），求各个机器上运行的任务，以从任务开始运行到完成所需要的时间。

该实例的意思就是将 {16,14,6,5,4,3,2} 中的这些数字扔到 3 个数组里面，使得最终 3 个数组里面的数字之和最大的一个最小。也可以想象成倒水到 3 个杯子，要求每次倒的水的量只能从{16,14,6,5,4,3,2}这 7 个数字中选一个，必须倒 7 次水，也就是将这 7 个数字选完，最终尽可能让任意一个杯子都不溢出。那么当然是平均化倒水最好：每次倒水的时候，看哪个杯子水量最少就往哪个里面倒。

代码如下：

```
#include<stdio.h>
void schedule(int m,int n,int *t){                    //初始化数据
    int i,j,k,max=0;
    int d[100],s[100][100],count[100];
    for(i=0;i<m;i++){
        d[i]=0;
        for(j=0;j<n;j++){
            s[i][j]=-1;}}
    for(i=0;i<m;i++){                                 //分配前 m 个任务
        s[i][0]=i;
        d[i]=d[i]+t[i];
        count[i]=1;}
    for(i=m;i<n;i++){                                 //尽可能地并行，平均分配任务
        int min=d[0];
        k=0;
        for(j=1;j<m;j++){                             //确定空闲机器，实质是在求当期任务总时间最少的机器
```

```
            if(min>d[j]){
                min=d[j];
                k=j;}}
        s[k][count[k]]=i;                       //在机器 k 的执行队列添加第 i 号任务
        count[k]=count[k]+1;                    //机器 k 的任务数+1
        d[k]=d[k]+t[i];}
    for(i=0;i<m;i++){                           //求分配完所有任务之后，耗时最多的机器
        if(max<d[i]){
            max=d[i];}}
    printf("完成所有任务需要的时间：%d\n",max);
    printf("各个机器执行的耗时一览：\n");
    for(i=0;i<m;i++){
        printf("%d:",i);
        for(j=0;j<n;j++){
            if(s[i][j]==-1){
                break;}
            printf("%d\t",t[s[i][j]]);}
        printf("\n");}}
void main(){
    int time[7]={16,14,6,5,4,3,2};
    schedule(3,7,time);     }
```

运行结果如图 8-35 所示。

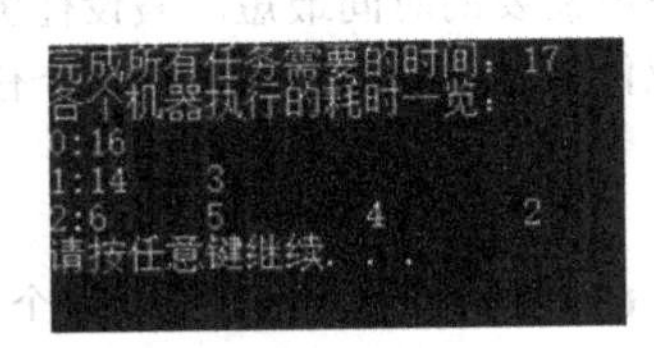

图 8-35 运行结果

8.16 钱币找零问题

例 8-16 假设 1 元、2 元、5 元、10 元、20 元、50 元、100 元的纸币分别有 c0，c1，c2，c3，c4，c5，c6 张。要用这些钱支付 K 元，至少要用多少张纸币？

算法分析：

采用贪心算法的思想，很显然，每一步尽可能用面值大的纸币即可。在日常生活中，我们也是自然而然地这么做的。在程序中已经事先将 Value 按照从小到大的顺序排好了。

如果要支付 16 元，可以拿 16 张 1 元或者 8 张 2 元，但是怎么拿张数最少呢？如果用贪心算法，就是每一次都拿可能拿的最大面额。比如 16 元，第一次拿 20 元不行；拿 10 元，剩下 6 元，再拿个 5 元，剩下 1 元，也就是共拿 3 张——10 元、5 元、1 元。

代码如下：

```
#include<iostream>
#include<algorithm>
using namespace std;
const int N=7;
int Count[N]={3,0,2,1,0,3,5};                   //每一种面额纸币的数量
int Value[N]={1,2,5,10,20,50,100};              //纸币面额
int solve(int money) {
    int num=0;
    for(int i=N-1;i>=0;i--){
        int c=min(money/Value[i],Count[i]);
        money=money-c*Value[i];
        num+=c;}
    if(money>0) num=-1;
```

```
    return num;}
int main() {
    int money;
    cin>>money;
    int res=solve(money);
    if(res!=-1) cout<<res<<endl;
    else cout<<"NO"<<endl;}
```

运行结果如图 8-36 所示。

图 8-36　运行结果

习题

1. 只有一艘船，能乘两人，船的运行速度为两人中较慢一人的速度，过去后还需一个人把船划回来，问把 n 个人运到对岸，最少需要多长时间？
2. 假设有偶数天，要求每天必须买一件物品或者卖一件物品，只能选择一种操作且不能不选。开始时手上没有物品。现在给你每天的物品价格表，计算最大收益。
   提示：首先要明白，第一天必须买，最后一天必须卖，并且最后手上没有物品。那么，除了第一天和最后一天之外，我们每次取两天，小的买、大的卖，并且把卖的价格放进一个最小堆。如果买的价格比堆顶还大，就交换。这样就保证了卖的价格总是大于买的价格，从而取得最大收益。
3. 设有 n 个正整数，将它们连成一排，组成一个最大的多位整数。例如，n=3 时，3 个整数为 13，312，343，连成的最大整数为 34331213；又如，n=4 时，4 个整数为 7，13，4，246，连成的最大整数为 7424613。
4. 给你 N 个数，求出其中的连续数之和的最大值。（可以加入 a 和 b 来限制连续数的长度不小于 a 且不大于 b。）
5. 按递增的顺序告诉你 N 个正整数和一个实数 P，求出该数列中比值最接近 P 的两个数（保证绝对没有两个数使得其比值为 P）。
6. 在一维空间中告诉你 N 条线段的起始坐标与终止坐标，求出这些线段一共多长。

第9章 动态规划法

9.1 动态规划法概述

动态规划法的大致思路是把一个复杂的问题转化成一个分阶段逐步递推的过程，从简单的初始状态一步一步递推，最终得到复杂问题的最优解。

动态规划法解决的问题多数有重叠子问题这个特点，为减少重复计算，对每一个子问题只解一次，将其不同阶段的不同状态保存在一个二维数组中。

9.1.1 动态规划法的基本思想

动态规划法通过拆分问题，定义问题状态和状态之间的关系，使得问题能够以递推（或者说分治）的方式去解决。

动态规划法通常用于求解具有某种最优性质的问题。在这类问题中，可能会有许多可行解。每一个解都对应于一个值，我们希望找到具有最优值的解。动态规划法与分治法类似，其基本思想也是将待求解问题分解成若干个子问题，先求解子问题，然后从这些子问题的解得到原问题的解。与分治法不同的是，适合用动态规划法求解的问题经分解后得到的子问题往往不是互相独立的。若用分治法来解这类问题，则分解得到的子问题数目太多，有些子问题被重复计算了很多次。如果我们能够保存已解决的子问题的答案，而在需要时再找出已求得的答案，这样就可以避免大量的重复计算，节省时间。我们可以用一个表来记录所有已解的子问题的答案。不管该子问题以后是否被用到，只要它被计算过，就将其结果填入表中。这就是动态规划法的基本思路。具体的动态规划法多种多样，但它们具有相同的填表格式。

适用动态规划法的问题必须满足最优化原理、无后效性和重叠性。

- 最优化原理（最优子结构性质）：不论过去状态和决策如何，对前面的决策所形成的状态而言，余下的诸决策必须构成最优策略。简而言之，一个最优化策略的子策略总是最优的。一个问题满足最优化原理，又称其具有最优子结构性质。
- 无后效性：将各阶段按照一定的次序排列好之后，对于某个给定的阶段状态，它以前各阶段的状态无法直接影响它未来的决策。换句话说，每个状态都是过去历史的一个完整总结。这就是无后效性，又称为无后向性。
- 重叠性：动态规划法将原来具有指数级时间复杂度的搜索算法改进成了具有多项式时间复杂度的算法。其中的关键在于解决冗余，这是动态规划法的根本目的。动态规划法实质上是一种以空间换时间的技术，它在实现的过程中不得不存储过程中产生的各种状态，所以它的空间复杂度要大于其他算法。

9.1.2　动态规划法的实施步骤与算法描述

动态规划法所处理的问题是一个多阶段决策问题，一般由初始状态开始，通过对中间阶段决策的选择达到结束状态。这些决策形成了一个决策序列，同时确定了完成整个过程的一条活动路线（通常要求最优的活动路线）：

初始状态→│决策 1│→│决策 2│→……→│决策 n│→结束状态

具体来讲，动态规划法的设计分为以下几个步骤。

（1）划分阶段：按照问题的时间或空间特征，把问题分为若干个阶段。在划分阶段时，注意划分后的阶段一定要是有序的或者是可排序的，否则问题就无法求解。

（2）确定状态和状态变量：将问题发展到各个阶段时所处于的各种客观情况用不同的状态表示出来。当然，状态的选择要满足无后效性。

（3）确定决策并写出状态转移方程：因为决策和状态转移有着天然的联系，状态转移就是根据上一阶段的状态和决策来导出本阶段的状态，所以如果确定了决策，就可以写出状态转移方程。但事实上常常反过来做，根据相邻两个阶段的状态之间的关系确定决策方法和状态转移方程。

（4）寻找边界条件：给出的状态转移方程是一个递推式，需要一个递推的终止条件或边界条件。

一般来说，只要解决问题的阶段、状态和状态转移决策确定了，就可以写出状态转移方程（包括边界条件）。实际应用中，可以按以下几个简化的步骤进行设计：

（1）分析最优解的性质，并刻画其结构特征。

（2）递归定义最优解。

（3）以自底向上或自顶向下的记忆化方式（备忘录法）计算出最优值。

（4）根据计算最优值时得到的信息，构造问题的最优解。

动态规划法的主要难点在于理论上的设计，也就是上面 4 个步骤的确定，一旦设计完成，实现部分就会非常简单。使用动态规划法求解问题，最重要的就是确定动态规划三要素：

（1）问题的阶段。

（2）每个阶段的状态。

（3）从前一个阶段转化到后一个阶段之间的递推关系。

递推关系必须是从次小的问题开始到较大的问题之间的转化，从这个角度来说，动态规划法往往可以用递归程序来实现，不过因为递推可以充分利用前面保存的子问题的解来减少重复计算，所以对于大规模问题来说，有递归不可比拟的优势，这也是动态规划法的核心之处。

确定了动态规划法的三要素，整个求解过程就可以用一个最优决策表来描述。最优决策表是一个二维表，其中行表示决策的阶段，列表示问题状态，表中需要填写的数据一般对应此问题在某个阶段某个状态下的最优值（如最短路径、最长公共子序列、最大价值等），填表的过程就是根据递推关系，从 1 行 1 列开始，以行或者列优先的顺序，依次填写，最后根据整个表的数据通过简单的取舍或者运算求得问题的最优解，即：

$$f(n,m)=\max\{f(n-1,m),\ f(n-1,m-w[n])+P(n,m)\}$$

例 9-1　求一个字符串中最长的回文子字符串。回文字符串是指正着读和倒着读一样的字符串，例如 abcba 或 abba。

算法分析：

令状态方程 p[i][j]=0 表示起始位置为 i、结束位置为 j 的字符串不为回文字符串，p[i][j]=1 表示该字符串为回文字符串。状态转移方程为：

$$p[i][j]=\begin{cases}1 & p[i+1][j-1]==1 \text{ 且 } str[i]==str[j] \\ 0 & \text{其他情况}\end{cases}$$

代码如下：

```
#include <iostream>
#include <string>
using namespace std;
string longestPalindrome(string &str){
    int length=str.size();
    int start,maxlen;                    //最长子字符串的起点位置和长度
    int len;                             //长度的临时变量
    int p[100][100]={false};
    for(int i=0;i<length;i++){
        p[i][i]=1;
        if(p[i][i]&&str[i]==str[i+1]){
            p[i][i+1]=true;
            maxlen=2;
            start=i;}}
    for(len=2;len<length;len++){
    for(int i=0;i<length-1-len;i++){//当长度为 len+1 时，起点 i 的最大位置为 length-(len+1)-1
            int j=i+len;
            if(p[i+1][j-1]&&str[i]==str[j]){
                p[i][i+len]=1;
                maxlen=len+1;
                start=i;}
                else{
                p[i][i+len]==0;}}}
    if(maxlen>2){
            return str.substr(start,maxlen);}
    return NULL;}
int main(){
    string str="auuabab";
    cout<<"回文字符串为: "<<endl;
    cout<<longestPalindrome(str)<<endl;
    return 0;}
```

运行结果如图 9-1 所示。

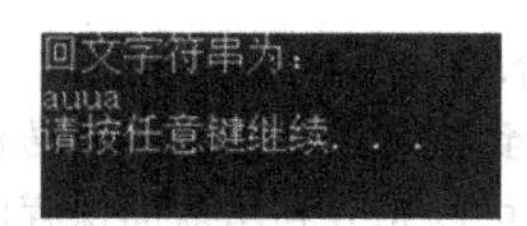

图 9-1 运行结果

9.2 装载问题

例 9-2 两艘船各自可装载重量为 c1 和 c2，n 个集装箱各自的重量为 w[n]，设计一个装载方案，使得两艘船装下全部集装箱。

将所给问题恰当地分为若干相互联系的阶段，以便能按一定的次序求解问题。阶段的划分一般是根据时间和空间的特征进行的，但是要能够把问题的过程转化为多阶段决策问题；状态表示每个阶段开始所处的自然状况或者客观条件；决策表示当过程处于某一阶段某一状态时可以做出的决定，从而确定下一阶段的状态。

算法分析：

将第一艘船尽量装满（第一艘船装的集装箱的重量之和接近 c1），剩余的集装箱装入第二艘船，若剩余的集装箱重量之和大于 c2，则无解。

定义一个一维数组 a[n]存放对应的集装箱的重量；定义一个数组 m[i][j] 表示第一艘船还可装载的重量 j，可取集装箱编号范围为 i,i+1…n 的最大装载重量值。

例如，有 3 个集装箱，重量分别为 9，5，3，即 a[1]=9，a[2]=5，a[3]=3，m[1][2]=0，可装载重量为 2，此时，上述三个集装箱都不能装入，所以最大可装载重量为 0；m[1][3] = m[1][4] = 3，可装载重量为 3 或者 4 的时候，都是只能装入重量为 3 的那个集装箱，所以最大可装载重量为 3；实际上，这里的 3= a[3] + m[1][2]，是一个递推的关系。

m[i][j] 分下面两种情况：

（1）当 0≤j<a[n]（可装载重量 j 小于第 n 个集装箱的重量 w[n]）时，不能往船上装此集装箱，m[i][j] = m[i+1][j]；

（2）当 j≥a[n]（可装载重量 j 大于或等于第 n 个集装箱的重量 w[n]）时，剩余的可装载重量为 j–a[n]，最大的可装载重量为 m[i+1][j–a[n]] + a[n]；但是我们需要最大的可装载重量，所以要与如果不将当前集装箱装入的情况 m[i+1][j]进行比较，m[i][j] = Math.max(m[i+1][j], m[i+1][j–a[n]+a[n]])；由此，就获得了一个关于 m[i][j] 的递推关系，通过逆推获得全部的数值。

其实，选择最优解的过程主要是选择船在某一个限定容量下所能够装载的最大重量，在这一阶段需要和前一阶段的行为进行比较、判断，判断该种装载是否最优，通过这样的一个步骤获取最优的决策。

代码如下：

```
#include<cstdio>
#include<iostream>
#include<string.h>
#include<math.h>
using namespace std;
int c1,c2,n,sum=0;
int dp[10010],wi[10010];
int main(){
while(scanf("%d%d%d",&c1,&c2,&n)&&(c1!=0||c2!=0||n!=0)){
    sum=0;//初始化
    for(int i=1;i<=n;i++){
        cin>>wi[i];
        sum+=wi[i];}
    memset(dp,0,sizeof(dp));                    //初始化
    for(int i=1;i<=n;i++)
        for(int j=c1;j>=wi[i];j--)
            dp[j]=max(dp[j],dp[j-wi[i]]+wi[i]);
            //cout<<sum-dp[c1]<<"&&&";
            if(sum-dp[c1]>c2)
            cout<<"No"<<endl;
        else
            cout<<"Yes"<<endl;}
    return 0;}
```

运行结果如图 9-2 所示。

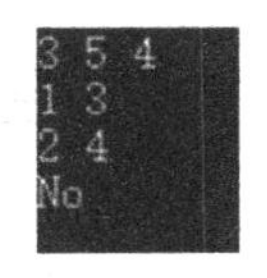

图 9-2　运行结果

9.3　投资分配问题

例 9-3　现有 a（万元）的资金，计划分配给 n 个工厂，用于扩大再生产。假设 x_i 为分配给第 i 个工厂的资金数量（万元），g_ix_i 为第 i 个工厂得到资金后产生的利润（万元）。如何确定分配给各工厂的资金数量，使得总利润最高。

算法分析：

根据题意，得出下列公式：

$$\max Z=\sum_{i=1}^{n} g_i x_i$$

$$\begin{cases}\sum_{i=1}^{n} x_i \leqslant a \\ x_i \geqslant 0 \quad i=1,2,3,\cdots,n\end{cases}$$

令 $f_k(x)$ 为以数量为 x 的资金分配给前 k 个工厂所得到的最大利润，用动态规划法求解 $f_n(a)$。

当 k=1 时，$f_1(x)=g_1(x)$，因为只分配给一个工厂。

当 $1<k\leqslant n$ 时，递推关系如下：

假设 y 为分给第 k 个工厂的资金（其中 $0\leqslant y\leqslant x$），此时还剩 $x-y$（万元）的资金需要分配给前 k−1 个工厂，如果采取最优策略，则得到的最大利润为 $f_{k-1}(x-y)$，那么总的利润为 $g_k(y)+f_{k-1}(x-y)$。

根据动态规划法的最优化原理，有以下公式：

$$f_k(x)=\max_{0\leqslant y\leqslant x}\{g_k(y)+f_{k-1}(x-y)\}$$

其中，k=2,3,…,n。

如果 a 以万元为资金分配单位，则上式中的 y 只取非负整数 0,1,2,3,…,x。上式可变为：

$$f_k(x)=\max_{y=0,1,2,\ldots,x}\{g_k(y)+f_{k-1}(x-y)\}$$

我们通过一个具体的例题来看一下。

设国家划拨 60 万元投资款供 4 个工厂扩建使用，每个工厂扩建后的利润与投资额的大小有关，投资后的利润函数如表 9-1 所示。

表 9-1　投资分配问题

投资额	0	10	20	30	40	50	60
$g_1(x)$	0	20	50	65	80	85	85
$g_2(x)$	0	20	40	50	55	60	65
$g_3(x)$	0	25	60	85	100	110	115
$g_4(x)$	0	25	40	50	60	65	70

依据题意，要求 $f_4(60)$。

第一步，求 $f_1(x)$。$f_1(x)=g_1(x)$，如表 9-2 所示。

表 9-2　投资分配问题（$f_1(x)$）

投资额	0	10	20	30	40	50	60
$f_1(x)=g_1(x)$	0	20	50	65	80	85	85
最优策略	0	10	20	30	40	50	60

第二步，求 $f_2(x)$。$f_2(60)=\max_{y=0,1,2\cdots 60}\{g_2(y)+f_1(60-y)$，如表 9-3 所示。

表 9-3　投资分配问题（$f_2(60)$）

分配方案	利润
$g_2(0)+f_1(60)$	0+85
$g_2(10)+f_1(50)$	20+85

续表

分配方案	利润
$g_2(20)+f_1(40)$	40+80
$g_2(30)+f_1(30)$	50+65
$g_2(40)+f_1(20)$	55+50
$g_2(50)+f_1(10)$	60+20
$g_2(60)+f_1(0)$	65+0

从表 9-3 中得出，最优策略为(40,20)，此时最大利润为 120 万元。

继续计算$f_2(50)$。$f_2(50) = \max_{y=0,1,2,\cdots,50}\{g_2(y) + f_1(50 - y)$，如表 9-4 所示。可以得出，最优策略为(30,20)，此时最大利润为 105 万元。

表 9-4　投资分配问题（$\mathbf{f_2(50)}$）

分配方案	利润
$g_2(0)+f_1(50)$	0+85
$g_2(10)+f_1(40)$	20+85
$g_2(20)+f_1(30)$	40+65
$g_2(30)+f_1(20)$	50+50
$g_2(40)+f_1(10)$	55+20
$g_2(50)+f_1(0)$	60+0

再计算$f_2(40)$。$f_2(40) = \max_{y=0,1,2,\cdots,40}\{g_2(y) + f_1(40 - y)$，最优策略为(20,20)，此时最大利润为 90 万元。

再计算$f_2(30)$，$f_2(30) = \max_{y=0,1,2,\cdots,30}\{g_2(y) + f_1(30 - y)$，最优策略为(20,10)，此时最大利润为 70 万元。

……

得出的结论如表 9-5 所示。

表 9-5　投资分配问题（$\mathbf{f_2(x)}$）

投资额	0	10	20	30	40	50	60
$f_2(x)$	0	20	50	70	90	105	120
最优策略	(0,0)	(10,0) (0,10)	(20,0)	(20,10)	(20,20)	(30,20)	(40,20)

第三步，求$f_3(60)$。$f_3(60) = \max_{y=0,1,2,\cdots,60}\{g_3(y) + f_2(60 - y)$，如表 9-6 所示。

表 9-6　投资分配问题（$\mathbf{f_3(x)}$）

投资额	0	10	20	30	40	50	60
$F_3(x)$	0	25	60	85	110	135	155
最优策略	(0,0,0)	(0,0,10)	(0,0,20)	(0,0,30)	(20,0,20)	(20,0,30)	(20,10,30)

第四步，求$f_4(60)$。$f_4(60) = \max_{y=0,1,2,\cdots,60}\{g_4(y) + f_3(60 - y)$，如表 9-7 所示，得出最优策略为(20,0,30,10)，最大利润为 160 万元。

表 9-7　投资分配问题（$\mathbf{f_4(x)}$）

分配方案	利润
$g_4(0)+f_3(60)$	0+155

续表

分配方案	利润
$g_4(10)+f_3(50)$	25+135
$g_4(20)+f_3(40)$	40+110
$g_4(30)+f_3(30)$	50+85
$g_4(40)+f_3(20)$	60+60
$g_4(50)+f_3(10)$	65+25
$g_4(60)+f_3(0)$	70+0

代码如下：

```
#include<stdio.h>
#include<string.h>
int main(){
    int m,n;
    int a;
    printf("请输入工厂的个数:");
    scanf("%d",&m);
    printf("请输入每个投资种类的个数:");
    scanf("%d",&n);
    printf("请输入投资总金额: ");
    scanf("%d",&a);
    int array[m][n];          //创建一个数组array：记录每个工厂在所有可能投资下的获取利润
    int array1[m][n];         //创建一个数组array1：记录在某投资额下前m个工厂可以获取的最大利润
    int path[m][n];           //创建一个数组path：记录在某总投资额下投资一部分资金给第m个工厂
                              //获取最大利润时，这个部分投资额的数值
    memset(array,0,sizeof(array));        //将数组array的值初始化为0
    memset(array1,0,sizeof(array1));      //将数组array1的值初始化为0
    memset(path,0,sizeof(path));          //将数组path的值初始化为0
    printf("请依次输入每个工厂在所有可能投资下的获取利润: ");
    int i,j,k;
    for(i=0;i<m;i++){
        for(j=0;j<n;j++){
            scanf("%d",&array[i][j]);}}
        for(i=0;i<m;i++){
            for(j=0;j<n;j++){
                if(i==0){
                    array1[i][j]=array[i][j];     //第一个工厂直接全部分配给自己
                    if(array[i][j]>path[i][j]){
                    path[i][j]=j;}}
                else{
                    for(k=0;k<n;k++){
                    if(j-k>=0){
                        if(array[i][k]+array1[i-1][j-k]>array1[i][j]){
                                          //获取收益最大的投资额
                            array1[i][j]=array[i][k]+array1[i-1][j-k];//更新
                            path[i][j]=k; }}      //记录投资给自己多少
                        else{
                            break;}}}}}
    printf("最大利润为: %d \n",array1[m-1][n-1]);
    a=a/10;
    for(i=m-1;i>=0;i--){
        printf("第%d个工厂投资为: %d \n",i+1,path[i][a]*10);
        a-=path[i][a];}}
```

运行结果如图 9-3 所示。

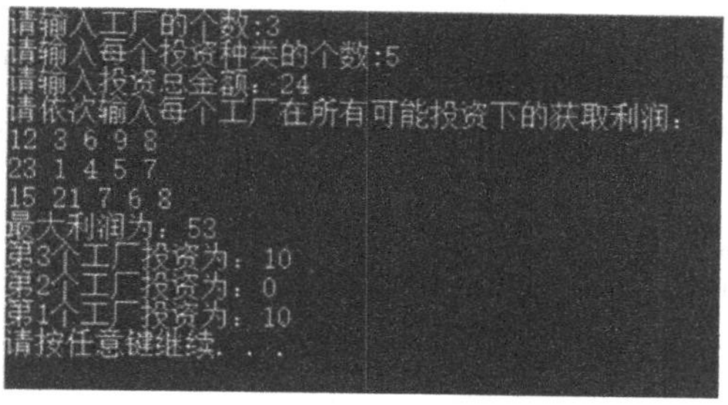

```
请输入工厂的个数:3
请输入每个投资种类的个数:5
请输入投资总金额: 24
请依次输入每个工厂在所有可能投资下的获取利润:
12 3 6 9 8
23 1 4 5 7
15 21 7 6 8
最大利润为: 53
第3个工厂投资为: 10
第2个工厂投资为: 0
第1个工厂投资为: 10
请按任意键继续. . .
```

图 9-3　运行结果

9.4　背包问题

9.4.1　0-1 背包问题

例 9-4　给定 n 种物品和一个背包，物品 i 的重量是 w_i、价值为 v_i，背包的容量为 C。应如何选择装入背包的物品（物品不能分割），使得装入背包中物品的总价值最大?

算法分析：

用 x_i 表示物品的选择，x_i=1 表示选择物品 i 放到背包中。公式如下：

$$\max\sum_{i=1}^{n} v_i x_i \quad \begin{cases} \sum\limits_{i=1}^{n} w_i x_i \leqslant C \\ x_i \in \{0,1\}, 1 \leqslant i \leqslant n \end{cases}$$

抽象之后，背包问题转换为找到一个最优的数组：$x_1,x_2,\cdots,x_n$ 的 0-1 序列。假设最优解的序列为 $x_1,x_2,\cdots,x_n$，能使容量为 C 的背包的总价值最大。

如果 $x_1=1$，则 $x_2,\cdots,x_n$ 是使容量为 $C-w_1$ 的背包的总价值最大的序列。

如果 $x_1=0$，则 $x_2,\cdots,x_n$ 是使容量为 C 的背包的总价值最大的序列。

这就是我们所说的最优子结构性质。

我们用 m(i, j) 表示已经判断好了 i:n 序列的背包最大价值，此时的背包剩余容量为 j，对物品 i 进行判断。如果 $j>w_i$，就要判断选择 w_i 和不选择 w_i 哪种能使背包的总价值更大，可以用公式表示：m(i,j) = max { m(i+1, j), m(i +1, j–wi) + vi}。

如果 $j<w_i$，则 m(i, j)=m(i+1, j)。

初始化：$m(n, j)=v_n \quad (j\geqslant w_n)$

$m(n, j)=0 \quad (0\leqslant j<w_n)$

$m(0, C)=0$

最终的结果：m(1,C)

由此，就得到了一个递归表达式：

$$m(i,j) = \begin{cases} \max\{m(i+1,j), m(i+1,j-w_i)+v_i\} & j\geqslant w_i \\ m(i+1,j) & 0\leqslant j\leqslant w_i \end{cases}$$

$$m(n,j)=\begin{cases}v_n & j\geqslant w\\ 0 & 0\leqslant j\leqslant w_n\end{cases}$$

如果单纯利用递归，会重复计算很多值，耗费很长时间。动态规划法还需避免这种重复计算，怎样自顶向下或自底向上计算呢？采用列表的方法可以很好地分析设计自顶向下或自底向上计算的算法。

例如：

```
n=3,c=6,w={4,3,2} v={5,2,1}
m[i][j]=max{ m[i+1][j], m[i+1][j-w[i]]+v[i] }
```

列表如表 9-8 所示。

表 9-8　0-1 背包问题

i/j	0	1	2	3	4	5	6
1							6
2	0	1	1	2	3	3	3
3	0	1	1	1	1	1	1

例如，m[2][3]=max{m[3][3],m[3][3−w[2]]+v[2]}，我们最终选择 m[3][3−w[2]]+v[2]。整个问题的最优解保存在 m[1][6]中。

代码如下：

```
using namespace std;
#include <iostream>
const int N = 4;
void Knapsack(int v[],int w[],int c,int n,int m[][10]);
void Traceback(int m[][10],int w[],int c,int n,int x[]);
int main(){
    int c=8;
    int v[]={0,1,2,3,4},w[]={0,1,4,2,3};            //下标从 1 开始
    int x[N+1];
    int m[10][10];
    cout<<"待装物品重量分别为："<<endl;
    for(int i=1; i<=N; i++){
        cout<<w[i]<<" ";}
    cout<<endl;
    cout<<"待装物品价值分别为："<<endl;
    for(int i=1; i<=N; i++){
        cout<<v[i]<<" ";}
    cout<<endl;
    Knapsack(v,w,c,N,m);
    cout<<"背包能装的最大价值为："<<m[1][c]<<endl;
    Traceback(m,w,c,N,x);
    cout<<"背包装下的物品编号为："<<endl;
    for(int i=1; i<=N; i++){
        if(x[i]==1){
            cout<<i<<" ";}}
    cout<<endl;
    return 0;}
void Knapsack(int v[],int w[],int c,int n,int m[][10]){
    int jMax = min(w[n]-1,c);                        //背包剩余容量上限范围为 0~w[n]-1
    for(int j=0; j<=jMax;j++) {
        m[n][j]=0;}
    for(int j=w[n]; j<=c; j++) {                     //限制范围 w[n]~c
        m[n][j] = v[n];}
    for(int i=n-1; i>1; i--){
```

```
        jMax = min(w[i]-1,c);
        for(int j=0; j<=jMax; j++){                   //背包不同剩余容量 j<=jMax<c
            m[i][j] = m[i+1][j]; }                    //没产生任何效益
        for(int j=w[i]; j<=c; j++) {                  //背包不同剩余容量 j-w[i]>c
            m[i][j] = max(m[i+1][j],m[i+1][j-w[i]]+v[i]); }}//价值增加 v[i]
    m[1][c] = m[2][c];
    if(c>=w[1]){
        m[1][c] = max(m[1][c],m[2][c-w[1]]+v[1]);}}
//x[]数组存储对应物品的 0-1 向量,0 表示不装入背包，1 表示装入背包
void Traceback(int m[][10],int w[],int c,int n,int x[]){
    for(int i=1; i<n; i++){
        if(m[i][c] == m[i+1][c]){
            x[i]=0;}
        else{
            x[i]=1;
            c-=w[i];}}
    x[n]=(m[n][c])?1:0;}
```

运行结果如图 9-4 所示。

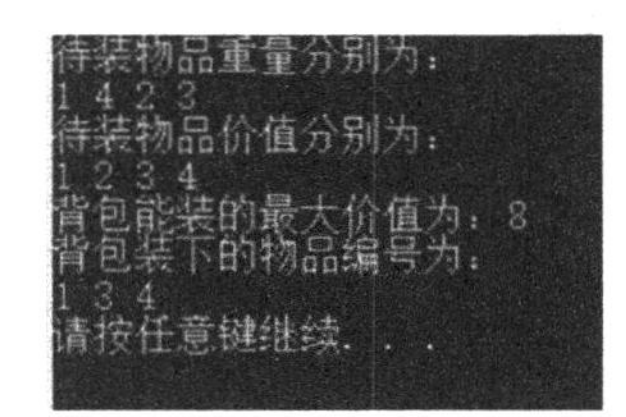

图 9-4　运行结果

9.4.2　二维 0-1 背包问题

例 9-5　给定 n 种物品和一个背包。物品 i 的重量是 w_i，体积是 b_i，价值为 v_i；背包载重为 c，容积为 d。问：应如何选择物品，使得装入背包中的物品的总价值最高？在选择装入的物品时，对每种物品只有两种选择，即装入背包和不装入背包，不能将物品 i 装入背包多次，也不能只装入部分物品 i。

代码如下：

```
#include <stdio.h>
#define MAX(a, b) ((a) > (b) ? (a) : (b))
int main(){
    int data[101][1001] = { 0 };
    int size, n;
    int weight[101] = { 0 };
    int value[101] = { 0 };
    int i, j;
    printf("请输入背包容量及物品个数：\n");
    scanf("%d%d", &size, &n);
    printf("请输入每个物品的重量及对应的价值：\n");
    for (i = 1; i <= n; i++) {
        scanf("%d%d", weight + i, value + i);}
    for (i = 1; i <= n; i++) {
        for (j = 1; j <= size; j++) {
            if (j < weight[i]) {
                data[i][j] = data[i - 1][j];}
            else {
                data[i][j] = MAX(data[i - 1][j], data[i - 1][j - weight[i]] + value[i]);}}}
    printf("背包最大价值为：%d\n", data[n][size]);
    return 0;}
```

运行结果如图 9-5 所示。

```
请输入背包容量及物品个数：
120 5
请输入每个物品的重量及对应的价值：
1 23
2 45
3 100
4 53
5 6
背包最大价值为：227
请按任意键继续. . .
```

图 9-5 运行结果

以下用一维数组实现，时间复杂度与二维数组相同，但比二维数组节省空间。

代码如下：

```
#define _CRT_SECURE_NO_WARNINGS
#include<stdio.h>
#define MAX(a,b)((a)>(b)?(a):(b))
int main(){
    int data[1001] = { 0 };
    int size, n;
    int weight[101] = { 0 };
    int value[101] = { 0 };
    int i, j;
    printf("请输入背包容量及物品个数：\n");
    scanf("%d%d", &size, &n);
    printf("请输入每个物品的重量及对应的价值：\n");
    for (i = 1; i <= n; i++) {
        scanf("%d%d", weight + i, value + i);}
    for (i = 1; i <= n; i++) {
        for (j = size; j >= weight[i] ; j--) {
            data[j] = MAX(data[j], data[j - weight[i]] + value[i]);}}
    printf("背包最大价值为：%d\n", data[size]);
    return 0;}
```

9.5 最长子序列探索

9.5.1 最长非降子序列

例 9-6 给定长度为 N 的整数序列：A[1], A[2], …, A[N]，求其中最长非降子序列（Longest Increasing Subsequence，LIS）的长度。

例如，有以下整数序列：

5, 3, 4, 8, 6, 7

其最长非降子序列即为 3, 4, 6, 7，长度为 4。

算法分析：

如何用动态规划法来求解这个问题呢？动态规划法中最重要的一部分就是定义状态转移方程，在这个问题中，如果定义 d[i]为序列 A[1], A[2], …, A[i]的最长非降子序列，后面会发现 d[i]和 d[i−1]之间很难建立起状态转移关系，因为 A[1]~A[i−1]和 A[1]~A[i]二者的最长非降子序列间不一定有公共的部分，如 1, 4, 2, 5, 3 中前 4 个整数和前 5 个整数的最大非降子序列不一定有共同的部分，无法建立起状态转移关系。但如果用 d[i]表示以元素 A[i]结束的最长非降子序列的长度，那么状态方程就有规律可循了，以上面的序列为例：

d[1] = max{1} //只有 5

d[2] = max{1} //3 之前没有比 3 小的

d[3] = max{1, d[2] + 1} = 2 //4 之前有 3

d[4] = max{1, d[2] + 1, d[3] + 1} = 3 //8 之前有 3, 4

d[5] = max{1, d[2] + 1, d[3] + 1} = 3 //6 之前有 3, 4

d[6] = max{1, d[2] + 1, d[3] + 1, d[5] + 1} = 4 //7 之前有 3, 4, 6

LIS = max(d[i]) = 4, 1 ≤ i ≤ 6

从上面的步骤来看，先求出这个序列中以每个元素作为结尾的最大非降子序列的长度，那问题的解总是以序列中某个元素作为结尾的，所以取最大值即可。而且，从上面的公式很容易看出求 d[i] 的过程，简单来说，就是从 i 往前找，如果某个元素 A[j] ≤ A[i]，那么以元素 A[j] 结尾的最长非降子序列再加上 A[i] 一定也是一个非降子序列，d[j] + 1 肯定是一个非降子序列长度，找到所有符合条件的 j，所有符合条件的 d[j] + 1 的最大值就一定是 d[i] 的值。从另一个角度看，因为以 A[i] 结尾的最长子序列的倒数第二个元素（假设长度不小于 2）肯定是 A[i] 之前的某一个元素，所有 A[j]作为倒数第二个元素的序列就是以 A[i] 结尾的子序列。当然，还要考虑特殊的情况，假设 A[i]之前没有比其更小的元素，则子序列就是其本身，长度为 1。综上所述，状态转移方程如下：

$$d[i] = \max(1, \max(d[j] + 1)), 1 \leq j < i, A[j] \leq A[i]$$

最后问题的解即为：

$$LIS = \max(d[i]), 1 \leq i \leq n, n \text{ 为序列的长度}$$

代码如下：

```
#include <iostream>
using namespace std;
#define N 6
int LIS(int data[], int n){
    int *d = new int[n];
    int len = 1;
    for(int i = 0; i < n; i++){
        d[i] = 1;
        for(int j = 0; j < i; j++){
            if(data[j] <= data[i]){
                if(d[j] + 1 > d[i]){
                    d[i] = d[j] + 1;}}}
        if(d[i]>len) len = d[i];}
    return len;}
int main(){
    int data[N],i;
    cout<<"输入数据，用空格分开:"<<endl;
    for(i=0;i<N;i++)
        cin>>data[i];
    cout<<"最长非降子序列为："<<endl;
    cout << LIS(data, 6) << endl;
    return 0;}
```

运行结果如图 9-6 所示。

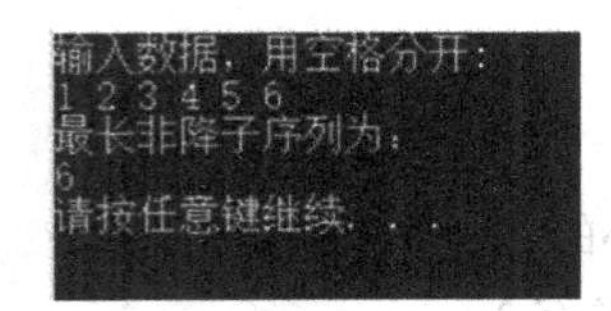

图 9-6 运行结果

9.5.2 最长公共子序列（Longest Common Subsequence，LCS）

例 9-7 求最长公共子序列。

序列 $X=x_1, x_2, \cdots, x_n$ 中任意删除若干项，剩余的序列叫作 X 的一个子序列。也可以认为子序列是在序列 X 中按原顺序保留任意若干项得到的序列。

例如，对序列 1,3,5,4,2,6,8,7 来说，序列 3,4,8,7 是它的一个子序列。长度为 n 的序列共有 2^n 个子序列，有 (2^n-1) 个非空子序列。在这里需要提醒大家，子序列不是子集，它和原始序列的元素顺序是相关的。

如果序列 Z 既是序列 X 的子序列，同时也是序列 Y 的子序列，则称它为序列 X 和序列 Y 的公共子序列。空序列是任何两个序列的公共子序列。

X 和 Y 的公共子序列中长度最长的（包含元素最多的）叫作 X 和 Y 的最长公共子序列。

这个问题如果用穷举法，最终求出最长公共子序列的时间复杂度是 $O(2m^n)$，是指数级别的复杂度，对于长序列是不适用的。因此，我们使用动态规划法来求解。

假设 $X=x_1, x_2, \cdots x_m$ 和 $Y=y_1, y_2, \cdots y_n$ 是两个序列，$Z=z_1, z_2, \cdots z_k$ 是这两个序列的一个最长公共子序列。

（1）如果 $x_m=y_n$，那么 $z_k=x_m=y_n$，且 Z_{k-1} 是 X_{m-1} 和 Y_{n-1} 的最长公共子序列。

（2）如果 $x_m \neq y_n$，$z_k \neq x_m$，意味着 Z 是 X_{m-1} 和 Y 的最长公共子序列。

（3）如果 $x_m \neq y_n$，$z_k \neq y_n$，意味着 Z 是 X 和 Y_{n-1} 的最长公共子序列。

从上面三种情况可以看出，两个序列的最长公共子序列包含两个序列的前缀的最长公共子序列。因此，最长公共子序列问题具有最优子结构特征。

从最优子结构可以看出，如果 $x_m=y_n$，那么应该求解 X_{m-1} 和 Y_{n-1} 的最长公共子序列，并且将 $x_m=y_n$ 加入这个最长公共子序列的末尾，这样得到的一个新的最长公共子序列就是所要求的。

如果 $x_m \neq y_n$，那么需要求解两个子问题，即分别求 X_{m-1} 和 Y 的最长公共子序列，以及 X 和 Y_{n-1} 的最长公共子序列。两个最长公共子序列中的较长者就是 X 和 Y 的最长公共子序列。

可以看出，最长公共子序列问题具有重叠子问题性质。为了求 X 和 Y 的最长公共子序列，需要分别求出 X_{m-1} 和 Y 的最长公共子序列，以及 X 和 Y_{n-1} 的最长公共子序列，这两个子问题又包含了求 X_{m-1} 和 Y_{n-1} 的最长公共子序列。

根据上面的分析，可以得出下面的公式；

$$C[i,j]=\begin{cases}0, & i=0 \text{ 或 } j=0\\ C[i-1,j-1]+1, & i,j>0, x_i=y_j\\ \max\{C[i,j-1], C[i-1,j]\}, & i,j>0, x_i \neq y_j\end{cases}$$

根据上面的公式，很容易写出递归计算最长公共子序列问题的程序。通过这个程序，可以求出各个子问题的最长公共子序列。

代码如下：

```
#include<stdio.h>
```

```
#include<string.h>
#include<stdlib.h>
#include<ctype.h>
#ifndef size_c
#define size_c 200
#endif // 预定义字符串的长度
#define EQUAL  1
#define UP  2
#define LEFT  3
//int char1[size_c][size_c];                    //定义两个二维数组存放字符串
//int char2[size_c][size_c];                    //1 存放位置，2 存放路径
//int max(int m, int n, int i, int j);
//int print(int i, int j);
int Lcs_len(char *str1, char *str2, int **char1, int **char2){
    int m = strlen(str1);
    int n = strlen(str2);                       //求出两个数组的边界长度
    int i, j;
    for (i = 0; i <= m; i++)
        char1[i][0] = 0;
    for (j = 0; j <= n; j++)                    //初始化边界条件
        char1[0][j] = 0;
    for (i = 1; i <= m; i++){
        for (j = 1; j <= n; j++){
            if (str1[i - 1] == str2[j - 1]){
                char1[i][j] = char1[i - 1][j - 1] + 1;
                char2[i][j] = EQUAL;}
            else if (char1[i - 1][j] >= char1[i][j - 1]){
                char1[i][j] = char1[i - 1][j];
                char2[i][j] = UP;}
            else{
                char1[i][j] = char1[i][j - 1];
                char2[i][j] = LEFT;}}}
    return char1[m][n]; }
void Print_Lcs(char *str, int **b, int i, int j){
    if (i == 0 || j == 0)
        return;                                 //递归至边界则扫描完毕
    if (b[i][j] == EQUAL){
        print_Lcs(str, b, i - 1, j - 1);
        printf("%c ", str[i - 1]);}
    else if (b[i][j] == UP)                     //不相等时判断方向：向上则数组向上位移
        print_Lcs(str, b, i - 1, j);
    else
        print_Lcs(str, b, i, j - 1);}
void Find_Lcs(char *str1, char *str2){
    int i, j, length;
    int len1 = strlen(str1),
    len2 = strlen(str2);
    int **c = (int **)malloc(sizeof(int*) * (len1 + 1));    //申请二维数组
    int **b = (int **)malloc(sizeof(int*) * (len1 + 1));
    for (i=0;i<=len1;i++){
        c[i] = (int *)malloc(sizeof(int) * (len2 + 1));
        b[i] = (int *)malloc(sizeof(int) * (len2 + 1));}
    for (i = 0; i <= len1; i++)                 //将c[len1][len2]和b[len1][len2]初始化为0
    for (j = 0; j <= len2; j++){
        c[i][j] = 0;
        b[i][j] = 0;}
    length = Lcs_len(str1, str2, c, b);
    printf("最长公共子序列的个数为%d\n", length);
    printf("最长公共子序列为:\n ");             //利用数组b输出最长子序列
    print_Lcs(str1, b, len1, len2);
    printf("\n");
    for (i = 0; i <= len1; i++){                //动态内存释放
```

```
            free(c[i]);
            free(b[i]);}
        free(c);
        free(b);}
    int main(int *argc, int *argv[]){
        char X[size_c] = "asdfghjkt";
        char Y[size_c] = "yyydfooo";
        int len;
        //printf("please enter your characters:");
        //scanf("%s", X);
        while (strlen(X) > 200){
            printf("what you input is too long, please try again");
            //scanf("%s\n", X);}
            //printf("please enter your characters:");
            //scanf("%s", Y);
        while (strlen(Y) > 200){
            printf("what you input is too long, please try again");
            //scanf("%s", Y);}
        Find_Lcs(X, Y);   //输出长度与子序列
        system("pause");}
```

运行结果如图 9-7 所示。

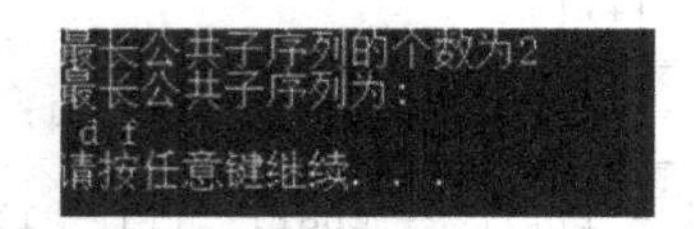

图 9-7　运行结果

9.6　最优路径搜索

9.6.1　数字三角形最大路径和

例 9-8　在与图 9-8 类似的数字三角形中寻找一条从顶部到底边的路径，使得路径上所经过的数字之和最大。路径上的每一步都只能往左下或右下走。只需要求出这个最大和即可，不必给出具体路径。三角形的行数大于 1 小于等于 100，数字为 0～99。

```
7
3 8
8 1 0
2 7 4 4
4 5 2 6 5
```

图 9-8　数字三角形

算法分析：

用二维数组存放数字三角形。

假设用 D[r][j]表示第 r 行第 j 个数字（r，j 从 1 开始），用 MaxSum[r][j]表示从 D[r][j]到底边的各条路径中最佳路径的数字之和。可将问题转化为求 MaxSum[1][1]，这是典型的递归问题。从 D[r][j]出发，下一步只能走 D[r+1][j]或者 D[r+1][j+1]。

代码如下：

```
#include<iostream>
```

```
using namespace std;
const int maxn = 101;
int n;
int D[maxn][maxn];
int main(){
    cout<<"输入三角形的行数 n: "<<endl;
    cin >> n;
    cout<<"输入数据: "<<endl;
    for(int i=1; i<=n; i++)
        for(int j=1; j<=i; j++)
            cin >> D[i][j];
    int *maxSum = D[n];                    //利用第 n 行的空间存储结果
    for(int i=n-1; i>=1; i--)
        for(int j=1; j<=i; j++)
            maxSum[j] = max(maxSum[j],maxSum[j+1]) + D[i][j];
    cout <<"输出最大和: "<<maxSum[1] <<endl;
    return 0;}
```

运行结果如图 9-9 所示。

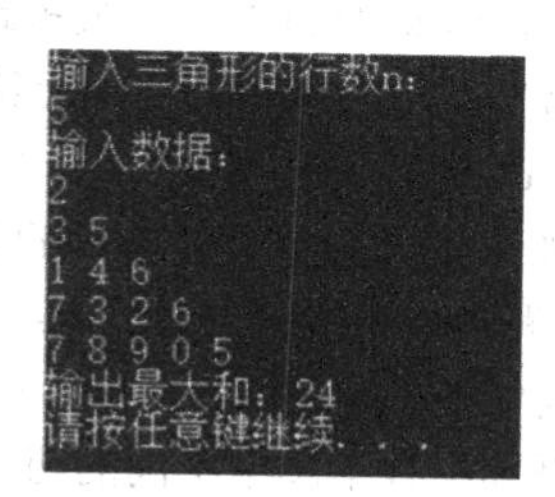

图 9-9　运行结果

以上代码只是计算了最大路径和，并没有输出路径。要输出路径，可将以上代码修改为：

```
#include<iostream>
#include<algorithm>
using namespace std;
int main(){
    int n;
    int a[105][105];
    int b[105][105];
    cout<<"输入三角形的行数: "<<endl;
    cin>>n;
        cout<<"输入数据: "<<endl;
    for(int i=1; i<=n; i++){
        for(int j=1; j<=i; j++){
            cin>>a[i][j];
            b[i][j]=a[i][j];
        }}
    for(int i=n-1; i>=1; i--){
        for(int j=n-1; j>=1; j--){
            b[i][j] += max(b[i+1][j], b[i+1][j+1]);
        }}
    int k=1;
        cout<<"输出路径: "<<endl;
    for(int i=1; i<=n; i++){
        cout<<a[i][k]<<" ";
        if(a[i][k]+b[i+1][k]<a[i][k]+b[i+1][k+1]){
            k=k+1;
        }}}
```

运行结果如图 9-10 所示。

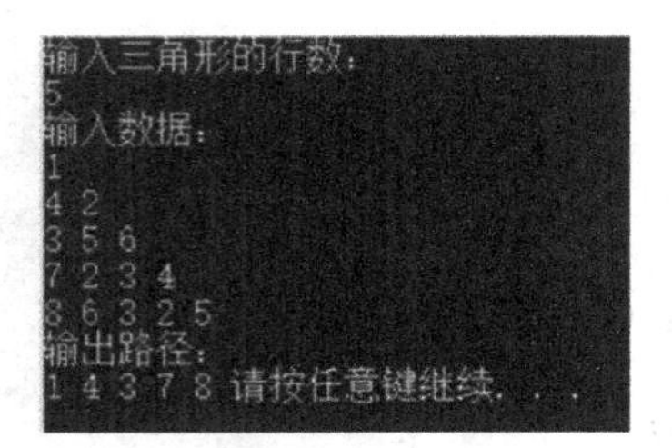

图 9-10 运行结果

9.6.2 多源最短路径问题

求多源最短路径一般用弗洛伊德算法。弗洛伊德算法用来找出每对顶点之间的最短距离，它对图的要求是：图既可以是无向图，也可以是有向图，边权可以为负，但是不能存在负环（可根据最小环的正负来判定）。

弗洛伊德算法基于动态规划的思想，以 u 到 v 的最短路径至少经过前 k 个点为转移状态进行计算，通过 k 的增加达到寻找最短路径的目的。当 k 增加 1 时，最短路径要么不变，如果路径改变，则必经过第 k 个点，也就是说，当起点 u 到第 k 个点的最短距离加上第 k 个点到终点 v 的最短路径小于不经过第 k 个点的最短路径长度的时候更新 u 到 v 的最短距离。当 k = n 时，u 到 v 的最短路径就确定了。

图 G 用邻接矩阵 gra[][] 来记录，如果 u 与 v 之间没有边直接相连，则 gra[u][v] = INF；dist[][] 记录最终的最短路径；pre[i][j] 存储 i 到 j 路径中 i 的后一个节点。

（1）初始化：将 gra 中的数据复制到 dist 中作为每对顶点间的最短路径的初值，pre[i][j] = j。

（2）k 从 1 到 n 循环 n 次，每次循环中枚举图中不同的两点 u 和 v，如果 dist[u][v] > dist[u][k] + dist[k][v]，则更新 dist[u][v] = dist[u][k] + dist[k][v]，更新 pre[u][v] = pre[u][k]。

（3）最后，dist[u][v] 数组中存储的就是 u 到 v 的最短距离，u 到 v 的路径则可以按照顺序查找。

以图 9-11 为例，无向图 G 由 5 个顶点 1，2，3，4，5 和 7 条边(1,3)，(1,2)，(3,4)，(2,3)，(2,4)，(2,5)，(4,5)构成，D 数组存储最短路径的值，P 数组存储最短路径（节点）。

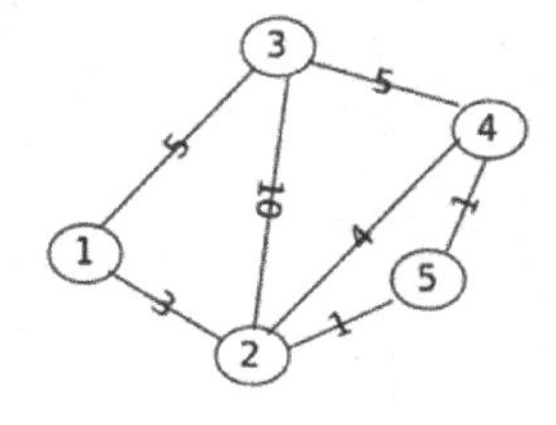

D	1	2	3	4	5
1	0	3	5	M	M
2	3	0	10	4	1
3	5	10	0	5	M
4	M	4	5	0	1
5	M	1	M	1	0

P	1	2	3	4	5
1	1	2	3	4	5
2	1	2	3	4	5
3	1	2	3	4	5
4	1	2	3	4	5
5	1	2	3	4	5

图 9-11 图 G 和邻接矩阵 1

假设现在每对顶点之间的路径只允许经过点 1。更新后的每对顶点之间的距离如图 9-12 所示。

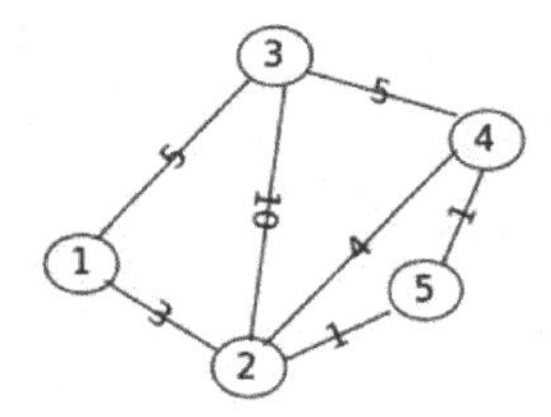

D	1	2	3	4	5
1	0	3	5	M	M
2	3	0	8	4	1
3	5	8	0	5	M
4	M	4	5	0	1
5	M	1	M	1	0

P	1	2	3	4	5
1	1	2	3	4	5
2	1	2	1	4	5
3	1	1	3	4	5
4	1	2	3	4	5
5	1	2	3	4	5

图 9-12 图 G 和邻接矩阵 2

第一步，点 2 到点 3 的距离经过点 1 得到了更新，同时更新了用于记录路径的 P 数组。

第二步，允许每对顶点之间的最短路径经过点 1 和点 2，则更新后的数组如图 9-13 所示。

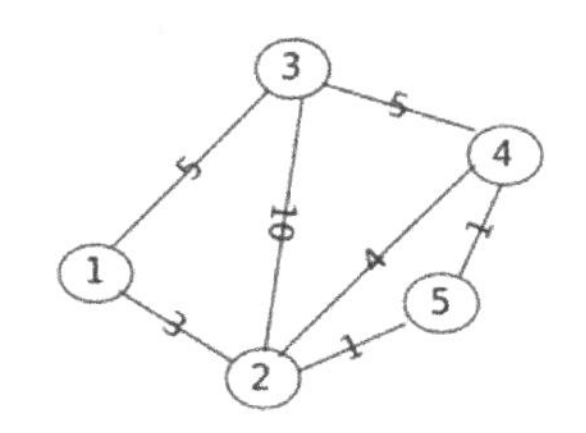

D	1	2	3	4	5
1	0	3	5	7	4
2	3	0	8	4	1
3	5	8	0	5	9
4	7	4	5	0	1
5	4	1	9	1	0

P	1	2	3	4	5
1	1	2	3	2	2
2	1	2	1	4	5
3	1	1	3	4	1
4	2	2	3	4	5
5	2	2	2	4	5

图 9-13　图 G 和邻接矩阵 3

可以看到更新的路径为：

1→4，经过点 2 得到更新。

1→5，经过点 2 得到更新。

3→5，经过点 1→2 得到更新。

第三步，允许经过点 1，2 和 3，则更新后的数组如图 9-14 所示。这一步说明，最短路径不需要更新，目前就是最短路径。

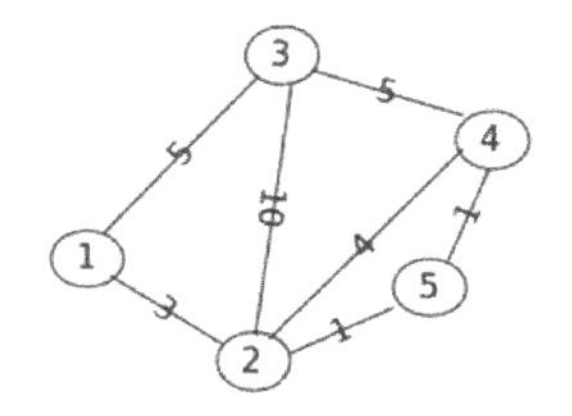

D	1	2	3	4	5
1	0	3	5	7	4
2	3	0	8	4	1
3	5	8	0	5	9
4	7	4	5	0	1
5	4	1	9	1	0

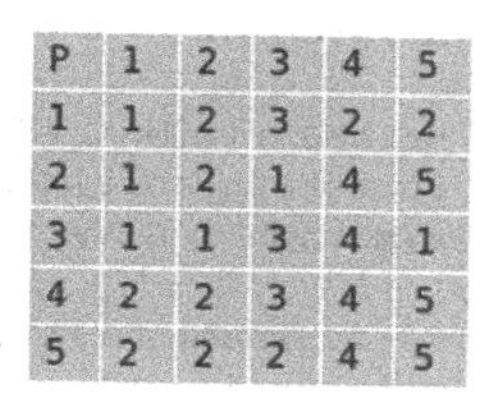

P	1	2	3	4	5
1	1	2	3	2	2
2	1	2	1	4	5
3	1	1	3	4	1
4	2	2	3	4	5
5	2	2	2	4	5

图 9-14　图 G 和邻接矩阵 4

第四步，允许经过点 1，2，3 和 4，则更新后的数组如图 9-15 所示。可以看出，3→5 的路径经过点 4 得到了更新（原先是 3→1→2→5，w = 9）。

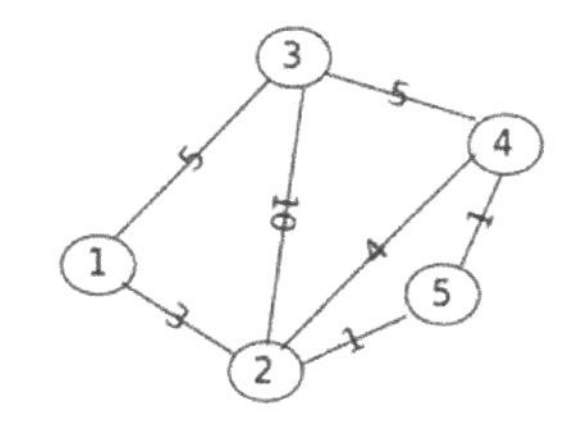

D	1	2	3	4	5
1	0	3	5	7	4
2	3	0	8	4	1
3	5	8	0	5	6
4	7	4	5	0	1
5	4	1	6	1	0

P	1	2	3	4	5
1	1	2	3	2	2
2	1	2	1	4	5
3	1	1	3	4	4
4	2	2	3	4	5
5	2	2	4	4	5

图 9-15　图 G 和邻接矩阵 5

第五步，允许任意两点之间的最短路径经过全部点，则更新后的数组如图 9-16 所示。这次得到更新的路径为：

1→4 的路径更新为 1→2→5→4，w = 5（原路径为 1→2→4，w = 7）。

2→3 的路径更新为 2→5→4→3，w = 7（原路经为 2→1→3，w = 8）。

2→4 的路径更新为 2→5→4，w = 2（原路径为 2→4，w = 4）。

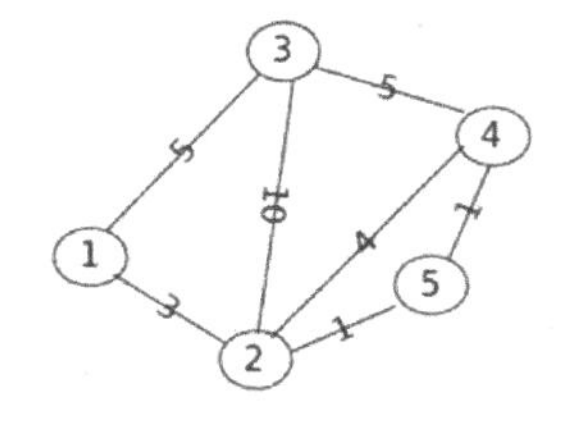

D	1	2	3	4	5
1	0	3	5	5	4
2	3	0	7	2	1
3	5	7	0	5	6
4	5	2	5	0	1
5	4	1	6	1	0

P	1	2	3	4	5
1	1	2	3	2	2
2	1	2	5	5	5
3	1	4	3	4	4
4	5	5	3	4	5
5	2	2	4	4	5

图 9-16　图 G 和邻接矩阵 6

至此，最短路径寻找完毕。dist[i][j] 数组里面保存的就是 i 到 j 的最短距离。如果要寻找路径，则寻找数组 pre[][]即可，比如，要寻找 2 到 3 的路径，则：

寻找 pre[2][3] = 5， 2→5；

继续寻找 pre[5][3] = 4， 2→5→4；

继续寻找 pre[4][3] = 3，2→5→4→3。

由于此时 i = j = 3，则点 2 到 3 的最短路径为：2→5→4→3。

例 9-9 用弗洛伊德法求图 G(V, E)的多源最短路径（V 是顶点，E 是边）。

代码如下：

```
#include <stdio.h>
#define MAX_VERtEX_NUM 20                          //顶点的最大个数
#define VRType int                                 //表示弧的权值的类型
#define VertexType int                             //图中顶点的数据类型
#define INFINITY 65535
typedef struct {
    VertexType vexs[MAX_VERtEX_NUM];
    VRType arcs[MAX_VERtEX_NUM][MAX_VERtEX_NUM];
    int vexnum,arcnum;
}MGraph;
typedef int PathMatrix[MAX_VERtEX_NUM][MAX_VERtEX_NUM];
typedef int ShortPathTable[MAX_VERtEX_NUM][MAX_VERtEX_NUM];
int LocateVex(MGraph * G,VertexType v){
    int i=0;
    for (; i<G->vexnum; i++) {
        if (G->vexs[i]==v) {
            break;}}
    if (i>G->vexnum) {
        printf("no such vertex.\n");
        return -1;}
    return i;}
//构造有向网
void CreateUDG(MGraph *G){
    printf("输入 m（顶点数）,n（边数）:\n");
    scanf("%d,%d",&(G->vexnum),&(G->arcnum));
    printf("输入顶点编号（用于空格分开）:\n");
    for (int i=0; i<G->vexnum; i++) {
        scanf("%d",&(G->vexs[i]));}
    for (int i=0; i<G->vexnum; i++) {
        for (int j=0; j<G->vexnum; j++) {
            G->arcs[i][j]=INFINITY;}}
        printf("输入 v1,v2,w:\n");
    for (int i=0; i<G->arcnum; i++) {
        int v1,v2,w;
        scanf("%d,%d,%d",&v1,&v2,&w);
        int n=LocateVex(G, v1);
        int m=LocateVex(G, v2);
        if (m==-1 ||n==-1) {
            printf("no this vertex\n");
            return;}
        G->arcs[n][m]=w;}}                         //其中 P 存储顶点，D 存储权值
void ShortestPath_Floyed(MGraph G,PathMatrix *P,ShortPathTable *D){
    //对 P 数组和 D 数组进行初始化
    for (int v=0; v<G.vexnum; v++) {
        for (int w=0; w<G.vexnum; w++) {
            (*D)[v][w]=G.arcs[v][w];
            (*P)[v][w]=-1;}}                       //拿出每个顶点作为遍历条件
    for (int k=0; k<G.vexnum; k++) {               //遍历图中任意两个顶点，判断间接的距离是否更短
        for (int v=0; v<G.vexnum; v++) {
            for (int w=0; w<G.vexnum; w++) {//判断经过顶点 k 的距离是否更短
```

```
                if ((*D)[v][w] > (*D)[v][k] + (*D)[k][w]) {
                    (*D)[v][w]=(*D)[v][k] + (*D)[k][w];
                    (*P)[v][w]=k;}}}}}
int main(){
    MGraph G;
    CreateUDG(&G);
    PathMatrix P;
    ShortPathTable D;
    ShortestPath_Floyed(G, &P, &D);
    printf("输出结果 D 图:\n");
    for (int i=0; i<G.vexnum; i++) {
        for (int j=0; j<G.vexnum; j++) {
            printf("%d ",P[i][j]);}
        printf("\n");}
    printf("输出结果 P 图:\n");
    for (int i=0; i<G.vexnum; i++) {
        for (int j=0; j<G.vexnum; j++) {
            printf("%d ",D[i][j]);}
        printf("\n");}
    return 0;}
```

运行结果如图 9-17 所示。

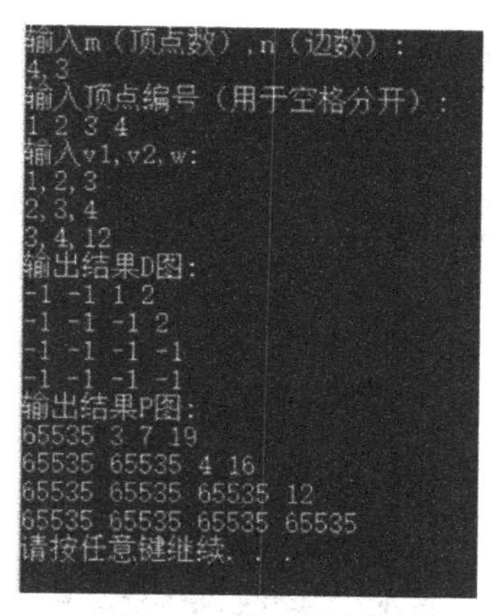

图 9-17　运行结果

9.6.3　走方格问题

例 9-10　有一个矩阵 map，它的每个格子有一个权值。从左上角的格子开始，每次只能向右或者向下走，最后到达右下角的位置，路径上所有的数字累加起来就是路径和。给定该矩阵及它的行数 n 和列数 m，请返回最小路径和（即最短路径）。行列数均小于等于 100。

算法分析：

根据题意可知，从左上角的格子只能向右或向下走，所以从第一个格子到某个格子（不在第一排也不在第一列，否则没有编程的必要了）的最短距离只与第一个格子到它左边格子的最短距离以及第一个格子到它上面格子的最短距离这两个值有关，取这两个值中的较小者。设 dp[n][m] 为走到 (n,m) 位置的最短路径，则 dp[n][m] = Min(dp[n−1][m], dp[n][m−1])，这就运用到了动态规划法的思想。题目要求算出复杂情况的值，而动态规划法则是算出几个简单情况的值作为已知值，然后找规律由后往前推理。

代码如下：

```
#include<stdio.h>
#include<stdlib.h>
```

```
int a[100][100];
int dp[100][100];
int Min(int a,int b){
    if(a<b)
        return a;
    else
        return b;}
int getMin(int m,int n){
    int min,i,j;
    dp[0][0]=a[0][0];
    for(i=1;i<m;i++){
        dp[i][0]=a[i][0]+dp[i-1][0];}
    for(i=1;i<n;i++){
        dp[0][i]=a[0][i]+dp[0][i-1];}
    for(i=1;i<m;i++){
        for(j=1;j<n;j++){
            min=Min(dp[i-1][j],dp[i][j-1]);
            dp[i][j]=min+a[i][j];}}
    return dp[m-1][n-1];}
int main(){
    int m,n,i,j;
    printf("输入m,n:\n");
    scanf("%d%d",&m,&n);
    printf("输入每个格子的权值:\n");
    for(i=0;i<m;i++){
        for(j=0;j<n;j++){
            scanf("%d",&a[i][j]);}}
    printf("输出最短路径:\n");
    printf("%d\n",getMin(m,n));
    return 0;}
```

运行结果如图 9-18 所示。

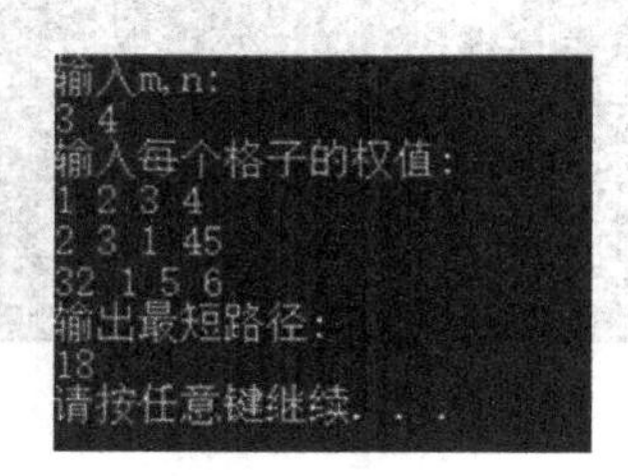

图 9-18 运行结果

9.6.4 邮资问题

例 9-11 给定一个信封，有 n（$1\leqslant n\leqslant 100$）个位置可以贴邮票，每个位置只能贴一张邮票。我们现在有 m（$m\leqslant 100$）种不同邮资的邮票，面值为 $X_1, X_2, \cdots, X_m$（X_i是整数，$1\leqslant X_i\leqslant 255$），每种都有多张。信封上能贴的邮资最小值是 $\min(X_1, X_2, \cdots, X_m)$，最大值是 $n\times\max(X_1, X_2, \cdots, X_m)$。由所有贴法得到的邮资值可形成一个集合（集合中没有重复数值），问这个集合中是否存在从 1 到某个值的连续邮资序列？若存在，则输出这个序列的最大值。

算法分析：

例如 n=4，m=2，面值分别为 4 和 1，于是形成 1，2，3，4，5，6，7，8，9，10，12，13，16 的序列，而从 1 开始的连续邮资序列为 1，2，3，4，5，6，7，8，9，10，所以连续邮资序列的最大值为 10。

代码如下：

```
#include<stdio.h>
```

```
#define SIZE 100
#define MAX 255
int main () {
    int n,m;
    int i,j;
    int dp[SIZE*MAX+1];                    //动态规划，dp[x]=y 指需要 x 邮资，需要 y 张邮票
    int data[100];                         //存储邮票的邮资
    printf("输入 n,m\n");
    scanf("%d,%d", &n, &m);
    printf("输入邮票面值：\n");
    for(i = 0; i < m; i ++){
        scanf("%d", &data[i]);}
    int order=0;                           //记录当前的序列
    int found;                             //当期的总邮资是否有符合的邮票邮资
    int min;                               //当前最少使用的邮票数
    int num;                               //差值，当前需要的总邮资-某邮票的邮资
    while(1){
        order ++;
        found = 0;
        min=10000000;                      //一开始随机获取一个邮资，min 取无穷大
        for(i = 0; i < m; i ++){
            num = order-data[i];
            if(num >= 0 && dp[num]+1 < min){
            // 差值大于 0 且选取 data[i]这个邮资的结果使得达到 order 的值需要邮票最少
                dp[order]=dp[num]+1;       // 记录当前总邮资 order 需要邮票数的最优值
                min=dp[num]+1;             // 修改当前总邮资 order 需要邮票数的最优值
                found=1;     }}
        if(dp[order] > n || found == 0){
            printf("结果为\n");
            printf("%d\n",order-1);
            break;}}
    return 0;}
```

运行结果如图 9-19 所示。

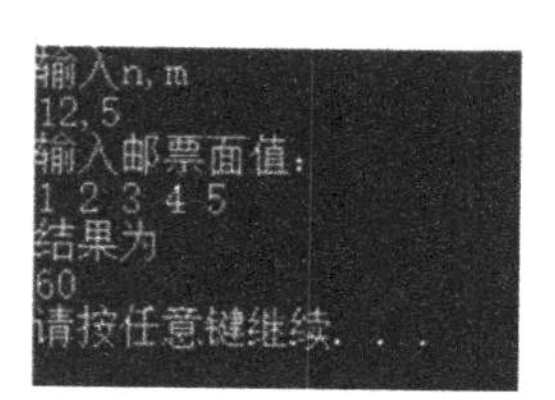

图 9-19　运行结果

9.7　动态规划与其他算法的比较

在实际生活中遇到的问题分为四类，即判定性问题、最优化问题、构造性问题和计算性问题。这里总结的算法着重解决最优化问题，如表 9-9 所示。

表 9-9　不同算法的比较

	分治法	动态规划法	贪心算法
适用类型	通用问题	优化问题	优化问题
子问题结构	每个子问题不同	很多子问题重复（不独立）	只有一个子问题
最优子结构	不需要	必须满足	必须满足

续表

	分治法	动态规划法	贪心算法
子问题数	全部子问题都要解决	全部子问题都要解决	只要解决一个子问题
子问题在最优解里	全部	部分	部分
选择与求解次序	先选择，后解决子问题	先解决子问题，后选择	先选择，后解决子问题

根据表 9-9 总结如下。

1. 分治法

（1）如果规模很小，则很容易解决。

（2）大问题可以分为若干规模小的相同问题。

（3）利用子问题的解，可以合并成该问题的解。

（4）分解出的各个子问题相互独立，子问题不再包含公共子问题。

实质：递归求解。

缺点：如果子问题不独立，需要重复求公共子问题。

2. 动态规划法

依赖：依赖于有待做出的最优选择。

实质：分治思想和解决冗余。

自底向上，每一步根据策略得到一个更小规模的问题，最后解决最小规模的问题，得到整个问题的最优解。

特征：动态规划任何一个 i+1 阶段都仅仅依赖 i 阶段做出的选择，而与 i 之前的选择无关。动态规划法不仅求出了当前状态的最优值，而且求出了中间状态的最优值。

缺点：空间需求大。

3. 贪心算法

依赖：依赖于当前已经做出的所有选择。

自顶向下，每一步根据策略得到一个当前最优解传递到下一步，从而保证每一步都选择当前最优的，最后得到结果。

习题

1. 假设现在有面值为 1 元、3 元和 5 元的硬币若干枚，如何用最少的硬币数凑够需要的金额？现输入一个数表示需要的金额，要求输出一个整数表示最少的硬币数。
2. 如果一个自然数 N 的 K 进制表示中任意的相邻的两位都不是相邻的数字，那么我们就说这个数是 K 好数。求 L 位 K 进制数中 K 好数的数目。例如，当 K=4，L=2 的时候，所有 K 好数为 11，13，20，22，30，31，33，共 7 个。由于这个数目很大，请输出它对 1000000007 取模后的值。
3. X 星球的考古学家发现了一批古代留下来的密码串，这些密码串是由 A，B，C，D 四种植物的种子组成的序列。仔细分析发现，这些密码串当初应该是前后对称的（也就是我们说的镜像串）。由于年代久远，其中许多种子脱落了，因而可能会失去镜像的特征。给定一个现在看到的密码串，请计算从当初的状态至少脱落多少个种子才可能会变成现在的样子。
4. 有 n 级台阶，每次上一级或者两级，有多少种走完 n 级台阶的方法？
5. 给定两个字符串 str1 和 str2，返回两个字符串的最长公共子序列。例如 str1=1A2C3D4B56，str2=B1D23CA45B6A，123456 和 12C4B6 都是最长公共子序列，返回哪一个都可以。

第 10 章 随机算法

10.1 随机算法概述

随机算法是一种使用概率和统计方法在其执行过程中对下一计算步骤做出随机选择的算法。随机算法具有一定的优越性：对于有些问题，算法简单；对于有些问题，时间复杂度低；对于有些问题，算法简单且时间复杂度低。随机算法具有随机性：对于同一实例的多次执行，效果可能完全不同；时间复杂度是一个随机变量；解的正确性和准确性也是随机的。常见的随机算法有随机数值算法、蒙特卡罗（Monte Carlo）算法、拉斯维加斯（Las Vegas）算法、舍伍德（Sherwood）算法等。

随机算法分析的特征：仅依赖于随机选择，不依赖于输入的分布；算法的平均复杂度依赖于输入的分布；对于每个输入，都要考虑算法的概率统计性能。

随机算法分析的目标：平均时间复杂度是时间复杂度随机变量的均值；获得正确解的概率；获得优化解的概率；解的精确度估计。

例如，计算 π 的值。设有一个半径为 r 的圆，其外切四边形的边长为 2r。利用圆和四边形的面积之比 P，可得 $\pi = 4P$。因此，若想求 π 的值，只需要利用随机算法求出 P 即可。算法步骤如下：

```
k = 0
for i = 1 To  n:
    产生一个点 (x,y)，使其落在四边形内；
    如果 (x,y) 也落在圆内，k = k + 1;
return (4k) / n;
```

该算法的时间复杂度为 O(n)，解的精确度随着样本大小 n 的增加而增加。

再如，计算定积分的算法步骤如下：

```
i = 0
for i = 1 To n :
    产生 (a,b) 上一点 x
    i = i + g(x)
endfor
return i * (b - a) / n
```

该算法的时间复杂度为 O(n)，其中 n 为样本大小；解的精确度随着样本大小 n 的增加而增加。

10.2 随机数

随机数是专门的随机试验的结果。统计学中经常需要使用随机数，例如，从统计总体中抽取有代表性的样本的时候，在将实验动物分配到不同实验组的过程中，或者在进行蒙特卡罗模拟计算的时候，等等。

产生随机数有多种不同的方法。这些方法被称为随机数发生器。随机数发生器最重要的特性是：它所产生的后面的数与前面的数毫无关系。

真正的随机数是使用物理现象产生的，比如掷钱币、掷骰子、转轮、核裂变等，这样的随机数发生器叫作物理性随机数发生器，它们的缺点是技术要求比较高。

使用计算机产生真随机数的方法是获取 CPU 频率与温度的不确定性，统计一段时间的运算次数（每次都会产生不同的值），获取系统时间的误差以及声卡的底噪等。

在实际应用中，往往使用伪随机数就足够了。这些数是“似乎”随机的数，实际上它们是通过一个固定的、可以重复的计算方法产生的。计算机或计算器产生的随机数有很长的周期性，它们不是真正随机的，因为它们实际上是可以计算出来的，但是它们具有类似于随机数的统计特征。这样的数叫作伪随机数，这样的发生器叫作伪随机数发生器。

在真正具有关键性的应用中，比如在密码学中，人们一般使用真正的随机数。C 语言、C++、C#、Java、MATLAB、PHP、C51 等程序语言和软件中都有对应的随机数生成函数。

10.2.1 随机生成数组元素

例 10-1 给定一个数组 A，它包含几个元素，构造这个数组的一个随机排列。

算法分析：

一个常用的方法是为数组的每个元素 A[i]赋予一个随机的优先级 P[i]，然后依据优先级对数组进行排序。比如，数组为 A={1,2,3,4}，如果选择的优先级数组为 P={36,3,97,19}，那么就可以得到数列 B={2,4,1,3}，因为 3 的优先级最高（为 97），而 2 的优先级最低（为 3）。这个方法需要产生优先级数组，还需使用优先级数组对原数组排序。产生随机排列数组的一个更好的方法是原地排列给定数组（in-place），可以在 O(n) 的时间内完成。伪代码如下：

```
输入数组 A[],长度为 n:
for i=1 to n
    生成随机数组 P 中的元素 P[i]
    把 P[i]当作 A[i]的键值对数组 A 进行排序
    返回数组 A
```

注意

P[i]必须唯一，否则会出现不唯一的优先级，也就不能够保证随机排列。解决方法是随机生成 P[i]不能仅仅选取[1,n]内的随机数，而最好选取[1,n^3]内的随机数。

不借助优先级数组，也可以对数组元素进行原地排列。具体的方法是：

对于 1≤i≤n，从元素 A[i]到 A[n]中随机选取一个元素与 A[i]进行交换。伪代码为：

```
for i=1 to n
    swap(A[i],A[random(i,n)]
    返回数组 A
```

注意

这里为什么只交换 A[i]与 A[random{i,n}] 就行呢？可以稍微证明一下。首先，A[i]与 A[random{i,n}]交换，A[i]的概率为 1/(n−i+1)，对 i={1,2,⋯, n}而言，获得一个数组排列的概率为 1/(n−i+1)的乘积，即为 1/n! 。

如代码中所示，第 i 次迭代时，元素 A[i] 是从元素 A[i]到 A[n] 中随机选取的，在第 i 次迭代后，再也不会改变 A[i]。

A[i]位于任意位置 j 的概率为 1/n。这个是很容易推导的，比如，A[1]位于位置 1 的概率为 1/n，这个显然，因为 A[1]不被 1 到 n 的元素替换的概率为 1/n，而后就不会再改变 A[i]了。而 A[1]位于位置 2 的概率也是 1/n，因为 A[1]要想位于位置 2，则必须第一次与 A[k]交换（k=2…n），同时第二次 A[2]与 A[k]交换，第一次与 A[k]交换的概率为(n−1)/n，而第二次的交换概率为 1/(n−1)，所以总的概率是(n−1)/n * 1/(n−1) = 1/n。同理可以推导其他情况。

当然，这个条件只是随机排列数组的一个必要条件，也就是说，满足元素 A[i] 位于位置 j 的概率为 1/n 不一定就能说明这可以产生随机排列数组。因为它可能产生的排列数目少于 n!，尽管概率相等，但是排列数目没有达到要求，算法导论上面有一个这样的反例。

算法随机排列数组可以产生均匀随机排列，它的证明过程如下：

（1）首先给出 k 排列的概念。所谓 k 排列，就是从 n 个元素中选取 k 个元素的排列，一共有 n!/(n−k)!个。

循环不变式：for 循环第 i 次迭代前，对于每个可能的 i−1 排列，子数组 A[1…i−1]包含该 i−1 排列的概率为(n−i+1)! / n!。

初始化：在第一次迭代前，i=1，则循环不变式指的是对于每个 0 排列，子数组 A[1…i−1]包含该 0 排列的概率为(n−1+1)! / n! = 1。A[1…0]为空的数组，0 排列则没有任何元素，因此 A 包含所有可能的 0 排列的概率为 1。不变式成立。

（2）假设在第 i 次迭代前，数组的 i−1 排列出现在 A[1…i−1]的概率为(n−i+1)!/n!，那么在第 i 次迭代后，数组的所有 i 排列出现在 A[1…i]的概率为(n−i)!/n!。下面来推导这个结论：考虑一个特殊的 i 排列 $p = \{x_1, x_2, \cdots, x_i\}$，它由一个 i−1 排列 $p' = \{x_1, x_2, \cdots, x_i-1\}$后面跟一个 x_i 构成。设定两个事件变量 E1 和 E2：

E1 为该算法将排列 p 放置到 A[1…i−1]的事件，概率由归纳假设得知为 Pr(E1) = (n−i+1)!/n!。

E2 为在第 i 次迭代时将 x_i 放入到 A[i]的事件。

因此，我们得到 i 排列出现在 A[1…i]的概率为 $\Pr\{E2 \cap E1\} = \Pr\{E2 \mid E1\} \Pr\{E1\}$，而 $\Pr\{E2 \mid E1\} = 1/(n-i+1)$，所以：

$\Pr\{E2 \cap E1\} = \Pr\{E2 \mid E1\} \Pr\{E1\} = 1/(n-i+1) \times (n-i+1)!/n! = (n-i)!/n!$。

（3）结束的时候 i=n+1，因此可以得到 A[1…n]是一个给定 n 排列的概率为 1/n!。

代码如下：

```
#include <stdio.h>
#include <stdlib.h>
#include <time.h>
int main(){
    int a[100],aa;
    int i;
    int count = 0;
    srand((unsigned)time(NULL)); // 按时间重新播种
    for (i = 0; i < 100; i++){
        aa = rand() % 200 + 1;
        a[i] = aa;}
    printf("生成的随机数组（1-200 之间）\n");
    for (i = 0; i < 100; i++){
        printf("%-5d", a[i]);
        count++;
        if (count == 10){
            printf("\n");
            count = 0;}}
    system("pause");
    return 0;}
```

运行结果如图 10-1 所示。

```
生成的随机数组（1-200之间）
2    69   56   112  111  159  157  159  17   57
161  126  67   47   68   195  27   71   68   91
5    104  9    84   132  140  124  43   82   176
1    183  3    3    90   197  173  117  87   61
27   43   179  20   186  72   64   4    51   62
77   170  147  125  31   142  151  179  86   104
76   157  146  137  125  124  198  24   150  140
195  78   65   1    191  180  55   59   144  59
34   163  172  156  64   102  35   129  66   10
23   83   6    95   162  30   106  24   1    82
请按任意键继续. . .
```

图 10-1 运行结果

10.2.2 随机生成数字

在 C 语言中，rand()函数可以产生随机数，但它产生的不是真正意义上的随机数，而是伪随机数，是以一个数（可以称之为随机化种子）为基准用某个递推公式推算出来的一系列数，当这系列数很大的时候，符合正态公布，从而相当于产生了随机数。当计算机正常开机后，这个种子的值就固定了，除非破坏系统。为了改变这个种子的值，C 提供了 srand() 函数，它的原型是 void srand(int a)。

rand()函数会返回随机数，范围在 0～RAND_MAX 之间，RAND_MAX 定义在 stdlib.h 库文件中，是一个不确定的数，具体值要看定义的变量类型，如果是整型（int），那么就是 32767。在调用此函数产生随机数前，必须先利用 srand()设置随机数种子。如果未设置随机数种子，rand()在调用时会自动设置随机数种子为 1。一般用 for 语句来设置种子的个数。

那么，如何产生不可预见的随机序列呢？

1. 利用 srand((unsigned int)(time(NULL))生成随机数

srand()函数是一种生成随机数的方法，但是每一次运行程序的时间是不同的。

现在的 C 编译器都提供了一个基于 ANSI 标准的伪随机数发生器函数，用来生成随机数。它们就是 rand()和 srand()函数。这两个函数的工作过程如下：

（1）用 srand()设置一个种子，它是 unsigned int 类型，其取值范围为 0~65535。

（2）调用 rand()，它会根据 srand() 设置的种子值返回一个随机数（0~32767）。

（3）根据需要多次调用 rand()，从而不间断地得到新的随机数。

（4）无论什么时候，都可以用 srand() 设置新的种子，从而进一步“随机化”rand()的输出结果。

下面是产生 0~1 之间的随机数的程序：

```
#include <time.h>                              //使用当前时钟做种子
void main( void ) {
    int i;
    srand( (unsigned)time( NULL ) );           //初始化随机数
    for( i = 0; i < 10;i++ )                   //输出 10 个随机数
        printf( " %d\n", rand() );}
```

而产生 1~100 之间的随机数的程序可以这样写：

```
srand( (unsigned)time( NULL ) );
for( i = 0; i < 10;i++ )
   printf( "%d\n", rand()%100+1);
```

2. 使用三个通用的随机数发生器生成随机数

（1）函数名：rand

功能：随机数发生器

用法：void rand(void);

代码如下：

```
for(i=0; i<10; i++)
    printf("%d\n", rand() % 100);
return 0;
```

（2）函数名：random

功能：随机数发生器

用法：int random(int num);

代码如下：

```
#include <time.h>
    randomize();
    printf("Random number in the 0-99 range: %d\n", random (100));
return 0;
```

（3）函数名：randomize

功能：初始化随机数发生器

用法：void randomize(void);

```
#include <time.h>
    randomize();
    printf("Ten random numbers from 0 to 99\n");
    for(i=0; i<10; i++)
        printf("%d\n", rand() % 100);
    return 0;
```

这三种方法中，推荐使用第三种。

例 10-2　随机生成某个指定范围内的数字（没有重复数字）。

代码如下：

```
#include <stdio.h>
#include <stdlib.h>
#include <time.h>
#define MAX  1000
int main(){
    int i,j,flag,num,a[MAX]={0},max,ch;
    srand((unsigned)time(NULL));
    printf("请输入随机数的范围：(1-40):\n");
a: while ((scanf("%d",&max))==1){
        if (max>=39){
            printf("输入有误，请重新输入数据。");
    while (getchar()!='\n')
        continue;
    continue;}
    for (i=0;i<max;++i){
        do{num=rand()%41+1;
        }while(num==8||num==36);
    flag=1;
    for (j=0;j<i;++j){
        if(num==a[j]||num==8||num==36){
            flag = 0;
            break;}}
    if (flag)
        a[i] = num;
     else
        --i;}
    while(getchar() != '\n') continue;
```

```
    for (i = 0; i < max; ++i)
        printf("%d ", a[i]);
        printf("\n");
        printf("请输入随机数的范围: (1-40):\n");}
    if (getchar() != 'q'){
        puts("q to quit,please!");
        printf("输入有误, 请重新输入数据。");
        while (getchar() != '\n')
            continue;
        goto a;}
    printf("Bye!");
    return 0;}
```

运行结果如图 10-2 所示。

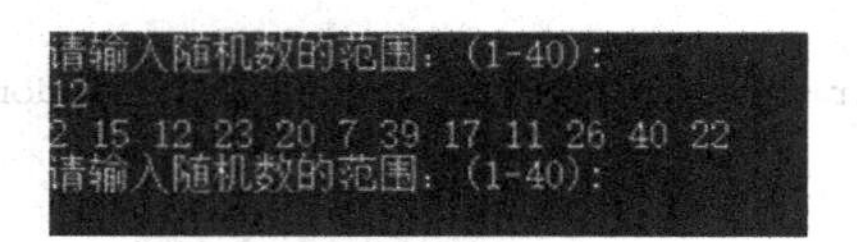

图 10-2　运行结果

10.2.3　随机生成计算题

例 10-3　面向小学 1~2 年级学生，随机选择两个整数形成加减法算式，并在学生解答后计分。

功能要求：

（1）随机生成 10 道题，每题 10 分，程序结束时显示学生得分。

（2）确保算式没有超出 1～2 年级的水平，只允许进行 50 以内的加减法，不允许两数之和（或差）超出 50，负数更是不允许的。

（3）每道题学生有三次机会输入答案，当学生输入错误答案时，提醒学生重新输入，如果三次机会用完，则输出正确答案。

（4）对于每道题，学生第一次输入正确答案得 10 分，第二次输入正确答案得 7 分，第三次输入正确答案得 5 分，否则不得分。

（5）显示成绩。

代码如下：

```
#include <stdio.h>
#include <stdlib.h>
#include <time.h>
int test();
int checknum(int a, int b);
int checkresult(int x);
int a =-1,b,c,x;
static int k=0, grade;
void main() {
    printf("请作答下列十道题,按回车键开始开始作答!\n");
    getchar();
    do {
        int i=test();
        if (i==-1)
            break;
        else if (checkresult(i)==0)
            a=-1;
    } while (k);
    getchar(); getchar(); getchar();}
int test(){
    srand((unsigned int)time(NULL));
```

```
        while (checknum(a,b)==0){
            a = rand()%51;
            b = rand()%51;
            c = rand()%2; }
        k++;
        if (k==11) {
            printf("答题结束,您本次测试总分是%d,谢谢", grade);
            return -1;}
        else if (c==0) {
            printf("第%d 题:%d+%d=",k,a,b);
            return a+b;}
        else if (c ==1) {
            printf("第%d 题:%d-%d=",k,a,b);
            return a-b;}
        return -1;}
    int checknum(int a, int b) {
        if ((a+b)>50||(a-b)<0||a>50||b>50||a<0||b<0)
            return 0;
        return 1;}
    int checkresult(int result) {
        int i;
        for (i=1;i++;i<=3) {
            scanf("%d", &x);
            if (x!=result) {
                if (i==4) {
                    if (c==0) {
                        printf("三次回答错误,正确答案是%d,请回答下一题\n",a+b);}
                    else {
                        printf("三次回答错误,正确答案是%d,请回答下一题\n",a-b);}
                    return 0;}
                printf("回答错误,请重新计算并输入结果!");}
            else {
                switch (i) {
                case 2:
                    grade+=10;break;
                case 3:
                    grade+=7;break;
                case 4:
                    grade+=5;break;
                default:
                    grade+=0;break;}
                return 0;}}
        return 0;}
```

运行结果如图 10-3 所示。

```
请作答下列十道题,按回车键开始开始作答!

第1题:39+8=45
回答错误,请重新计算并输入结果!
47
第2题:35-12=23
第3题:3+2=5
第4题:21-17=4
第5题:20-16=4
第6题:13-3=10
第7题:14+1=15
第8题:12-10=2
第9题:24-12=13
回答错误,请重新计算并输入结果!12
第10题:35-7=36
回答错误,请重新计算并输入结果!28
答题结束,您本次测试总分是91,谢谢
```

图 10-3　运行结果

10.3 同余算法

所谓同余，顾名思义就是许多数除以同一个数 d 有相同的余数，d 数学上的称谓为模。例如，a=6，b=1，d=5，我们说 a 和 b 是模 d 同余的，因为它们都有相同的余数 1。数学上记作：

$$a \equiv b(\text{mod } d)$$

可以看出，当数字 n<d 的时候,所有的 n 都对 d 同商,比如时钟上的小时数都小于 12，所以小时数都是对 12 同商。

对于同余，有三种说法是等价的, 分别为：

（1）a 和 b 是模 d 同余的。

（2）存在某个整数 n，使得 a=b+nd。

（3）d 整除 a–b。

可以通过换算得出上面三个说法是正确且是等价的。

线性同余方法是目前应用广泛的伪随机数生成算法，其基本思想是对前一个数进行线性运算并取模得到下一个数，递归公式为：

$$x_{n+1} = (ax_n + c)\text{mod}(m)$$
$$y_{n+1} = x_{n+1}/m$$

其中，a 称为乘数，c 称为增量，m 称为模，当 a=0 时，为和同余法；当 c=0 时，为乘同余法；当 c≠0 时为混合同余法。乘数、增量和模的选取可以多种多样，只要保证产生的随机数有较好的均匀性和随机性即可，一般采用 m=2km=2k 混合同余法。

线性同余法的最大周期是 m，但一般情况下会小于 m。要使周期达到最大，应该满足以下条件：

（1）c 和 m 互质。

（2）m 的所有质因子的积能整除 a–1。

（3）若 m 是 4 的倍数，则 a–1 也是。

（4）a，c，x_0（初值，一般即种子）都比 m 小。

（5）a，c 是正整数。

线性同余法速度快，如果对乘数和模进行适当的选择，可以满足用于评价随机数产生器的 3 个准则：

（1）这个函数应该是一个完整周期的产生函数。也就是说，这个函数应该在重复之前产生 0 到 m 之间的所有数。

（2）产生的序列应该看起来是随机的。

（3）这个函数应该用 32bit 算术高效实现。

例如，运用混合同余法生成 1000 个[0,1]内的均匀分布随机数，代码如下：

```
function A=tongyu(a,c,m,x)
A=zeros(1000,1);
n=1;
while(n<=1000)
    n=n+1;
    x=rem((a*x+c),m);        //求整除 x/y 的余数
    y=x/m;
    A(n-1,1)=y;
End
```

运行 A=tongyu(97,3,1000,71)，得到部分结果，如表 10-1 所示。

表 10-1　同余测试

序号	随机数	序号	随机数	序号	随机数	序号	随机数
1	0.89	101	0.39	201	0.89	301	0.39
2	0.333	102	0.833	202	0.333	302	0.833
3	0.304	103	0.804	203	0.304	303	0.804
4	0.491	104	0.991	204	0.491	304	0.991
5	0.63	105	0.13	205	0.63	305	0.13
6	0.113	106	0.613	206	0.113	306	0.613
7	0.964	107	0.464	207	0.964	307	0.464
8	0.511	108	0.011	208	0.511	308	0.011
9	0.57	109	0.07	209	0.57	309	0.07
10	0.293	110	0.793	210	0.293	310	0.793
11	0.424	111	0.924	211	0.424	311	0.924

所生成的随机数的均值、方差以及标准差如下：

```
Avg = 0.4995
S = 0.0834
Stdv = 0.2888
```

可以看出，生成的均匀分布随机数的均值大约为 0.5，标准差为 0.3 左右。m 越大，均值越接近 0.5，方差越接近 1/12。

例 10-4　以当前时间作为随机种子，生成 30 个[0,10]内的随机数。

代码如下：

```
#include <stdio.h>
#include <iostream>
#include <time.h>
using namespace std;
int main(int argc, char* argv[]){
    int  MAX=10;
    srand((unsigned)time(NULL));                //srand()函数产生一个以当前时间开始的随机种子
    cout<<"随机数为: "<<endl;
    for(int i=0; i<30; i++)
        cout<<"  "<<rand() % MAX ;              //MAX 为最大值，其随机域为 0~MAX-1
    cout<<endl;
 return 0;}
```

运行结果如图 10-4 所示。

```
随机数为:
 0 3 6 0 5 3 7 2 8 6 9 7 3 2 6 6 5 6 8 7 9 1 4 3 6 0 4 2 7 4
请按任意键继续. . .
```

图 10-4　运行结果

10.4　舍伍德算法

舍伍德算法是一个概率算法。概率算法的一个特点是：对同一实例多次运用同一概率算法，结果可能不同。舍伍德算法（时间复杂度为 O(sqrt(n))，综合了线性表和线性链表的优点）总能求得问题的一个正确解，当一个确定性算法在最坏情况和平均情况下差别较大时，可在这个确定性算法中引入随机性，将其改造成一个舍伍德算法；引入随机性不是为了消除最坏情况，而是为了减少最坏情况和特定实例的关联性。

例 10-5 用舍伍德算法进行快速排序。

算法分析：

由于快速排序具有不稳定性，时间复杂度最好情况下为 O(nlogn)，而最坏情况下可达到 $O(n^2)$，为了降低最坏情况出现的概率，可以用舍伍德算法对其进行改进。

代码如下：

```
#include<stdio.h>
#include<stdlib.h>
#define MAX 10000
int Random(int a,int b){
    return rand()%(b-a)+a; }                               //生成随机数
void qqsort(int a[],int low,int high){
    int i,j,x,k,temp;
    if(low<high){
        i=low;j=high;
        k=Random(i,j);
        if(i!=k){
            temp=a[i]; a[i]=a[k];a[k]=temp;}
        x=a[i];                                            //随机选择标志位
        while(i<j){
            while(i<j && x<a[j])
                j--;
                if(i<j ){
                    a[i]=a[j];
                    i++;}
            while(i<j && x>a[i])
                i++;
                if(i<j){
                    a[j]=a[i];
                    j--;}}
        a[i]=x;
        qqsort(a,low,i-1);
        qqsort(a,i+1,high);}}
    void display(int a[],int high){
      int i;
      for(i=0;i<=high;i++)
          printf("%d ",a[i]);
      printf("\n");}
 int main(){
      int a[MAX];
      int n,i;
      printf("输入数组的个数：\n");
      scanf("%d",&n);
      printf("输入数据：\n");
      for(i=0;i<n;i++)
          scanf("%d",&a[i]);
      int low=0,high=n-1;
      qqsort(a,low,high);
      printf("输出结果：\n");
      display(a,high);
      return 0;}
```

运行结果如图 10-5 所示。

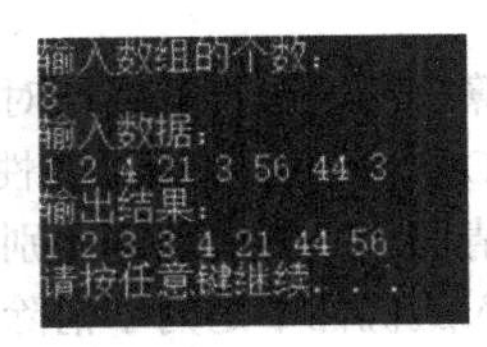

图 10-5 运行结果

舍伍德算法严格意义上不是一个算法，而是一个随机处理过程，我们将原始算法经过舍伍德处理后的算法称为舍伍德算法。舍伍德算法通过增加一个较小的额外开销，使得算法的复杂度与具体实例无关，虽然此时的算法仍有可能发生复杂度比较大的情况，但这种偶然行为只是由于算法所做的概率选择引起的，可以通过多次执行算法来避免最坏情况。

实际上，几乎所有查找与排序算法都可以使用舍伍德算法进行处理，排序算法在执行排序之前对数据进行随机打乱就是一个典型的方法。对于某些有序表的查找，也可以在查找前随机找一个数进行比较，从而使算法具有较好的平均性能。比如，在快速排序中，某些特定的业务场景可能会产生特定性质的序列，有时这种序列恰好就是快速排序的“最坏情况”，将原来的顺序打乱再进行快速排序，由于每次随机化的结果不带有业务特性，因此可以避免这种情况发生。

10.5 蒙特卡罗算法

10.5.1 用蒙特卡罗算法求π的值

蒙特卡罗（Monte Carlo）算法的基本思想是：当所要求解的问题是某种事件出现的概率或者某个随机变量的期望值时，通过某种“试验”的方法，得到这种事件出现的频率或者这个随机变量的平均值，并用它们作为问题的解。

蒙特卡罗算法中，采样越多，越近似于最优解。举个例子，假如筐里有 100 个苹果，让你每次闭眼拿 1 个，挑出最大的。于是，你随机拿 1 个，再随机拿 1 个跟它比，留下大的，再随机拿 1 个……每拿一次，留下的苹果都至少不比上次的小。拿的次数越多，挑出的苹果就越大，但除非拿 100 次，否则无法肯定挑出了最大的。这个挑苹果的算法，就属于蒙特卡罗算法。样本容量越大，越接近所要求的解。

例 10-6 用蒙特卡罗算法求 π 的值。

算法分析：

在图 10-6 中，正方形的面积 B=1，1/4 圆的面积 A=π/4。这里要利用几何图形的概率特性（即蒙特卡罗算法）来近似计算圆周率 π 的值。

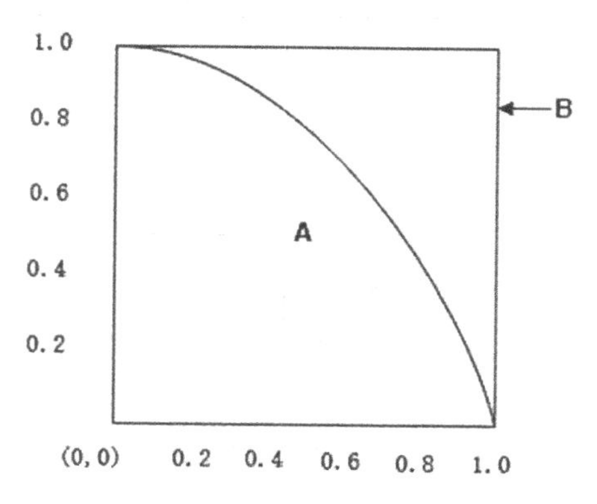

图 10-6 求 π 的几何图形

想象这是一张纸，其中的圆弧将纸划分为两部分，在下雨时将这张纸放置于室外，经过一段时间后，落在 1/4 圆上的雨点个数为 C，落在整张纸上的雨点个数为 D，则有以下公式：

$$\frac{C}{D}=\frac{A}{B}=\frac{\frac{\pi}{4}}{1}=\frac{\pi}{4}$$

由上式可得，$\pi = 4C/D$。

可通过大量重复随机实验来仿真或者近似计算C/D的真实值。让计算机产生随机数 x，y，x≤1，y≤1 模拟雨点的分布情况。这里的关键问题是如何表示或者判断雨点落在扇形区域，即：

$$\sqrt{x^2+y^2}\leqslant 1$$

代码如下：

```
#include <stdio.h>
#include <stdlib.h>
#include <time.h>
#include <math.h>
int main(){
     long i,c,d,N;
     c=0;d=0;N=10000;
     double x = 0, y = 0, pi = 0;
     srand((unsigned int)(time(NULL)));
     for (i=0;i<N;++i){
          d+= 1;
          x=(double)(rand())/RAND_MAX;
          y=(double)(rand())/RAND_MAX;
          if(sqrt(x*x + y*y)<=1)
               c+=1;}
     printf("π=%f\n",4.*c/d);
     return 0;}
```

运行结果如图 10-7 所示。

图 10-7　运行结果

这里有一份迭代出来的近似值，如表 10-2 所示。

表 10-2　π 的近似值

迭代次数	π
100	2.96
1000	3.116364
10000	3.150270
100000	3.138326
1000000	3.139696
10000000	3.141699
100000000	3.141521

10.5.2　用蒙特卡罗算法求特殊图形的面积

例 10-7　用蒙特卡罗算法求特殊图形（如图 10-8 所示）的面积。

继续沿用计算 π 的思路，模拟雨点落在区域 B 的概率。

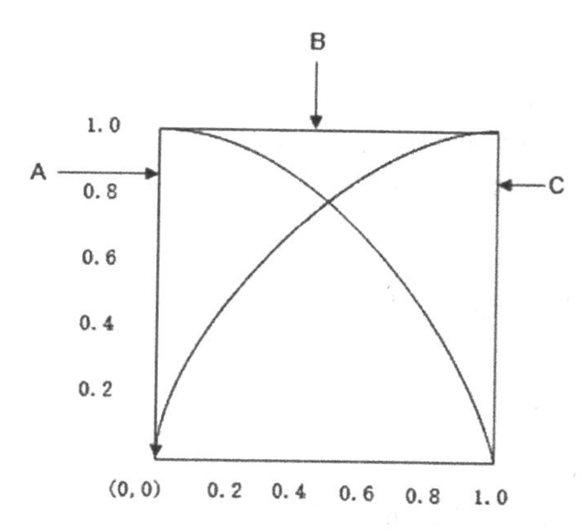

图 10-8 特殊图形

对圆心在(0,0)的扇形而言：

$$\sqrt{x^2+y^2}>1$$

对圆心在(1,0)的扇形而言：

$$\sqrt{(x-1)^2+y^2}>1$$

代码如下：

```
#include <stdio.h>
#include <stdlib.h>
#include <time.h>
#include <math.h>
int main(){
    long c = 0, d = 0, N = 100000,i;
    double x = 0, y = 0, pi = 0;
    srand((unsigned int)(time(NULL)));
    for (i = 0; i < N; ++i){
        d += 1;
        x = (double)(rand()) / RAND_MAX;
        y = (double)(rand()) / RAND_MAX;
        if (sqrt(x*x + y*y) > 1 && sqrt((x - 1)*(x - 1) + y*y) > 1)
            c += 1;}
    printf("s = %f\n", (double)(c) / d);
    return 0;}
```

运行结果如图 10-9 所示。

```
s = 0.043870
请按任意键继续. . .
```

图 10-9 运行结果

区域 B 的真实面积等于 0.0434。

10.5.3 蒙特卡罗算法的优缺点及改进措施

蒙特卡罗算法并不是一种算法的名称，而是一类随机算法的统称。这类算法的特点是：可以通过随机采样计算得到近似结果，随着采样的增多，得到的结果是正确结果的概率逐渐加大，但在（放弃随机采样，而采用类似全采样这样的确定性方法）获得真正的结果之前，无法知道目前得到的结果是不是真正的结果。

1. 蒙特卡罗算法的优点

（1）方法的误差与问题的维数无关。

（2）对于具有统计性质的问题，可以直接进行解决。

（3）对于连续性的问题，不必进行离散化处理。

2. 蒙特卡罗算法的缺点

（1）对于确定性问题，需要将其转化成随机性问题。

（2）误差是概率误差。

（3）通常需要较多的计算步数。

3. 蒙特卡罗算法的改进措施

蒙特卡罗算法是非常适合用来计算积分的。如果要算一个函数 f(x) 在区间 [a,b] 内的积分，可通过计算机利用蒙特卡罗算法来计算出积分近似值，即先估计一个比 f(x) 在区间 [a,b] 内的最大值还要大的 c（必须保证 f(x)在区间 [a,b] 内不小于 0），然后不断地在二维矩形区域内随机产生随机数对(e,f)，判断 f 与 f(e) 的大小，并统计 f < f(e) 的数量 n，当产生点的数量 N 足够大时，计算出 n/N*(b−a)*c，这就是函数 f(x) 在区间 [a,b] 内的积分值。

对蒙特卡罗算法的改进：如果要算一个函数 f(x) 在区间 [a,b] 内的积分，令 s=0，在区间 [a,b] 内产生 N 个随机数 e，赋值 s+= f(e)/N（之所以这样做是为了防止溢出），当 N 足够大时，计算 s*(b−a)，这就是函数 f(x) 在区间 [a,b] 内的积分值。

改进算法的优点：

（1）维度降低，节省一半产生随机数的时间。

（2）相对精度更高，由于蒙特卡罗算法需要估计矩形上界，因此带来了一定的不确定性，估计值取得过大，显著增加计算时间，估计值取得过小，则会出现计算错误。而改进算法不需要估计！

（3）改进算法可以求解蒙特卡罗算法所不能计算的积分，求解范围更大。如果积分函数 f(x) 在区间 [a,b] 内无界有负值，蒙特卡罗算法就无法求解。

10.6 拉斯维加斯算法

拉斯维加斯（Las Vegas）算法不会得到不正确的解。一旦用拉斯维加斯算法找到一个解，这个解就一定是正确解。但有时用拉斯维加斯算法找不到解。与蒙特卡罗算法类似，拉斯维加斯算法找到正确解的概率随着它所用的计算时间的增加而提高。对于所求解问题的任一实例，用同一拉斯维加斯算法反复对该实例求解足够多次，可使求解失败的概率任意小。

确定性算法的每一个计算步骤都是确定的，而随机算法允许算法在执行过程中随机选择下一个计算步骤。在很多情况下，当算法在执行过程中面临一个选择时，随机性选择常比最优选择省时。因此，随机算法可在很大程度上降低算法复杂度。

通常采用布尔型方法来表示拉斯维加斯算法。当算法找到一个解时，返回 true，否则返回 false。

当返回 false 时，说明未得到解，可再次独立调用该算法，在时间允许的情况下一直运算到得到解为止。

假如有一把锁，给你 100 把钥匙，只有 1 把是对的。于是，你每次随机拿 1 把钥匙去试，打不开就再换 1 把。试的次数越多，打开（最优解）的机会就越大，但在打开之前，那些错的钥匙都是没有用的。这个试钥匙的算法，就是拉斯维加斯算法。

例 10-8 用拉斯维加斯算法求解八皇后问题。

算法分析：

求解 n 皇后问题的典型算法是回溯法（n 皇后问题这里不多说），但它也是拉斯维加斯算法的一个很好的例子。（这里用八皇后实例，n 皇后都是可行的。）

拉斯维加斯算法的思想如下：在棋盘上的各行中随机地放置皇后，并注意放置的合法性，直至 n 个皇后都相容地放好。我们用 C++语言来实现。

代码如下：

```
#include<iostream.h>
#include<time.h>
#include<math.h>
const unsigned long maxshort=65536L;
const unsigned long multiplier=1194211693L;
const unsigned long adder=12345L;
class RandomNumber{
    private:
        unsigned long randSeed;
    public:
        RandomNumber(unsigned long s=0);                    //构造函数，系统自动生成种子
        unsigned short Random(unsigned long n);             //产生 0 到 n-1 之间的随机数
        double fRandom(void);};
RandomNumber::RandomNumber(unsigned long s){
    if(s==0)
        randSeed=time(0);    //用系统时间产生种子
    else
        randSeed=s;}
unsigned short RandomNumber::Random(unsigned long n) {    //产生 0 到 n-1 之间的整数
    randSeed=multiplier*randSeed+adder;
    return(unsigned short)((randSeed>>16)%n);}
double RandomNumber::fRandom(void) {      //产生[0,1)之间的随机数
    return Random(maxshort)/double(maxshort);}
class Queen{
    public:
        friend void nQueen(int);
        bool Place(int k);                 //测试皇后 k 放到第 x[k]列的合法性
        bool QueensLV(void);               //随机放置 n 个皇后
    private:
int n,x[9],y[9]; };                        //n——皇后个数; x,y——解向量,从 x[1]y[1]开始
bool Queen::Place(int k){                  //测试皇后 k 放到第 x[k]列的合法性
    for(int j=1;j<k;j++)
        if((abs(k-j)==abs(x[j]-x[k]))||(x[j]==x[k]))
            return false;
    return true;}
bool Queen::QueensLV(void){                //随机放置 n 个皇后的拉斯维加斯算法
    RandomNumber rnd;                      //随机数产生器
    int k=1;
    int count=1;
    while((k<=n)&&(count>0)){
        count=0;
        for(int i=1;i<=n;i++){
            x[k]=i;
            if(Place(k)) y[count++]=i;}
            if(count>0) x[k++]=y[rnd.Random(count)];}
    return (count>0);}
void nQueen(int n){
    Queen X;
    X.n=n;    //反复调用随机放置 n 个皇后的拉斯维加斯算法,直至放置成功
    while(!X.QueensLV());
    for(int i=1;i<=n;i++) cout<<X.x[i]<<" ";
    cout<<endl<<endl;
    int view[9][9];                        //初始化棋盘
    int a,b,i;
    for(a=1;a<=8;a++)
        for(b=1;b<=8;b++)
```

```
            view[a][b]=0;
    for(i=1;i<=n;i++)
        view[i][X.x[i]]=1;                    //1 代表有皇后
    for(a=1;a<=8;a++){
        for(b=1;b<=8;b++)
            cout<<view[a][b]<<" ";
        cout<<endl;}
    cout<<endl;}
int main(){
    int n=8;
    nQueen(n);
    return 0;}
```

运行结果如图 10-10 所示（图中“1”表示皇后）。

图 10-10　运行结果

拉斯维加斯算法属于概率算法的一种。对于概率算法，我们需要了解概率算法的特点，以及概率算法和确定性算法的区别。

概率算法和确定性算法的区别在于：

确定性算法对于每个输入实例的执行步骤、执行结果都是一定的，但概率算法是不定的。对于确定性算法，有“平均执行时间”；对于概率算法，有“期望执行时间”。

- 平均执行时间　输入规模一定的所有输入实例等概率出现时算法的平均执行时间。
- 期望执行时间　反复求解同一个输入实例所花的平均时间。

概率算法的特点：

- 不可再现性　在同一个输入实例上，每次执行结果不尽相同。
- 分析困难　要求有概率论、统计学和数论的知识。

拉斯维加斯算法是概率算法的一种，其特点是：算法获得的答案必定正确，但有时根本找不到答案。找不到答案或者陷入僵局时，可以重复运行算法，每次都有独立的机会求出解。所以，成功的概率随着执行时间的增加而增加。

拉斯维加斯算法一般比确定性算法更有效率，夸张的时候甚至对于每一个输入实例都是如此。但它最大的缺点是：算法的时间上界可能不存在。

可以用 LV(x, y, success)来表示算法运行。

- x：输入实例。
- y：返回参数。
- success：布尔值，true 表示成功，false 表示失败。

对于 LV 算法，有如下定义。

- p(x)：对于实例 x，算法成功的概率。
- s(x)：算法成功时的期望时间。
- e(x)：算法失败时的期望时间。

由于 LV 算法并不是每次都能求出解，因此有顽固算法，直到求出解为止，该算法如下：

```
Obstinate(x){
```

```
    repeat LV(x,y,success);
    until success;
    return y;}
```

如果用 t(x)来表示 Obstinate 算法找到一个正确解的期望时间，但是因为 LV 算法有失败的概率，那么找到正确解的期望时间就等于成功的概率×成功时的期望时间+失败的概率×（失败时的期望时间+下一次正确解的期望时间）。由于下一次正确解的期望时间和这一次之间是完全独立的，所以也是 t(x)。

10.7　蒙特卡罗算法和拉斯维加斯算法的比较

在随机算法里，采样不全时，通常不能保证找到最优解，只能尽量找。随机算法分成两类：

- 蒙特卡罗算法：采样越多，越近似于最优解。
- 拉斯维加斯算法：采样越多，越有机会找到最优解。

如果问题要求在有限采样内必须给出一个解，但不要求是最优解，那么用蒙特卡罗算法；反之，如果问题要求必须给出最优解，但对采样没有限制，那么用拉斯维加斯算法。

10.8　随机算法的优缺点

在日常工作中，经常需要使用随机算法。比如，面对大量的数据，需要从中随机选取一些数据进行分析。又比如在得到某个分数后，为了增加随机性，需要在该分数的基础上添加一个扰动，并使该扰动服从特定的概率分布（伪随机）。通过这章的学习，我们发现随机算法有以下优缺点。

1. 随机算法的优点

（1）算法简单，易实现。

（2）通常有较高概率得到（接近）最佳解决方案。

2. 随机算法的缺点

（1）有有限的概率得到错误的答案。

（2）随机算法是一种重复算法。

（3）难以分析运行时间和获得错误解决方案的概率。

（4）不可能获得真正的随机数。

习题

1. 请解释如何实现随机数组重排，以处理两个或更多优先级相同的情形。也就是说，即使有两个或更多优先级相同，算法也应该产生一个均匀随机排列。

提示

对几个优先级相同的项，再进行一轮随机优先级排序；如果再有相同的，则再进行一次……思路就是确保优先级相同的项得到随机的排列。

2. Kelp 教授决定写一个程序来随机产生除恒等排列外的任意排列。他写出了如下代码：

```
PERMUTE-WITHOUT-IDENTITY(A)
n = A.length
for i = 1 to n-1
swap A[i] with A[RANDOM(i+1,n)]
```

这段代码能实现 Kelp 教授的意图吗？如果不能，请说明其原因。

3. 给定一个螺栓和一组 n 个不同尺寸的螺母，找到一个与螺栓匹配的螺母。

提示

给定 n 个元素的数组，找到其值等于 x 的第一个元素。

4. 整数 n 因子分割，在开始时选取 0～n−1 范围内的随机数，然后递归地产生无穷序列。对于 i=2k（k=0,1,…以及 2k<j≤2^(k+1)），计算出 x_j-x_i 与 n 的最大公因子 $d=gcd(x_j-x_i,n)$。如果 d 是 n 的非平凡因子，则实现对 n 的一次分割，输出 n 的因子 d。
5. 设 T[]是一个长度为 n 的数组，当某个元素在该数组中存在的数量多于 int(s/2)时，称该元素为数组 T 的主元素（多数元素），设计一个线性时间算法，确定 T[1:n]是否有一个主元素。
6. 趣味题

（1）一个房间至少要有多少人，才能有两个人的生日在同一天？

（2）如果在高速公路上 30 分钟内看到一辆车开过的概率是 95%，那么在 10 分钟内看到一辆车开过的概率是多少？

附录 A 不同算法的比较

算法	时间复杂度	空间复杂度	说明
汉诺塔	$O(2^n)$	O(n)	递归法
会场安排	O(nlogn)	O(n)	贪心算法
哈夫曼树编码	O(nlogn)	O(n)	贪心算法 $O(n^2)$ （未采用特殊数据结构）
Dijkstra	$O(n^2)$	O(n)	单源最短路径问题，贪心算法
Prim	$O(n^2)$	O(n)	最小生成树
Kruskal	O(eloge)	O(e)	最小生成树
大整数乘法（四次）	$O(n^2)$	O(logn)	分治法
大整数乘法（三次）	$O(n^3)$	O(logn)	分治法
二分查找（递归）	O(logn)	O(logn)	分治法
二分查找（非递归）	O(logn)	O(1)	分治法
循环日程表	$O(n^2)$	O(logn)	分治法
合并排序	O(nlogn)	O(n)	分治法
快速排序	O(nlogn)	O(n)	分治法
棋盘覆盖问题	$O(4^k)$	O(k)	分治法
斐波那（递归）	$O(1.628^n)$	O(n)	动态规划法
契数列（非递归）	O(n)	O(n)	动态规划法
最长公共子序列（非递归）	$O(mn)–O(n^2)$	$O(mn)–O(n^2)$	动态规划法
最长公共子序列（递归）	$O(2^{min(m,n)})$	O(min(m,n))	动态规划法
矩阵连乘（递归）	$O(2^n)$	$O(n^2)$	动态规划法
矩阵连乘（动态规划）	$O(n^3)$	$O(n^2)$	动态规划法
0-1 背包（动态规划）	$O(nw)–>O(n2^n)$	O(nw)	动态规划法
0-1 背包（贪心）	O(nlogn)	O(n)	贪心算法法
深度优先	O(n)	O(d)	回溯法 n 是树中的节点数，d 是树的最大深度

续表

算法	时间复杂度	空间复杂度	说明
广度优先	O(n)	O(n)	回溯法
子集树递归回溯	$O(n2^n)$		回溯法
排列树递归回溯	O(n!)		回溯法
满 m 叉树递归回溯	$O(m^n)$		回溯法
n 皇后满 m 叉树	$O(nm^n)$	$O(n^n)$	回溯法
n 皇后排列树	$O(n^2(n-1)!)$	O(n!)	回溯法
0-1 背包	$O(n2^n)$	O(2n)	回溯法
最大团	$O(n2^n)$	O(2n)	回溯法
旅行商	O(n!)	O(n!)	回溯法
图的 m 着色 GCP	$O(nm^n)$	O(nm)	回溯法
队列式 0-1 背包	$O(n2^n)$	O(2n)	回溯法
优先队列 0-1 背包	$O(n2^n)$	O(2n)	回溯法
队列式旅行商	O(n!)	O(n!)	回溯法
优先队列式旅行商	O(n!)	O(n!)	回溯法
布线问题 队列式	O(nm)	O(nm)	回溯法，在 n×m 方格中

参考文献

[1] 高德纳. 计算机程序设计艺术 卷 1：基本算法（第 3 版）[M]. 李伯明，范明，蒋爱军，译.北京：人民邮电出版社，2016

[2] Thomas H. Cormen，Charles E. Leiserson，Ronald L. Rivest，Clifford Stein. 算法导论（原书第 3 版）[M]. 殷建平，徐云，王刚等，译. 北京：机械工业出版社，2012

[3] Robert Sedgewick，Kevin Wayne. 算法（第 4 版）[M] . 谢路云，译. 北京：人民邮电出版社，2012

[4] 阿霍，霍普克劳夫特，乌尔曼. 计算机算法的设计与分析[M]. 黄林鹏，王德俊，张仕，译. 北京：机械工业出版社，2007

[5] 莱维汀. 算法设计与分析基础（第 3 版）[M]. 潘彦，译. 北京：清华大学出版社，2015

[6] 巴尔加瓦. 算法图解[M]. 袁国忠，译. 北京：人民邮电出版社，2017

[7] 克里斯托弗·斯坦纳. 算法帝国[M]. 李筱莹，译. 北京：人民邮电出版社，2014

[8] 谭浩强. C 程序设计[M]. 北京：清华大学出版社，2017

[9] 严蔚敏. 数据结构与算法（C 语言版）[M]. 北京：清华大学出版社，2021

[10] 王晓东. 计算机算法设计与分析[M]. 北京：电子工业出版社，2007

反侵权盗版声明